U0293805

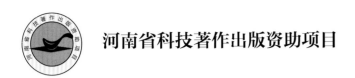
河南省科技著作出版资助项目

多肉植物百科图鉴

Encyclopedia Illustration of Succulent Plants

主编　闫双喜　闫丽君　裴林英

河南科学技术出版社

·郑州·

内容提要

本书是一部关于多肉植物分类和应用的大型工具书，是目前国内包含多肉植物种类和品种最多的一部多肉植物专著。全书包含多肉植物43科246属约4 000种（包括亚种、变种、变型及品种），命名多肉植物新品种200余个，并配有精美彩图约4 500幅。本书重点介绍多肉植物的科属特征、识别要点、种类分布、生长习性、繁殖栽培、观赏配置及园林应用，为多肉植物的观赏、普及应用和研究提供了基础知识和科学理论。为便于读者观赏和学习，书中多肉植物科属的顺序原则上按照多肉植物观赏性的高低排列，种的顺序原则上按照其中文名称的音序排列。

本书不仅适合多肉植物生产者和多肉植物玩家学习和鉴赏，而且可为园林规划师、景观规划师和园林绿化工作者在规划设计多肉植物专类园时提供参考，同时也是广大植物爱好者陶冶情操和欣赏植物之美的力作。

图书在版编目（CIP）数据

多肉植物百科图鉴 / 闫双喜，闫丽君，裴林英主编. —郑州：河南科学技术出版社，2019.10

ISBN 978-7-5349-9227-8

I. ①多… II. ①闫… ②闫… ③裴… III. ①多浆植物—观赏园艺—图集 IV. ①S682.33-64

中国版本图书馆CIP数据核字(2018)第165997号

出版发行：河南科学技术出版社
　　　　　地址：郑州市郑东新区祥盛街27号　　　邮编：450016
　　　　　电话：（0371）65737028　65788613
　　　　　网址：www.hnstp.cn
策划编辑：陈淑芹　李义坤
责任编辑：李义坤
责任校对：刘逸群
封面设计：张　伟
版式设计：杨红科
责任印制：朱　飞
印　　刷：河南瑞之光印刷股份有限公司
经　　销：全国新华书店
开　　本：889 mm×1 194 mm　1/16　印张：62　字数：1 880千字
版　　次：2019年10月第1版　　2019年10月第1次印刷
定　　价：398.00元

如发现印、装质量问题，影响阅读，请与出版社联系并调换。

作者简介

闫双喜，河南卫辉人，1963 年 10 月生，博士，1984 年本科毕业于兰州大学生物系植物学专业，2016 年获北京林业大学野生动植物利用与保护专业博士学位，教育部学位中心硕士学位论文评审和抽检通讯评议专家，河南省林木种质资源普查专家组成员，河南农业大学副教授，园林植物与观赏园艺学科和野生动植物利用与保护学科硕士研究生导师，*Phytotaxa* 等国际分类学期刊审稿人。在 *Phytotaxa*，*Journal of Systematics and Evolution*，*Biochemical Systematics and Ecology*，《植物学报》《植物科学学报》《北京林业大学学报》《东北林业大学学报》《林业科学》《河南农业大学学报》《西北植物学报》等学术期刊发表专业论文 60

余篇。主编、参编和翻译的专著和教材有《景观园林植物图鉴》《2000 种观花植物原色图鉴》《树木学（北方本）》《园林树木学》《中国北方常见树木快速识别》《中国景观植物应用大全》《世界园林植物与花卉百科全书》《园林植物造景》《观赏植物学》《园林树木识别与实习教程（北方地区）》《风景园林专业综合实习指导书——园林树木识别与应用篇》《河南太行山猕猴国家级自然保护区（焦作段）科学考察集》等 20 余部。其中，《景观园林植物图鉴》获 2017 年当当网农业和林业类图书畅销榜第 1 名，《2000 种观花植物原色图鉴》受到中国植物志网站推荐，《树木学（北方本）》为普通高等教育"十三五"国家级规划教材。科研成果曾获得河南省科学技术进步奖 3 项、河南省自然科学优秀学术论文 5 项，获得河南省科技著作出版资助项目 2 项。

闫丽君，河南卫辉人，1989 年 1 月生，河南农业大学林学专业博士研究生。在 *BMC Genomics*，*Physiology and Molecular Biology of Plants*，《北京林业大学学报》《中南林业科技大学学报》《河南师范大学学报（自然科学版）》《浙江农林大学学报》《河南农业大学学报》《森林与环境学报》《河南农业》等学术期刊发表论文 11 篇。参编《景观园林植物图鉴》和《2000 种观花植物原色图鉴》2 部著作。

裴林英，山西临汾人，1978 年 8 月生，华东师范大学植物学专业博士，现在北京林大林业科技股份有限公司从事植物品种研发和博士后流动站的管理工作。在 *Journal of Bryology*，*Phytotaxa*，*Frontiers in Plant Science*，《云南植物研究》《西北植物学报》等学术期刊上发表论文 20 余篇。参编《大熊猫栖息地研究》《中国苔藓志》（中英文版）和《中国苔藓植物名录》（英文版）等 5 部著作。

《多肉植物图鉴》编委会名单

编写委员会（以姓氏音序排列）

前　言

　　多肉植物（多浆植物或肉质植物）是指植物营养器官的某一部分，如茎、叶或根（少数种类兼而有之）具有发达的薄壁组织用以储藏水分，在外形上显得肥厚多汁的一类植物。多肉植物几乎都是高等植物，大多数多肉植物生长在全年或季节性干旱的地区，每年有很长的时间根部吸收不到水分，仅靠体内储藏的水分维持生命。

　　1619 年，瑞士植物学家吉恩·鲍汉（Jean Bauhin）最早提出了多肉植物的概念。目前多肉植物的分类有广义和狭义之分。广义的多肉植物包括仙人掌科植物（约 18 000 种），而狭义的多肉植物则不包括仙人掌科植物。本书所指的多肉植物为广义的多肉植物。有几个和多肉植物相近的概念，如园艺上把多肉植物叫作多肉花卉；产于沙漠的植物叫沙漠植物或沙生植物，许多多肉植物种类生长于沙漠地区，但并不是生长于沙漠地区的植物都是多肉植物。广义的多肉植物全世界有 30 000 余种，隶属于 70 余科，其中以景天科和仙人掌科的种类数量最多。全世界绝大多数的多肉植物分布于非洲的南部和东部（南非、纳米比亚、马达加斯加、肯尼亚、坦桑尼亚、索马里和埃塞俄比亚）及拉丁美洲。其中，南非和墨西哥是世界上多肉植物种类最多的国家，而日本、韩国、美国和西欧地区以杂交品种居多。

　　多肉植物是大自然馈赠人类的珍贵礼物。随着物质生活水平的提高，人们对美好事物的追求也越来越高。多肉植物以小巧玲珑、姿态优美、萌态可掬等特点，备受世界各地人们的喜爱。奇特的气候和恶劣的环境，尤其是干旱缺水的环境，使得多肉植物形成了各种保水机制，从而造就其了形态千差万别。多肉植物非常耐旱，有些种类可以一两个月甚至几个月不用浇水而正常生长，比如仙人掌科植物。

　　按照储水组织的部位来分，多肉植物可分为三种类型：叶多肉植物、茎多肉植物和根多肉植物。叶多肉植物是储水组织主要在叶部的多肉植物。叶多肉植物其茎常不肉质化，部分茎稍木质化。随着环境趋向干旱的程度，其叶质越来越厚，叶的肉质化程度有薄肉质叶（露草等）、厚肉质叶（厚叶草等）和极厚肉质叶（生石花等）。其茎越来越缩短，有时茎几乎全部消失，如肉锥花属等。茎多肉植物是储水组织主要在茎部的多肉植物。由于长期适应干旱环境，茎多肉植物的叶常退化（如多数仙人掌科植物）或早落（多数大戟科植物）。

　　按照多肉植物生长季节可把多肉植物分为三种类型：冬型种、夏型种和春秋型种（中间型种）。冬型种是指在冷凉季节生长且夏季高温季节休眠的多肉植物，如玉扇、雪莲、南非龟甲龙、弹簧草和生石花等，其生长期一般在秋天至翌年春天。夏型种是指温暖季节生长、寒冷季节休眠的多肉植物，如虎尾兰、金枝玉叶、丽钟阁、金琥和沙漠玫瑰等，其生长期一般在春天至秋天。春秋型种，是指春季或秋季生长的多肉植物，如龙鳞、天锦章、四海波等。这类多肉植物越冬时，如果环境温度较高，植株会像"冬型种"一样继续生长；如果栽培温度较低，植株会像"夏型种"进行休眠，通常温度最好在 5 ℃以上。

多肉植物具有三个方面的功能，即观赏、食用和药用。多肉植物大多形态别致、株型奇特、色彩鲜艳、姿态优美，其叶、茎、根、花和刺（毛）全年都有很高的观赏价值，是重要的观赏植物。多肉植物可供植物园或公园设置专门的温室展览，有些种类可植于房屋周围作为绿篱，具有观赏和防护的双重效果，也可于居室盆栽观赏。有些多肉植物鲜嫩多汁，可以食用，如芦荟属和番杏科植物的肉质叶，薯蓣科、萝藦科和酢浆草科植物的块根，西番莲科、葡萄科和木棉科植物的果实等。但多肉植物在食用时应注意食用方法，否则会有副作用。另外，多肉植物还可以入药，如芦荟属和大戟属的某些种类。

作者自从 2002 年以来，历经十余载，先后多次在上海（上海辰山植物园、上海植物园）、北京（北京植物园、中国科学院植物研究所北京植物园和北京世界花卉大观园）、广州（中国科学院华南植物园）、南京（南京中山植物园）、武汉（中国科学院武汉植物园）、郑州（郑州植物园）和石家庄（石家庄植物园）等植物园的温室和郑州附近的多家多肉生产大棚和花卉市场等进行多肉植物考察，拍摄植物照片 10 万余张，涵盖多肉植物种类 6 000 余种。本书包含多肉植物 43 科 246 属约 4 000种（包括亚种、变种、变型及品种），命名了多肉植物新品种 200 余个，并配有约 4 500 幅精美彩图，是一部集鉴赏价值与实用价值于一体、图文并茂的多肉植物学术专著。本书重点介绍了多肉植物的科属特征、识别要点、种类分布、生长习性、繁殖栽培、观赏配置及园林应用，为多肉植物的观赏、普及应用和研究提供了基础知识和科学理论。为了便于读者观赏和学习，书中多肉植物科属的顺序原则上按照其观赏性的高低排列，种的顺序原则上按照其中文名称的音序排列（个别顺序作适当调整）。本书不仅适合多肉植物生产者和多肉植物玩家学习和鉴赏，面且可供园林规划师、景观规划师和园林绿化工作者在规划设计多肉植物专类园时借鉴和参考，同时也是广大植物爱好者陶冶情操和欣赏植物世界之美的力作。

在本书编写过程中，得到了全国各地多家多肉大棚棚主的支持和帮助，同时也得到了河南农业大学林学院领导和老师们的支持和帮助，在此表示感谢。本书编写还得到北京林业大学张志翔教授、山东农业大学臧德奎教授和河南农业大学叶永忠教授、杨秋生教授和苏金乐教授等的指导，在此一并表示感谢。另外还要特别感谢旅居海外的大学同学崔凯容教授，她在美国百忙之中为我寄来多本英文版的多肉植物专著，为本书的撰写提供了很大帮助。

由于编者水平有限，书中的错误和疏漏之处，敬请广大读者指正。

闫双喜

2019 年 10 月 24 日于郑州

目　录

1

景天科
Crassulaceae

　　景天科分为三个亚科，即东爪草亚科 (Crassuloideae Berger)、伽蓝菜亚科 (Kalanchoideae Berger) 和景天亚科 (Sedoideae Berger)，是多肉植物的第一大科。景天科植物生理上具有独特的景天酸循环 (CAM)，并具有适合旱生的形态特征，其表皮有蜡质粉，气孔下陷，可减少蒸腾，是典型的旱生植物，喜生于旱地或岩石上。不同属的景天科植物传粉方式不同，有自花传粉或虫媒传粉，如景天属的花平展，多种昆虫的口器能达到蜜腺；落地生根属花冠虽管状下垂，但富于蜜汁，靠蜂类帮助传粉。青锁龙属、石莲属等仅有 1 轮雄蕊，但先熟；景天属、瓦松属等多有 2 轮雄蕊，对萼雄蕊提前散放花粉，对瓣雄蕊暂时闭合，待柱头充分成熟时再开裂。景天科植物可种子繁殖和营养繁殖，其无性繁殖力强，采叶即能种植生根。肉质，耗水肥很少，因此极易种植观赏。叶片厚，夏秋季开花，花小而繁茂，花红色、黄色或白色，成簇。景天科植物体肥厚肉质，是极美丽的观赏植物。其个体矮小抗风，又不需要大量水肥，是屋顶绿化的首选植物。另外，许多种类也可供盆栽或种植于岩石园。

　　形态特征：叶互生、对生或轮生，常无柄，单叶，稀为羽状复叶；花通常两性，稀单性，辐射对称，单生或排成聚伞花序；萼片与花瓣同数，通常 4~5 枚；合生；雄蕊与萼片同数或为后者的 2 倍；雌蕊通常 4~5 枚，每一个基部有小鳞片 1 枚；子房 1 室，有胚珠数颗至多颗；蓇葖果，腹缝开裂。

　　种类分布：35 属 1 600 余种，广布于全球，但主要分布于北温带和热带的干燥地区，亚洲东部以南、墨西哥、非洲南部和地中海地区种类较多，大洋洲几乎不产，南美洲也很少。从各属的分布来看，景天属（Sedum L.）分布于世界各地，青锁龙属（Crassula L.）、银波锦属（Cotyledon Tourn. ex L.）、天锦章属（Adromischus Lem.）和伽蓝菜属（Kalanchoe Adanson）等多分布于非洲；长生草属（Sempervivum L.）分布于欧洲；莲花掌属（Aeonium Webb et Berthel.）和魔南景天属（Monanthes Haw.）分布于加纳利群岛和阿拉伯半岛；红景天属（Rhodiola L.）、瓦莲属 [Rosularia (DC.) Stapf.]、费菜属（Phedimus Raf.）、石莲属（Sinocrassula Berger）和瓦松属 [Orostachys (DC.) Fisch.] 等分布于中国和东亚地区；拟石莲属（Echeveria DC.）、厚叶草属（Pachyphytum Link.）、风车草属（Graptopetalum Rose）和仙女杯属（Dudleya Britton et Rose）等分布于美洲的墨西哥。中国有 10 属 247 种，我国各地几乎均有分布，西南地区种类较多。

拟石莲属 *Echeveria* DC.

拟石莲属是景天科的一个大属。其拉丁文名称 *Echeveria* 来源于 18 世纪墨西哥植物艺术家 Atanasio Echeverríay Godoy。石莲是叶丛呈莲座状排列的多肉植物的统称，包括拟石莲属（*Echeveria*）、风车草属（*Graptopetalum*）和仙女杯属（*Dudleya*）等。拟石莲属是景天科中比较难以辨认品种的一个属。代表种有玉蝶、莎莎女王、蓝石莲、乌木等。

形态特征：多年生肉质草本或亚灌木，植株矮小，常绿或落叶，高达 60 cm，具直立短茎。叶肉质，多浆，色彩鲜亮，呈标准的莲座状，生于短缩茎上，有些种类莲座直径可达 20 cm；叶厚或薄，倒卵匙形或匙形，有些被白粉，先端面尖。蝎尾状聚伞花序，从莲座叶丛中生出，花小，红色或紫红色。蓇葖果。花期 6 ~ 8 月。

种类分布：约 160 种，原产于中美洲半沙漠地区和南美洲西北部，从美国南部至南美洲的安第斯山脉均有分布，主产于墨西哥。

生长习性：喜温暖、干燥和阳光充足的环境，少数种类耐寒，多数种类稍耐半阴。杂交种耐阴性和耐寒性较差。

繁殖栽培：叶插繁殖，易成活。生长期可用手掰取成熟而完整的叶片进行扦插。

观赏配置：本属植物是常见的园林观赏植物，园艺品种很多，叶的排列形态和颜色具有随着季节变化而变化的特性，植株造型似花朵，被誉为"永不凋谢的花朵"，非常受大众欢迎。

阿尔巴佳人（阿尔巴比堤）*Echeveria* 'Alba Beauty'

阿法龙 *Echeveria* 'Avalon'

阿尔巴丝绸 *Echeveria* 'Alba Silk'

阿莱格拉 *Echeveria* 'Allegra'

阿兰 *Echeveria* 'Alan'

阿兰达 *Echeveria* 'Aranda'

阿玛贝尔（玛莉贝尔）*Echeveria* 'Amabeier'

阿美星 *Echeveria* 'Amistar'

阿塞纳斯 *Echeveria* 'Asenus'

景天科

阿兹塔罗西玛（罗西玛 A）*Echeveria longissima* var. *aztatlensis* J. Meyrán

埃及艳后 *Echeveria* 'Cleopatra'

艾斯晓 *Echeveria* 'Aisixiao'

爱尔兰薄荷 *Echeveria* 'Irish Mint'

爱尔兰薄荷缀化 *Echeveria* 'Topsy Turvy Cristata'

爱阁（萨朗科）*Echeveria* 'Sarangkot'

拟石莲属

爱丽儿（凌雪，林依晨，爱丽尔，艾丽尔）*Echeveria* 'Ariel'

爱丽儿缀化 *Echeveria* 'Ailier Cristata'

爱丽丝 *Echeveria* 'Alice'

爱米尔 *Echeveria* 'Aimier'

爱神 *Echeveria* 'Sarang'

爱斯诺 *Echeveria* 'Sierra'

景天科

安娜露 *Echeveria* 'Ana Lu'

暗冰（暗宾）*Echeveria* 'Dark Ice'

暗红东云（暗红冬云）*Echeveria agavoides* 'Dark Red'

暗纹杜里万莲 *Echeveria tolimanensis* 'Dark Lines'

暗纹吴钩 *Echeveria craigiana* 'Dark Lines'

昂斯诺（昂斯洛）*Echeveria* 'Onslow'

拟石莲属

奥古斯都 *Echeveria* 'Agusteau'

奥利维亚 *Echeveria* 'Olivia'

澳洲坚果 *Echeveria* 'Macadamia'

巴比伦 *Echeveria* 'Babylon'

白鲸 *Echeveria* 'White Whale'

巴特菲尔 *Echeveria* 'Butterfield'

景天科

白凤 *Echeveria* 'Hakuhou'

白凤锦 *Echeveria* 'Hakuhou Variegata'

白凤缀化 *Echeveria* 'Hakuhou Cristata'

白鬼（白马王子，白王子）*Echeveria* 'White Ghost'

白和锦（白合锦，百合锦，原始大和锦）*Echeveria purpusorum* 'Alba'

白姬莲 *Echeveria minima* 'Alba'

拟石莲属

白蜡东云（白蜡冬云）*Echeveria agavoides* 'Wax'

白蜡东云缀化 *Echeveria agavoides* 'Wax Cristata'

白莲 *Echeveria* 'White Lotus'

白马 *Echeveria* 'White Horse'

白玫瑰 *Echeveria* 'White Rose'

白闪冠（雪晃星 × 锦司晃，白冠闪，雪冠闪）*Echeveria* 'Bombycina'

景天科

白闪冠锦（白闪星锦） *Echeveria* 'Bombycina Star Variegata'

白线 *Echeveria* 'White Line'

白香槟 *Echeveria* 'Champagne White'

白羊座 *Echeveria* 'Aries'

白夜香槟 *Echeveria* 'Baekya'

白衣 *Echeveria* 'White Gown'

拟石莲属

11

白月影（阿尔巴白月影）*Echeveria* 'Alba'

白月影缀化 *Echeveria* 'Alba Cristata'

柏拉图 *Echeveria* 'Plato'

斑点剑丝诺娃 *Echeveria strictiflora* var. *nova* 'Spots'

包子冰莓 *Echeveria* 'Rasberry Ice Baozi'

包子果冻晚霞之舞 *Echeveria shaviana* 'Pink Frills Baozi Jelly Color'

景天科

包子露娜莲 *Echeveria* 'Lola Baozi'

薄叶蓝鸟（大蓝鸟）*Echeveria* 'Blue Bird Thin Leaf'

薄叶雪天使 *Echeveria* 'Snow Angel Thin Leaf'

保利安娜（宝丽安娜）*Echeveria* 'Puli-lindsayana'

北斗星 *Echeveria* 'Big Dipper'

北极星 *Echeveria* 'Polaris'

拟石莲属

笨巴蒂斯（点涤唇，静夜 × 大和锦）*Echeveria* 'Ben Badis'

笨巴蒂斯缀化 *Echeveria* 'Ben Badis Cristata'

秘鲁 *Echeveria* 'Peru'

比什 *Echeveria* 'Biche'

碧桃（鸡蛋碧桃，鸡蛋玉莲）*Echeveria* 'Peach Pride'

表丽娜（表李娜）*Echeveria agavoides* 'Biaolina'

景天科

冰河世纪（魅惑之月）*Echeveria* 'Cimette'

冰花（冰莓×花月）*Echeveria* 'Raspberry Ice' × *Echeveria pulidonis*

冰莓（冰梅，冰莓月影）*Echeveria* 'Rasberry Ice'

冰莓缀化 *Echeveria* 'Rasberry Ice Cristata'

冰淇淋 *Echeveria* 'Ice Cream'

冰淇淋配置

拟石莲属

15

冰雪公主 *Echeveria* 'Snow Princess'

冰雪公主缀化 *Echeveria* 'Snow Princess Cristata'

冰雪皇后（冰雪女王）*Echeveria* 'Snow Queen'

冰玉 *Echeveria* 'Ice Green'

波尔多红 *Echeveria* 'Bordeaux Red'

伯克利 *Echeveria* 'Berkeley'

景天科

勃朗峰（波浪峰，风月佳人）*Echeveria* 'Mont Blanc'

勃伦（悖伦）*Echeveria* 'Bollen'

布丁（橙色恋人，果冻布丁）*Echeveria* 'Pudding'

布拉舍 *Echeveria* 'Brachetii'

布兰迪（卡罗拉·布兰迪）*Echeveria colorata* 'Brandtii'

布朗钟 *Echeveria* 'Brown Bell'

拟石莲属

17

布鲁蓝 *Echeveria* 'Brink's Blue'

布玛（皮石莲布×沙维娜）*Echeveria* 'Bruma'

财路 *Echeveria* 'Gilo'

财路缀化 *Echeveria* 'Gilo Cristata'

彩虹 *Echeveria* 'Rainbow'

彩虹糖 *Echeveria* 'Rainbow Sugar'

景天科

彩虹玉蝶锦 *Echeveria glauca* 'Variegata Rainbow'

参宿（薄荷）*Echeveria cante × Echeveria subrigida*

草莓冰 *Echeveria* 'Strawberry Ice'

嫦娥 *Echeveria* 'Sang-a'

晨光杂 *Echeveria* 'Morning Light Hybrida'

诚 *Echeveria* 'Honest'

拟石莲属

橙梦露（梦露，雪莲×卡罗拉）Echeveria 'Monroe Orange'

橙梦露缀化 Echeveria 'Monroe Cristata'

橙梦露缀化（左）和橙梦露（右）

橙乌木（橙色乌木）Echeveria agavoides 'Ebony Orange'

赤星（赤星东云，赤星冬云）Echeveria agavoides 'Macabeana'

初恋 Echeveria 'Huthspinke'

景天科

初恋锦 *Echeveria* 'Huthspinke Variegata'

初恋缀化 *Echeveria* 'Huthspinke Cirstata'

初吻 *Echeveria* 'Kissing'

处女座（角宿）*Echeveria spica* Sessé et Moc. ex DC.

慈禧（女王花月夜，附丽莲，花丽）*E. pulidonis* 'Empress Dowager Cixi'

拟石莲属

璀璨绚丽（璀璨明珠）*Echeveria gilva* E. Walther'Shining Pearl'

达·芬奇密码（.）*Echeveria* 'Da Vinci Code'

大和姬 *Echeveria* 'Yamatohime'

大和锦（大合锦）*Echeveria purpusorum* Berger

大和美尼 *Echeveria* 'Yamatomini'

大河之舞（大和之舞，大合之舞）*Echeveria* 'Yamato-no-Mai'

景天科

大卷毛 *Echeveria* 'Giant Curls'

大礼帽 *Echeveria* 'Topper'

大瑞蝶 *Echeveria gigantea* Rose et Purpus

戴伦（黛仑，静夜×花司）*Echeveria* 'Deren-Oliver'

丹尼尔 *Echeveria* 'Joan Daniel'

淡紫可爱玫瑰 *Echeveria* 'Lovely Rose Pale Purple'

拟石莲属

23

蒂比（TP，静夜×吉娃娃）*Echeveria* 'Tippy'

丁香 *Echeveria* 'Lilac'

丁香梦 *Echeveria* 'Lilac Dream'

叮当（叮铛）*Echeveria* 'Tink'

定规座（尺规座，矩尺座，狮子座）*Echeveria norma*

东锦（红染笠）*Echeveria fulgens* Lem. var. *obtusifolia* (Rose) Kimnach

　　　　　　　　　　　　　　　　　　　　　　　　　　　　　　景天科

东云（冬云）*Echeveria agavoides* Lem.

东云 × 蒙恰卡 *Echeveria agavoides* × *Echeveria cuspidata* 'Menchaca'

东云锦 *Echeveria agavoides* 'Variegata'

东云缀化 *Echeveria agavoides* 'Cristata'

洞庭 *Echeveria* 'Dongting'

杜里万莲（杜里万）*Echeveria tolimanensis* Matuda

拟石莲属

杜里万莲变异 *Echeveria tolimanensis* 'Variegata'

杜里万莲锦 *Echeveria tolimanensis* 'Variegata'

杜里万莲杂 *Echeveria tolimanensis* 'Hybrida'

杜里万莲杂缀化 *Echeveria tolimanensis* 'Hybrida Cristata'

杜里万莲缀化 *Echeveria tolimanensis* 'Cristata'

多明戈（广寒宫 × 鲁氏石莲）*Echeveria* 'Domingo'

景天科

鹅卵石 Echeveria 'Cobblestone'

恩西诺（海棠花）Echeveria 'El Encino'

法比奥拉（大和锦 × 静夜）Echeveria 'Fabiola'

范女王 Echeveria 'Fun Queen'

飞行少年 Echeveria 'Fly to Teenage'

飞云 Echeveria 'Flying Cloud'

拟石莲属

菲欧娜（菲奥娜，非欧娜）*Echeveria* 'Fiona'

菲欧娜缀化 *Echeveria* 'Fiona Cristata'

费拉罗 *Echeveria agavoides* 'Ferraro'

粉奥利维亚 *Echeveria* 'Olivia Pink'

粉红高雅 *Echeveria agavoides* 'Pink Elegance'

粉红稚莲 *Echeveria macdougallii* 'Pink'

景天科

粉果冻苯巴蒂斯（粉苯巴蒂斯）*Echeveria* 'Ben Badis Pink Jelly Color'

粉姬莲 *Echeveria minima* 'Pink'

粉蓝鸟 × 青渚莲 *Echeveria* 'Blue brid Pink' × *Echeveria setosa* var. *minor*

粉蓝鸟（厚叶蓝鸟）*Echeveria* 'Blue Brid Pink'

粉绿豆（粉豆）*Echeveria amoena* 'Microcalyx Pink'

粉色衬裙 *Echeveria* 'Petticoat'

拟石莲属

粉色多娜 *Echeveria* 'Pink Donna'

粉色提示 *Echeveria* 'Pink Tips'

粉乌木 *Echeveria agavoides* 'Ebony Pink'

粉雪莲（墨西哥粉雪莲）*Echeveria lauii* 'Pink'

粉雪莲缀化 *Echeveria lauii* 'Pink Cristata'

粉月影 *Echeveria elegans* 'Pink'

景天科

粉爪 *Echeveria* 'Texensis Rosea'

夫人的选择 *Echeveria* 'Madame's Choice'

弗拉门戈（弗拉明戈）*Echeveria* 'Flamenco'

弗兰克（佛兰克，佛华光）*Echeveria agavoides* 'Frank Reinelt'

芙蓉雪莲 [芙蓉莲，卡罗拉（林赛）× 雪莲] *Echeveria colorata* × *E. lauii*

芙蓉雪莲缀化 *Echeveria colorata* × *Echeveria lauii* 'Cristata'

拟石莲属

31

福祥 *Echeveria* 'Hanaikada'

复活节邦尼 *Echeveria* 'Easter Bonnie'

钢叶莲 *Echeveria subrigida* (Robinson et Seaton) Rose

钢叶莲 × 鲁氏石莲 *Echeveria subrigida* × *Echeveria runyonii*

钢叶莲杂 *Echeveria subrigida* 'Hybrida'

高砂之翁 *Echeveria* 'Takasagonookina'

景天科

高砂之翁缀化 *Echeveria* 'Takasagonookina Cristata'

高斯特（鬼）*Echeveria* 'Ghost'

格莱美特 *Echeveria* 'Glament'

格芳瑞 *Echeveria turgida* Rose

共和 *Echeveria* 'Republic'

孤星 *Echeveria* 'Isolated Star'

拟石莲属

古斯塔沃 *Echeveria* 'Gustavo'

古紫（黑骑士，骑士）*Echeveria* 'Black Knight'

怪诞月亮 *Echeveria shaviana* 'Weird Moon'

光环 *Echeveria* 'Corona'

光明鲁氏（白垩玫瑰）*Echeveria runyonii* 'Luminosity'

光圈 *Echeveria* 'Light Ring'

景天科

广寒宫 *Echeveria cante* Glass et Mend.-Garc.

广寒宫缀化 *Echeveria cante* 'Cristata'

广寒宫 × 丽娜莲 *Echeveria cante* × *Echeveria lilacina*

鬼舞特叶玉莲 *Echeveria runyonii* 'Topsy Turvy Ghost Dance'

贵妇指 *Echeveria* 'Lady's Finger'

果冻阿尔巴佳人 *Echeveria* 'Alba Beauty Jelly Color'

拟石莲属

果冻暗纹杜里万莲 *Echeveria tolimanensis* 'Dark Lines Jelly Color'

果冻暗纹杜里万莲缀化 *Echeveria tolimanensis* 'Dark Lines Cristata Jelly Color'

果冻昂斯诺 *Echeveria* 'Onslow Jelly Color'

果冻奥利维亚 *Echeveria* 'Olivia Jelly Color'

果冻白凤 *Echeveria* 'Hakuhou Jelly Color'

果冻白闪冠 *Echeveria* 'Bombycina Jelly Color'

景天科

果冻薄叶蓝鸟 *Echeveria peacockii* 'Blue Bird Thin Leaf Jelly Color'

果冻碧桃缀化 *Echeveria* 'Peach Pride Cristata Jelly Color'

果冻碧桃 *Echeveria* 'Peach Pride Jelly Color'

拟石莲属

果冻冰玉 *Echeveria* 'Ice Green Jelly Color'

果冻笨巴蒂斯 *Echeveria* 'Ben Badis Jelly Color'

果冻伯克利 *Echeveria* 'Berkeley Jelly Color'

果冻冰莓 *Echeveria* 'Rasberry Ice Jelly Color'

果冻冰莓缀化 *Echeveria* 'Rasberry Ice Cristata Jelly Color'

景天科

果冻橙梦露 *Echeveria* 'Monroe Jelly Color'

果冻初恋 *Echeveria* 'Huthspinke Jelly Color'

果冻朝露 *Echeveria* 'Morning Dew Jelly Color'

拟石莲属 ......

果冻处女座 *Echeveria spica* 'Jelly Color'

果冻船长甘草 *Echeveria derenbergii* 'Captain Hay Jelly Color'

果冻慈禧 *Echeveria pulidonis* 'Jelly Color'

景天科

果冻璀璨 *Echeveria gilva* 'Shining Pearl Jelly Color'

果冻大和锦 *Echeveria purpusorum* 'Jelly Color'

果冻大瑞蝶 *Echeveria gigantea* 'Jelly Color'

拟石莲属

果冻丹尼尔 *Echeveria* 'Joan Daniel Jelly Color'

果冻蒂比 *Echeveria* 'Tippy Jelly Color'

果冻东云 *Echeveria agavoides* 'Jelly Color'

果冻恩西诺 *Echeveria* 'El Encino Jelly Color'

果冻范女王 *Echeveria* 'Fun Queen Jelly Color'

果冻菲欧娜 *Echeveria* 'Fiona Jelly Color'

景天科

果冻粉雪莲缀化 *Echeveria laui* 'Cristata Pink Jelly Color'

果冻芙蓉雪莲 *Echeveria colorata × Echeveria lauii* 'Jelly Color'

果冻高砂之翁 *Echeveria* 'Takasagonookina Jelly Color'

果冻贵妇指 *Echeveria* 'Lady's Finger Jelly Color'

果冻海琳娜 *Echeveria* 'Hyaliana Jelly Color'

果冻黑檀汁乌木 *Echeveria agavoides* 'Ebony Black Juice Jelly Color'

拟石莲属

43

果冻红边月影 *Echeveria albicans* 'Red Marginata Jelly Color'

果冻红唇 *Echeveria* 'Bella Jelly Color'

果冻红唇缀化 *Echeveria* 'Bella Cristata Jelly Color'

果冻红粉佳人 *Echeveria* 'Pretty in Pink Jelly Color'

果冻红鹤 *Echeveria* 'Beninoturu Jelly Color'

果冻红花女王 *Echeveria* 'Queen Redflower Jelly Color'

景天科

果冻红辉殿 Echeveria 'Spruce-Oliver Jelly Color'

果冻红化妆 Echeveria 'Victor Jelly Color'

果冻红梅 Echeveria multicalulis 'Ginmei Tennyo Jelly Color'

果冻红稚莲 Echeveria macdougallii 'Jelly Color'

果冻红稚莲石化 Echeveria macdougallii 'Mostruosa Jelly Color'

拟石莲属

果冻厚叶花月夜 *Echeveria pulidonis* 'Thick Leaf Jelly Color'

果冻厚叶月影 *Echeveria elegans* 'Albicans Jelly Color'

果冻琥鲸 *Echeveria agavoides* 'Cristata Jelly Color'

果冻花月夜 *Echeveria pulidonis* 'Jelly Color'

果冻花之鹤 *Echeveria pallida* 'Prince Jelly Color'

果冻鸡蛋碧桃 *Echeveria* 'Peach Pride Jelly Color'

景天科

果冻鸡蛋碧桃缀化 *Echeveria* 'Peach Pride Cristata Jelly Color'

果冻锦晃星 *Echeveria pulvinata* 'Jelly Color'

果冻锦司晃 *Echeveria setosa* 'Jelly Color'

果冻静夜 *Echeveria derenbergii* 'Jelly Color'

果冻可爱玫瑰 *Echeveria* 'Lovely Rose Jelly Color'

果冻克拉拉（静夜×鲁氏，果冻克多多）*Echeveria* 'Clara Jelly Color'

拟石莲属

果冻拉古娜 *Echeveria simulans* 'Laguna Sanchez Jelly Color'

果冻莱恩小精灵及缀化

果冻蓝鸟 *Echeveria* 'Blue Brid Jelly Color'

果冻老版小红衣 *Echeveria minima* 'Jelly Color'

果冻里加 *Echeveria* 'Riga Jelly Color'

果冻猎户座 *Echeveria* 'Orion Jelly Color'

景天科

果冻凌波仙子 *Echeveria subcorymbosa* 'Lau 026 Jelly Color'

果冻露娜莲 *Echeveria* 'Lola Jelly Color'

果冻露娜莲缀化 *Echeveria* 'Lola Cristata Jelly Color'

果冻绿豆 *Echeveria amoena* 'Microcalyx Jelly Color'

果冻迈达斯国王 *Echeveria* 'King Midas Jelly Color'

果冻玫瑰莲 *Echeveria* 'Derosa Jelly Color'

拟石莲属

果冻梦露 Echeveria 'Monroe Jelly Color'

果冻米兰达 Echeveria 'Miranda Jelly Color'

果冻墨西哥巨人 Echeveria 'Mexico Giant Jelly Color'

果冻娜娜小勾 Echeveria secunda × Echeveria minima 'Jelly Color'

果冻奶油黄桃 Echeveria 'Atlantis Jelly Color'

果冻妮可莎娜 Echeveria 'Nicksana'

景天科

果冻女雏 *Echeveria* 'Mebina Jelly Color'

果冻女美月 *Echeveria* 'Yeomiwol Jelly Color'

果冻欧版蓝色惊喜 *Echeveria* 'Blue Surprise European Jelly Color'

果冻绮罗 *Echeveria* 'Luella Jelly Color'

果冻群月冠 *Echeveria* 'Gungekkan Jelly Color'

果冻日系冰莓 *Echeveria* 'Rasberry Ice Jelly Color' (Janpanese)

拟石莲属

51

果冻三色堇 *Echeveria* 'Pansy Jelly Color'

果冻莎莎女王 *Echeveria* 'Sasa Jelly Color'

果冻莎莎女王缀化 *Echeveria* 'Sasa Cristata Jelly Color'

果冻胜者骑兵 *Echeveria agavoides* 'Victor Reiter Jelly Color'

果冻水莲 *Echeveria elegans* 'Water Lily Jelly Color'

果冻酸橙辣椒 *Echeveria* 'Lime and Chili Jelly Color'

景天科

果冻特叶玉莲 *Echeveria runyonii* 'Topsy Turvy Jelly Color'

果冻晚霞 *Echeveria* 'Afterglow Jelly Color'

果冻晚霞之舞 *Echeveria shaviana* 'Pink Frills Jelly Color'

果冻乌木 *Echeveria agavoides* 'Ebony Jelly Color'

果冻舞会红裙 *Echeveria* 'Dick Wright Jelly Color'

果冻香槟 *Echeveria* 'Champagne Jelly Color'

拟石莲属

53

果冻星影缀化 *Echeveria elegans* 'Potosina Cristata Jelly Color'　　果冻秀妍 *Echeveria* 'Suyon Jelly Color'

果冻雪球 *Echeveria* 'Snowball Jelly Color'　　果冻雪兔 *Echeveria* 'Snow Bunny Jelly Color'

果冻野玫瑰之精 *Echeveria mexensis* 'Zalagosa Jelly Color'　　果冻雨滴 *Echeveria* 'Rain Drops Jelly Color'

景天科

果冻雨燕座 *Echeveria* 'Apus Jelly Color'

果冻玉杯东云 *Echeveria agavoides* 'Gilva Jelly Color'

果冻玉蝶 *Echeveria glauca* 'Jelly Color'

果冻玉珠东云 *Echeveria peacockii* 'Ivory Lotus Jelly Color'

果冻原始卡罗拉 *Echeveria colorata* f. *tapalpa* 'Jelly Color'

果冻原始卡罗拉缀化 *Echeveria colorata* f. *tapalpa* 'Cristata Jelly Color'

拟石莲属

果冻月光女神 *Echeveria* 'Moon Goddess Jelly Color'

果冻月光女神缀化 *Echeveria* 'Moon Goddess Cristata Jelly Color'

果冻月亮仙子 *Echeveria* 'Moon Fairy Jelly Color'

果冻月影缀化 *Echeveria elegans* 'Cristata Jelly Color'

果冻祇园之舞 *Echeveria shaviana* 'Pink Frills Jelly Color'

果冻紫罗兰皇后（果冻紫罗兰女王） *Echeveria* 'Violet Queen Jelly Color'

果冻紫罗兰皇后配置 1

果冻紫罗兰皇后配置 2

哈利·巴特菲尔德 *Echeveria* 'Harry Butterfield'

海琳娜 *Echeveria* 'Hyaliana'

海琳娜缀化 *Echeveria* 'Hyaliana Cristata'

海神（波塞冬）*Echeveria* 'Poseidon'

拟石莲属

合唱团 Echeveria 'Chorus'

荷花 Echeveria 'Lotus'

荷叶莲（豆瓣）Echeveria 'Drewn Frill'

赫拉（大和锦杂×晚霞）Echeveria 'Hera'

黑肋 Echeveria affinis E. Walther

黑肋锦 Echeveria affinis 'Variegata'

景天科

黑檀（黑檀汁乌木）*Echeveria agavoides* 'Ebony Black Juice'

黑王子 *Echeveria* 'Black Prince'

黑王子锦 *Echeveria* 'Black Prince Variegata'

黑爪 *Echeveria cuspidata* var. *gemmula*

黑爪杂 *Echeveria cuspidata* var. *gemmula* 'Hybrida'

红大和锦 *Echeveria purpusorum* 'Beniyamato'

拟石莲属

红边静夜 *Echeveria derenbergii* 'Red Marginata'

红边灵影 *Echeveria* 'Rondo'

红边月影 *Echeveria albicans* Walther 'Red Marginata'

红唇 *Echeveria* 'Bella'

红唇白锦 *Echeveria* 'Bella Variegata Alba'

红东云（红冬云）*Echeveria agavoides* 'Nominoe'

景天科

红豆（珠花莲）*Echeveria globuliflora* E. Walther

红粉佳人（粉红佳人）*Echeveria* 'Pretty in Pink'

红粉佳人锦 *Echeveria* 'Pretty in Pink Variegata'

红粉台阁（粉红台阁）*Echeveria runyonii* 'Pink Taige'

红鹤（丝绸面纱）*Echeveria* 'Beninoturu'

红鹤缀化 *Echeveria* 'Beninoturu Cristata'

拟石莲属

红帆 *Echeveria* 'Red Sails'

红化妆（静夜×多茎莲）*Echeveria* 'Victor'

红化妆变异 *Echeveria* 'Victor Variation'

红化妆杂 *Echeveria* 'Victor Hybrida'

红辉殿（红辉艳，虹辉宫殿）*Echeveria* 'Spruce-Oliver'

红稚莲石化锦 *Echeveria macdougallii* 'Mostruosa Variegata'

景天科

红辉炎（锦司晃×红司，红炎辉，红艳辉）*Echeveria* 'Set-Oliver'

红剑 *Echeveria* 'Red Sword'

红孔雀缀化 *Echeveria* 'Red Peacock Cristata'

红蜡东云（红蜡，红腊冬云）*Echeveria agavoides* 'Red Wax'

红梅（红梅花）*Echeveria multicalulis* 'Ginmei Tennyo'

红梅缀化 *Echeveria multicalulis* 'Ginmei Tennyo Cristata'

拟石莲属

红梅锦 *Echeveria multicalulis* 'Ginmei Tennyo Variegata'

红梅锦缀化 *Echeveria multicalulis* 'Ginmei Tennyo Variegata Cristata'

红男爵 *Echeveria* 'Red Baron'

红娘 *Echeveria* 'Benimusume'

红苹果（斯嘉丽）*Echeveria* 'Scarlett'

红蜻蜓 *Echeveria* 'Red Dragonfly'

景天科

红司 *Echeveria nodulosa* (Baker) Otto

红司红锦 *Echeveria nodulosa* 'Variegata Red'

红司黄锦 *Echeveria nodulosa* 'Variegata Yellow'

红糖（霜糖，太妃糖）*Echeveria* 'Brown Sugar'

红糖锦 *Echeveria* 'Brown Sugar Variegata'

红香槟 *Echeveria* 'Red Champagne'

拟石莲属

红心莲 Echeveria 'Red Heart Lotus'

红颜 Echeveria secunda var. reglensis

红颜蜜语乌木 Echeveria 'Honey Pink'

红玉杯 Echeveria 'Red Gilva'

红之鹤 Echeveria 'Beninoturu'

红之鹤缀化 Echeveria 'Beninoturu Cristata'

景天科

红稚莲（胭脂莲，红美人，卡日松，虹之莲）*Echeveria macdougallii* Walther

红稚莲石化 *Echeveria macdougallii* 'Mostruosa'

厚叶锦晃星 *Echeveria pulvinata* 'Thick Leaf'

厚叶奶油白凤 *Echeveria* 'Hakuhou Thick Leaf Cream'

厚叶秀妍 *Echeveria* 'Suyon Thick Leaf'

厚叶雪域 *Echeveria* 'Deresin Thick Leaf'

拟石莲属

厚叶月影（月影之宵，阿尔卑斯月影）*Echeveria elegans* 'Albicans'

琥鲸（东云缀化，原始冬云缀化，芝麻琥鲸）*Echeveria agavoides* 'Cristata'

花车（花车锦）*Echeveria zahnii* 'Hoveyi'

花立田 *Echeveria* × *pulchella* A. Berger

花乃井（村雨，乙女）*Echeveria amoena* E. Morren

花束 *Echeveria* 'Bouquet'

景天科

花司 Echeveria 'Harmsii'

花舞笠 Echeveria 'Curly Locks'

花月夜 Echeveria pulidonis cv.

花之鹤（霜之鹤×花月夜）Echeveria 'Lawrence'

花之鹤缀化 Echeveria 'Lawrence Cristata'

拟石莲属

欢乐时光 Echeveria 'Swing Time'

皇冠（小和锦 × 姬莲）Echeveria purpusorum 'Royal Crown'

黄金彩虹 Echeveria 'Rainbow Aurea'

黄金慈禧 Echeveria pulidonis 'Empress Dowager Cixi Aurea'

黄金东云 Echeveria agavoides 'Aurea'

黄金花月夜 Echeveria pulidonis 'Aurea'

景天科

黄金魅惑之霄 *Echeveria agavoides* 'Corderoyi Aurea'

黄金胜者骑兵 *Echeveria* 'Victor Reiter Aurea'

黄金乌木 *Echeveria agavoides* 'Ebony Aurea'

黄蜡冬云 *Echeveria agavoides* 'Yellow Wax'

黄皮口红 *Echeveria agavoides* 'Lipstick Yellow Skin'

黄桃杂 *Echeveria* 'Atlantis Hybrida'

拟石莲属

黄玉乌木 *Echeveria agavoides* 'Ebony Topaz'

辉光 *Echeveria* 'Glow'

回声 *Echeveria* 'Alba Aloha'

婚礼女王花舞笠 *Echeveria* 'Meridian Wedding'

火焚 *Echeveria* 'Fire Burning'

火炬冬云 *Echeveria agavoides* 'Torch'

景天科

火焰杯（蓝安娜，秋宴）*Echeveria* 'Bradburyana'

鸡蛋碧桃（鸡蛋玉莲，鸡蛋莲）*Echeveria* 'Peach Pride Egg'

鸡尾酒 *Echeveria* 'Cocktail'

姬莲杂 *Echeveria minima* 'Hybrida'

姬小光 *Echeveria setosa* 'Rondelli'

姬小光杂 *Echeveria setosa* 'Rondelli Hybrida'

拟石莲属

73

姬星石莲 Echeveria 'Mini Star'

吉赛尔 Echeveria 'Giselle'

吉娃娃（杨贵妃，吉娃莲）Echeveria chihuahuaensis Poelln

加勒比海蓝 Echeveria 'Caribbean Blue'

加拿大石莲 Echeveria 'Canadian'

剑司 × 钢叶莲 Echeveria strictiflora × Echeveria subrigida

景天科

剑丝诺娃（剑司诺娃，剑斯诺瓦）*Echeveria strictiflora* A. Gray var. *nova*

剑丝诺娃 × 乌木 *Echeveria strictiflora* var. *nova* × *E. agavoides* 'Ebony'

剑鱼座（剑鱼）*Echeveria* 'El Dorado'

焦糖精灵 *Echeveria* 'Caramel Spirit'

杰尼亚 *Echeveria* 'Zegna'

金发尤物 *Echeveria* 'Blondie'

拟石莲属

金辉 *Echeveria* 'Golden Glow'

金辉缀化 *Echeveria* 'Golden Glow Cristata'

金蜡东云（金蜡冬云）*Echeveria agavoides* 'Wax Aurea'

景天科

金色浪漫 Echeveria 'Golden Romantic'

锦晃星（绒毛掌，金晃星，红晃星）Echeveria pulvinata Rose

锦晃星白锦 Echeveria pulvinata 'Variegata Alba'

拟石莲属

锦晃星黄锦 *Echeveria pulvinata* 'Variegata Yellow'

锦晃星缀化 *Echeveria pulvinata* 'Cristata'

锦司晃（锦丝晃）*Echeveria setosa* Rose et J. A. Purt.

景天科

静海（新拟）（静夜 × 海琳娜）*Echeveria derenbergii × Echeveria elegans* 'Hyaliana'

静冰（静夜×冰莓）*Echeveria derenbergii × Echeveria* 'Rasberry Ice'

静雪（静夜×雪莲）*Echeveria derenbergii × Echeveria lauii*

拟石莲属

静夜 *Echeveria derenbergii* J. A. Purpus

镜莲 *Echeveria simulans* Rose

久米之舞（久米里）*Echeveria spectabilis* Alexander

卡罗拉 *Echeveria colorata* E. Walther

卡罗拉 × 香槟 *Echeveria colorata* × *Echeveria* 'Champagne'

卡罗拉（产地种）*Echeveria colorata* E. Walther

景天科

卡罗拉锦 Echeveria colorata 'Variegata'

卡梅奥 Echeveria 'Cameo'

卡特斯 Echeveria 'Real de Catorse'

凯特林 Echeveria 'Kaitely'

考拉 Echeveria 'Koala'

可爱玫瑰 Echeveria 'Lovely Rose'

拟石莲属

克拉拉（克多多，静夜 × 鲁氏）*Echeveria* 'Clara'

口红东云 *Echeveria agavoides* 'Lipstick'

口蜜桃 *Echeveria* 'Honey Peach'

苦艾酒（苦爱酒，安娜苦艾酒）*Echeveria* 'E'Anna'

苦艾酒（中）与笨巴蒂斯（左，右）配置

狂野男爵 *Echeveria* 'Baron Bold'

82 景天科

拉古娜 *Echeveria simulans* 'Laguna Sanchez'

拉科尔 *Echeveria* 'La Cole'

拉姆雷特（拉米雷特，蒂比×王妃锦司晃）*Echeveria* 'Ramillete'

拉姆雷特缀化 *Echeveria* 'Ramillete Cristata'

莱恩小精灵（瑞安，荣恩，小绿衣，小蓝迷）*Echeveria* 'Chrissy N Ryan'

莱恩小精灵缀化 *Echeveria* 'Chrissy N Ryan Cristata'

拟石莲属

蓝宝石 *Echeveria subcorymbosa* 'Lau 030'

蓝宝石 × 雪莲 *Echeveria subcorymbosa* 'Lau 030' × *Echeveria laui*

蓝冰艾利斯 *Echeveria* 'Blue Ice Elice'

蓝钵菲欧娜 *Echeveria* 'Fiona Blue'

蓝粉台阁 *Echeveria runyonii* 'Blue Pink Taige'

景天科

蓝光 *Echeveria* 'Blue Light'

蓝光锦 *Echeveria* 'Blue Light Variegata'

蓝弧（蓝狐）*Echeveria* 'Blue Curls'

蓝灰叶石莲 *Echeveria* 'Blue-grey Leaf'

蓝姬莲（若桃，姬莲 × 蓝石莲）*Echeveria* 'Minima Blue'

蓝杰（蓝鸦）*Echeveria* 'Blue Jay'

拟石莲属

蓝鲁菲尔斯 Echeveria 'Blue Ruffles'

蓝鹭 × 沙漠之星 Echeveria 'Blue Heron' × Echeveria 'Desert Star'

蓝玫瑰 Echeveria 'Blue Rose'

蓝鸟（墨西哥蓝鸟，广寒宫 × 皮氏石莲，兰鸟）Echeveria 'Blue Brid'

蓝鸟锦 Echeveria 'Blue Bird Variegata'

蓝色苍鹭 Echeveria 'Blue Heron'

景天科

蓝色妖姬 *Echeveria* 'Blue Enchantress'

蓝色之吻 *Echeveria* 'Blue Kiss'

蓝舌 *Echeveria* 'Blue Tongue'

蓝丝丽（丽娜×蓝丝绒）*Echeveria lilacina* × *Echeveria simulans* 'Ascension'

蓝丝绒（皱叶月影）*Echeveria simulans* 'Ascension'

蓝体静夜 *Echeveria derenbergii* 'Blue Form'

拟石莲属

蓝星石莲 *Echeveria* 'Blue Star'

蓝雪 *Echeveria* 'Blue Snow'

蓝与黄（红宝石吉娃娃）*Echeveria* 'Blue and Yellow'

蓝之天使 *Echeveria* 'Blue Elf'

劳埃德 *Echeveria minima* 'Roid'

劳拉 × 若桃 *Echeveria* 'Lola' × *Echeveria* 'Blue Minima'

景天科

劳伦斯 *Echeveria* 'Laulensis'

老版蓝色惊喜（原始蓝色惊喜，美版蓝色惊喜）*Echeveria* 'Blue Surprise'

老版小红衣（姬莲，迷你莲）*Echeveria minima* J. Meyrán

老版小红衣缀化 *Echeveria minima* 'Cristata'

棱镜（凌镜）*Echeveria* 'Prism'

礼帽 *Echeveria* 'Topper'

拟石莲属

89

里加 *Echeveria* 'Riga'

丽查兹夫人缀化 *Echeveria* 'Lady Richards Cristata'

丽娜莲 *Echeveria lilacina* Kimn. et Moran

丽娜莲杂（丽人）*Echeveria lilacina* 'Hybrida'

丽水 *Echeveria* 'Yeosu'

丽雪（丽娜莲×雪莲）*Echeveria lilacina* × *Echeveria lauii*

景天科

利比里亚 *Echeveria* 'Liberia'

莉迪亚 *Echeveria* 'Lidia'

莉莉娜 *Echeveria* 'Relena'

莲司 *Echeveria secunda* 'Byrnesii'

涟漪 *Echeveria* 'Rippling Waters'

烈焰 *Echeveria* 'Roaring Flame'

拟石莲属

猎户座（猎户丽娜）*Echeveria* 'Orion'

林赛（林德赛）*Echeveria lindsayana* E. Walther

灵魂 *Echeveria* 'Psyche'

凌波仙子 *Echeveria subcorymbosa* Kimnach et Moran 'Lau 026'

凌波仙子锦（右）*Echeveria subcorymbosa* 'Lau 026 Variegata'

凌娜（凌波仙子×娜娜小勾）*Echeveria* 'Lingna'

景天科

留山 *Echeveria* 'Rumayama'

流星 *Echeveria* 'Shooting Star'

卢浮宫 *Echeveria rubromarginata* Rose

鲁宾（鲁滨，鲁缤）*Echeveria agavoides* 'Romeo Rubin'

鲁氏石莲 *Echeveria runyonii* Hort.

鲁氏石莲锦 *Echeveria runyonii* 'Variegata'

拟石莲属

93

鲁丝夫人（鲁斯夫人）*Echeveria* 'Madame Ruthie'

鲁西达乌木 *Echeveria* 'Ebony Lucida'

露娜莲 *Echeveria* 'Lola'

露娜罗莎 *Echeveria* 'Luna Rosa'

露丝 *Echeveria* 'Rose'

露西 *Echeveria* 'Lucy'

94

景天科

露西娜（西娜丽，新浪百合，雪莲 × 丽娜莲）*Echeveria* 'Lucila'

罗马（大罗马）*Echeveria* 'Rome'

罗美娜 *Echeveria* 'Luomeinuo'

罗密欧（金牛座）*Echeveria agavoides* 'Rome'

罗琦（罗绮）*Echeveria* 'Roach'

罗莎·李 *Echeveria* 'Rosa Lee'

拟石莲属

罗旺 Echeveria 'Rowan'

罗西塔 Echeveria 'Rosita'

罗西玛 B（罗西玛变种 B）Echeveria longissima var. brachyantha

洛神 Echeveria 'Luoshen'

洛桑 Echeveria 'Lausanne'

绿茶 Echeveria 'Green Tea'

景天科

绿豆 *Echeveria amoena* 'Microcalyx'

绿翡翠 *Echeveria* 'Green Emerald'

绿体橙梦露 *Echeveria* 'Monroe Green Form'

绿体红东云 *Echeveria agavoides* 'Nominoe Green Form'

绿体红蜡东云 *Echeveria agavoides* 'Red Wax Green Form'

拟石莲属

绿体花月（绿花，绿体花月夜）*Echeveria pulidonis* 'Green Form'

绿体静夜 *Echeveria derenbergii* 'Green Form'

绿体梦露 *Echeveria* 'Monroe Green Form'

绿体象牙莲 *Echeveria peacockii* 'Ivory Lotus Green Form'

绿体玉凤 *Echeveria* 'Imbricata Green Form'

绿衣 *Echeveria* 'Green Clothes'

景天科

绿爪 *Echeveria cuspidata* var. *zaragozae* 'Green Claw'

绿爪杂 *Echeveria cuspidata* var. *zaragozae* 'Green Claw Hybrida'

绿爪杂白锦 *Echeveria cuspidata* var. *zaragozae* 'Green Claw Hybrida Variegata Alba'

绿珍珠 *Echeveria* 'Perle von Nürnberg Green'

绿珍珠白锦 *Echeveria* 'Perle von Nürnberg Green Variegata Alba'

马蒂尔达（玛蒂尔达）*Echeveria* 'Mathilda'

拟石莲属

马尔代夫 Echeveria 'Maldives'

马卡迪米亚 Echeveria 'Makati Mia'

玛丽·安托瓦内特（卷心菜）Echeveria 'Marie Antoinette'

玛丽埃 Echeveria 'Marierer'

玛丽亚（玛利亚，玛利娅）Echeveria agavoides 'Maria'

曼达拉 Echeveria 'Mandala'

景天科

迈达斯国王（厚叶花月夜，星美人 × 花月夜）*Echeveria* 'King Midas'

迈达斯国王缀化 *Echeveria pulidonis* 'King Midas Cristata'

毛东云（冬云 × 锦司晃，毛冬云）*Echeveria agavoides* × *Echeveria setosa*

毛莲（牡丹莲，静夜锦 × 晃星）*Echeveria* 'Kircheriana'

玫瑰夫人 *Echeveria* 'Madame Rose'

拟石莲属

玫瑰莲（静夜×锦司晃，德罗莎）Echeveria 'Derosa'

玫瑰云 Echeveria 'Rosy Cloud'

美尼王妃晃（美尼王菲晃）Echeveria minima 'Miniouhikou'

魅惑之宵（红缘东云）Echeveria agavoides var. corderoyi (Baker) Poelln.

蒙恰卡 Echeveria cuspidata Rose 'Menchaca'

梦露 [雪莲×卡罗拉（林赛）] Echeveria 'Monroe'

景天科

梦露缀化 Echeveria 'Monroe Cristata'

迷纹银月色 Echeveria 'Silver Moon Color'

米克拉 Echeveria 'Mekkhala'

米拉 Echeveria 'Mira'

米兰达 Echeveria 'Miranda'

米纳斯 Echeveria 'Minas'

拟石莲属

米娅玛卡迪 *Echeveria* 'Makaki'

蜜桃猎户（蜜桃猎户座）*Echeveria* 'Hercules'

摩氏石莲（摩氏玉莲）*Echeveria moranii* Baker

魔眼 *Echeveria* 'Demon's Eye'

魔爪（鹰爪）*Echeveria unguiculata* 'Devil's Talons'

魔爪锦 *Echeveria unguiculata* 'Devil's Talons Variegata'

景天科

魔爪杂 Echeveria unguiculata 'Hybrida'

莫兰（默兰）Echeveria 'Beniothine'

莫莫（露娜 × 罗密欧）Echeveria 'Mo Mo'

莫纳罗 Echeveria 'Mauna Loa'

莫西干 Echeveria 'Mohican'

墨海 Echeveria 'Inkslab'

拟石莲属

墨西哥城 *Echeveria* 'Mexico City'

墨西哥姬莲 *Echeveria minima* 'Mexico'

墨西哥巨人（墨巨人）*Echeveria* 'Mexico Giant'

墨西哥乌木 *Echeveria agavoides* 'Ebony Mexico'

墨玉 *Echeveria agavoides* 'Black Jade'

暮光之城 *Echeveria* 'Twilight'

景天科

娜娜小勾（七福美尻，娜娜胡可，七福美尼）*Echeveria secunda × E. minima*

娜娅小精灵 *Echeveria* 'Chrissy N ryan'

奶油爱尔兰薄荷 *Echeveria* 'Irish Mint Cream'

奶油白凤 *Echeveria* 'Hakuhou Cream'

奶油贝瑞 *Echeveria* 'Berry Cream'

奶油碧桃 *Echeveria* 'Peach Pride Cream'

拟石莲属

奶油冰莓 *Echeveria* 'Rasberry Ice Cream'

奶油晨露 *Echeveria* 'Morning Dew Cream'

奶油菲欧娜 *Echeveria* 'Fiona Cream'

奶油芙蓉雪莲 *Echeveria colorata* × *Echeveria lauii* 'Cream'

奶油果冻露娜莲 *Echeveria* 'Lola Cream Jelly Color'

奶油荷叶莲 *Echeveria* 'Drewn Frill Cream'

景天科

奶油黑爪 Echeveria cuspidata var. gemmula 'Cream'

奶油红鹤 Echeveria 'Beninoturu Cream'

奶油花之鹤 Echeveria pallida 'Prince Cream'

奶油黄桃 × 钢叶莲 Echeveria 'Atlantis' × Echeveria subrigida

奶油黄桃（亚特兰蒂斯） Echeveria 'Atlantis'

奶油姬小光 Echeveria setosa 'Rondelli Cream'

拟石莲属

109

奶油吉娃娃 *Echeveria* 'Cream'

奶油剑丝诺娃 *Echeveria strictiflora* var. *nova* 'Cream'

奶油金辉 *Echeveria* 'Golden Glow Cream'

奶油静夜 *Echeveria derenbergii* 'Cream'

奶油可爱玫瑰 *Echeveria* 'Lovely Rose Cream'

奶油蓝姬莲 *Echeveria* 'Minima Blue Cream'

景天科

奶油蓝之天使 *Echeveria* 'Blue Elf' Cream'

奶油棱镜 *Echeveria* 'Prism Cream'

奶油丽娜莲 *Echeveria lilacina* 'Cream'

奶油林赛 *Echeveria lindsayana* 'Cream'

奶油露娜莲 *Echeveria* 'Lola Cream'

奶油绿豆 *Echeveria amoena* 'Microcalyx Cream'

拟石莲属

奶油梦露 Echeveria 'Monroe Cream'

奶油娜娜小勾 Echeveria secunda × Echeveria minima 'Cream'

奶油女王花舞笠 Echeveria 'Meridian Cream'

奶油群月冠 Echeveria 'Gungekkan Cream'

奶油三色堇 Echeveria 'Pansy Cream'

奶油松果红爪 Echeveria 'Alienor Cream'

景天科

奶油桃太郎 *Echeveria* 'Momotarou Cream'

奶油小叶冰莓 *Echeveria* 'Rasberry Ice Little Leaf Cream'

奶油雪精灵 *Echeveria* 'Snow Fairy Cream'

奶油雪域 *Echeveria* 'Deresin Cream'

奶油野玫瑰之精 *Echeveria mexensis* 'Zalagosa Cream'

奶油雨滴 *Echeveria* 'Rain Drops Cream'

拟石莲属

113

奶油原始绿爪 *Echeveria cuspidata* var. *zaragozae* 'Cream'

奶油约瑟琳 *Echeveria* 'Joslyn James Cream'

奶油紫罗兰女王 *Echeveria* 'Violet Queen Cream'

妮可莎娜 *Echeveria* 'Nicksana'

尼罗河玫瑰 *Echeveria* 'Nile Rose'

霓虹灯开关 *Echeveria* 'Neon Breakers'

景天科

柠檬贝瑞 *Echeveria* 'Lemon Berry'

柠檬东云 *Echeveria* 'Citrin'

柠檬卷 *Echeveria* 'Lemon Twist'

柠檬王子（巴黎王子）*Echeveria* 'Lemon Prince'

女雏 × 圣诞 *Echeveria* 'Mebina' × *Echeveria* 'Christmax'

女雏 *Echeveria* 'Mebina'

拟石莲属

女雏巨大化 Echeveria 'Mebina Large Form'

女美月 Echeveria 'Yeomiwol'

女士 Echeveria 'Madam'

女王花舞笠（女王花笠）Echeveria 'Meridian'

女王花舞笠杂 Echeveria 'Meridian Hybrida'

女王玫瑰 Echeveria 'Queen Rose'

景天科

女妖的石窟 *Echeveria* 'Banshee's Grottoes'

欧版红宝石 *Echeveria* 'Magic Red European'

欧版蓝色惊喜（新版蓝色惊喜）*Echeveria* 'Blue Surprise European'

欧版紫罗兰女王 *Echeveria* 'Violet Queen European'

帕缇娜 *Echeveria* 'Patina'

珮蕾 *Echeveria* 'Pellet'

拟石莲属

皮氏石莲（皮氏蓝石莲）*Echeveria peacockii* Croucher 'Desmetiana'　　皮氏石莲锦 *Echeveria peacockii* 'Variegata'

皮氏石莲缀化（鸡冠掌）*Echeveria peacockii* 'Cristata'

皮氏石莲白锦 *Echeveria peacockii* 'Variegata Alba'　　匹诺曹 *Echeveria* 'Pinocchio'

景天科

普利缇娜 *Echeveria* 'Pulitina'

普米拉 × 乌木 *Echeveria secunda* 'Pumila' × *Echeveria agavoides* 'Ebony'

瀑布 *Echeveria* 'Falls'

七福神 *Echeveria secunda* Booth ex Lindl.

七广场缀化 *Echeveria* 'Seven Piazza Cristata'

齐星 *Echeveria* 'Qixing'

拟石莲属

绮罗（罗艾娜）Echeveria 'Luella'

绮罗缀化 Echeveria 'Luella Cristata'

千羽鹤 Echeveria 'Thousands of Cranes'

景天科

千羽鹤与千羽鹤缀化

千羽鹤缀化 *Echeveria* 'Thousands of Cranes Cristata'

茜牡丹 *Echeveria* 'Akanebotan'

拟石莲属

121

茜牡丹白锦 *Echeveria* 'Akanebotan Variegata Alba'

巧克力方砖锦 *Echeveria* 'Melaco Variegata'

巧克力方砖（巧克力，米洛可）*Echeveria* 'Melaco'

景天科

青涩时光 *Echeveria* 'Sentimental Time'

青苹果 *Echeveria* 'Green Apple'

青大和锦（青大和）*Echeveria* 'Aoyamato'

拟石莲属

青石 *Echeveria* 'Bluestone'

青渚莲（清褚莲）*Echeveria setosa* var. *minor* Moran

清纯乌木 *Echeveria agavoides* 'Ebony Pretty and Pure'

秋刀鱼 *Echeveria* 'Autumn Swordfish'

秋之霜缀化 *Echeveria* 'Akinoshimo Cristata'

群月冠（群月花）*Echeveria* 'Gungekkan'

124

认证 Echeveria 'Onaya'

日冰（日系冰莓，日本冰莓）Echeveria 'Rasberry Ice Nihon'

日冰缀化 Echeveria 'Rasberry Ice Nihon Cristata'

如贝拉（鲁贝拉，卷叶冬云）Echeveria agavoides 'Rubella'

瑞文斯 Echeveria simulans 'Rayones'

腮红东云 Echeveria agavoides 'Red Blush'

拟石莲属

三色堇 *Echeveria* 'Pansy'

三色堇缀化 *Echeveria* 'Pansy Cristata'

三色堇 × 金辉 *Echeveria* 'Pansy' × *Echeveria* 'Golden Glow'

沙漠之星（包菜）*Echeveria* 'Desert Star'

沙维娜（莎薇娜）*Echeveria shaviana* Walther

砂糖 *Echeveria* 'Sugared'

景天科

砂糖杂 *Echeveria* 'Graessneri Hybrida'

莎莎女王 *Echeveria* 'Sasa'

莎莎女王缀化 *Echeveria* 'Sasa Cristata'

莎莎女王锦 *Echeveria* 'Sasa Variegata'

圣诞东云 *Echeveria agavoides* 'Christmas Eve'

圣诞乌木 *Echeveria agavoides* 'Ebony Christmas Eve'

拟石莲属

127

圣卡洛斯 *Echeveria agavoides* 'Santa Carlos'

圣路易斯 *Echeveria agavoides* 'Santa Lewis'

胜者骑兵（胜利骑兵，新圣骑兵）*Echeveria* 'Victor Reiter'

双子贝瑞 *Echeveria* 'Berry Gemini'

双子座 *Echeveria* 'Pollux'

双子座缀化 *Echeveria* 'Pollux Cristata'

景天科

双子座锦 Echeveria 'Pollux Variegata'

霜之鹤（桃姬）Echeveria pallida E. Walther

霜之鹤锦 Echeveria pallida 'Variegata'

水蓝 Echeveria 'Water Blue'

水莲 Echeveria 'Water Lotus'

水蜜桃（水蜜桃吉娃娃）Echeveria chihuahuaensis 'Ruby Blush'

拟石莲属

水瓶座 *Echeveria* 'Aquarius'

松果红爪 *Echeveria* 'Alienor'

酥皮鸭 *Echeveria* 'Supia'

酸橙辣椒（酸辣椒）*Echeveria* 'Lime and Chili'

所罗门（索罗门）*Echeveria* 'Solomon'

塔隆（雪女王）*Echeveria* 'Snow Queen'

景天科

台版雪天使 *Echeveria* 'Snow Angel'

探戈 *Echeveria tencho* Moran et C. H. Uhl

桃花源 *Echeveria* 'Peach Garden'

桃太郎（桃太郎）*Echeveria* 'Momotarou'

特叶玉莲（特玉莲）*Echeveria runyonii* 'Topsy Turvy'

特叶玉莲缀化 *Echeveria runyonii* 'Topsy Turvy Cristata'

拟石莲属

特叶玉莲杂 *Echeveria runyonii* 'Topsy Turvy Hybrida'

特叶玉莲 × 祇园之舞 *Echeveria runyonii* 'Topsy Turvy' × *E. shaviana* 'Pink Frills'

天鹅湖 *Echeveria* 'Swan Lake'

天箭座（天剑座）*Echeveria* 'Sagita'

天箭座缀化 *Echeveria* 'Sagita Cristata'

天使之城 *Echeveria secunda* 'Puebla'

景天科

天使之吻 Echeveria 'Tenshi No Namida Kiss'

天使之星 Echeveria 'Stars of Angel'

田中丽奈 Echeveria 'Rina Tanaka'

甜蜜的回报 Echeveria 'Sweet Reveng'

甜心 Echeveria 'Sweetheart'

铁石莲花锦 Echeveria metallica Lem. 'Variegata'

拟石莲属

133

透粉果冻笨巴蒂斯 *Echeveria* 'Ben Badis Jelly Pink Color'

透粉果冻鸡蛋碧桃 *Echeveria* 'Peach Pride Pink Jelly Color'

透粉果冻露娜莲 *Echeveria* 'Lola Pink Jelly Color'

突尼卡皇后 *Echeveria* 'Tunica Queen'

丸叶大瑞蝶 *Echeveria gigantea* 'Round Leaf'

丸叶红司（丸叶龟骨红司）*Echeveria nodulosa* 'Maruba Benitsukasa'

景天科

丸叶红稚莲 *Echeveria macdougallii* 'Round Leaf'

丸叶花舞笠 *Echeveria* 'Curly Locks Round Leaf'

丸叶锦晃星 *Echeveria pulvinata* 'Round Leaf'

丸叶特叶玉莲 *Echeveria runyonii* 'Topsy Turvy Round Leaf'

晚霞（广寒宫×沙维娜）*Echeveria* 'Afterglow'

拟石莲属

晚霞杂 *Echeveria* 'Afterglow Hybrida'

晚霞之舞（祇园之舞，祇园之舞）*Echeveria shaviana* 'Pink Frills'

晚霞之舞白锦 *Echeveria* 'Pink Frills Variegata Alba'

万圣夜 *Echeveria* 'All Hallows' Eve'

王妃锦司晃 *Echeveria setosa* var. *ciliata* (Moran) Moran

望舒 *Echeveria* 'Wangshu'

景天科

威尼斯 *Echeveria* 'Wenice'

微笑 *Echeveria* 'Smile'

吻 *Echeveria* 'Kisses'

乌木（冬云乌木）*Echeveria agavoides* 'Ebony'

乌木缀化 *Echeveria agavoides* 'Ebony Cristata'

乌木杂 *Echeveria agavoides* 'Ebony Hybrida'

拟石莲属

137

吴钩 *Echeveria craigiana* E. Walther

五月花 *Echeveria* 'Mayflower'

武仙座（无限座）*Echeveria* 'Hercules'

舞会红裙 *Echeveria* 'Dick Wright'

雾凇 *Echeveria* 'Soft Rime'

夕月之光 *Echeveria* 'Light of Evening Moon'

景天科

夕照 *Echeveria* 'Evening Glow'

西伯利亚 *Echeveria simulans* 'Siberia'

西泽尔（希斯拉）*Echeveria gigantea* 'Sizzler'

希尔玛·欧来里 *Echeveria* 'Thelma O'Reilly'

细叶晚霞 *Echeveria* 'Afterglow Norrow Leaf'

下弦月 *Echeveria* 'Last Quarter'

拟石莲属

夏加尔 *Echeveria* 'Chagall'

夏梦 *Echeveria* 'Summer Dream'

夏娃 *Echeveria* 'Eve'

先锋派 *Echeveria* 'Vanguard Party'

相府莲 *Echeveria* 'Prolifera'

香槟（粉香槟）*Echeveria* 'Champagne'

景天科

香奈儿 Echeveria 'Chanel'

香香公主 Echeveria 'Xiangxiang Princess'

象牙莲 Echeveria 'Ivory Lotus'

小和锦（小合锦）Echeveria purpusorum Berger

小蓝衣 Echeveria setosa var. deminuta J. Meyrán

小蓝衣缀化 Echeveria setosa var. deminuta 'Cristata'

拟石莲属

小蓝衣缀化（左）和小蓝衣（右）

小萝莉 *Echeveria* 'Little Lori'

小苹果 *Echeveria* 'Little Apple'

小透明 *Echeveria* 'See-Through'

小叶冰莓 *Echeveria* 'Ice Berry Little Leaf'

小樱桃（罗杰·约翰逊）*Echeveria* 'Roger Jones'

景天科

小圆球 *Echeveria* 'Super Circle'

辛普森 *Echeveria* 'Simpson'

辛德瑞拉 *Echeveria* 'Cinderella'

新版小红衣 *Echeveria globulosa* Moran

新花乙女 *Echeveria* 'Dondo'

拟石莲属

新慕兰 *Echeveria* 'Xinmulan'

新娘妍路 *Echeveria* 'Bride Yeon-seok'

星谷 *Echeveria* 'Star Valley'

星姬石莲花 *Echeveria* 'Sung Hee'

星影（桑切斯）*Echeveria elegans* 'Potosina'

星云 *Echeveria* 'Nebula'

144

景天科

幸福时光 *Echeveria* 'Happy Times'

秀丽 *Echeveria* 'Pretty'

秀妍（秀研，秀岩）*Echeveria* 'Suyon'

绚丽 *Echeveria* 'Gorgeous'

雪川 *Echeveria* 'Snow River'

雪凤 *Echeveria* 'Hakuhou Snow'

拟石莲属

雪海 *Echeveria* 'Snow Sea'

雪锦星 *Echeveria pulvinata* 'Frosty'

雪锦星缀化 *Echeveria pulvinata* 'Frosty Cristata'

雪精灵 *Echeveria* 'Snow Fairy'

雪莲（墨西哥雪莲）*Echeveria lauii* R. Moran et J. Meyran

雪球（墨西哥雪球，普通月影）*Echeveria* 'Mexican Snowball'

景天科

雪天使（橙梦露 × 雪莲）*Echeveria* 'Monroe Orange' × *Echeveria laui*

雪兔 *Echeveria* 'Snow Bunny'

雪域（静夜 × 鲁氏石莲花，雪域蓝巴黎，雪玉，荷叶莲）*Echeveria* 'Deresin'

雪域杂 *Echeveria* 'Deresin Hybrida'

雪爪（比安特）*Echeveria* 'Biante'

血斑奥利维亚 *Echeveria* 'Olivia Bloodstain'

拟石莲属

血斑璀璨 *Echeveria gilva* 'Shining Pearl Bloodstain'

血斑果冻野卡 *Echeveria colorata* 'Bloodstain Jelly Color'

血斑黄金乌木 *Echeveria agavoides* 'Ebony Aurea Bloodstain'

血斑剑司 × 乌木 *Echeveria strictiflora* var. *nova* 'Bboodstain' × *E. agavoides* 'Ebony'

血斑奶油金辉 *Echeveria* 'Golden Glow Bloodstain Cream'

血斑原始卡罗 *Echeveria colorata* f. *tapalpa* 'Bloodstain'

血罗（罗密欧×欧乌木）*Echeveria agavoides* 'Red Ebody'

雅典娜 *Echeveria* 'Athena'

雅典娜缀化 *Echeveria* 'Athena Cristata'

胭脂小姐 *Echeveria* 'Miss Rouge'

央金（杨金）*Echeveria* 'Yangjin'

洋姬 *Echeveria* 'Yoji'

拟石莲属

149

野玫瑰之精（红爪）*Echeveria mexensis* 'Zalagosa'

野玫瑰之精缀化 *Echeveria mexensis* 'Zalagosa Cristata'

野玫瑰之精杂 *Echeveria mexensis* 'Zalagosa Hybrida'

夜锦 *Echeveria* 'Night'

伊利亚 *Echeveria* 'Iria'

伊利亚缀化 *Echeveria* 'Iria Cristata'

景天科

乙女梦（彩石雕）Echeveria 'Paul Bunyan'

音乐阿尔卑斯山 Echeveria 'Music Alps'

音乐会 Echeveria 'Concert'

银后 Echeveria 'Silver Queen'

樱花 Echeveria 'Oriental Cherry'

樱桃 Echeveria 'Cherry'

拟石莲属

勇敢之星杂 *Echeveria* 'Brave Hybrida'

幽冥殿 *Echeveria humilis* 'Rio Toliman'

油彩莲（釉彩莲）*Echeveria* 'Chroma'

雨滴 *Echeveria* 'Rain Drops'

雨和张（雨和章）*Echeveria* 'Yuhezhang'

雨林 *Echeveria* 'Rain Forest'

景天科

雨燕座 Echeveria 'Apus'

玉杯东云 Echeveria agavoides 'Gilva'

玉笛 Echeveria 'Jade Flute'

玉点冬云（玉星冬云）Echeveria agavoides 'Jade Star'

玉蝶（玉碟）Echeveria glauca Baker

玉蝶锦 Echeveria glauca 'Variegata'

拟石莲属

玉凤 *Echeveria* 'Imbricata'

玉如意 *Echeveria* 'Jade Ruyi'

玉色荷花 *Echeveria* 'Jade Lotus'

玉星东云 *Echeveria agavoides* 'Jade Star'

原始晨光 *Echeveria peacockii* 'Morning Light'

玉珠东云（东云×厚叶月影，黄金象牙）*Echeveria agavoides* Lem.

景天科

原始东云 *Echeveria agavoides* Lem.

原始杜里万莲 *Echeveria tolimanensis* Matuda

原始黑爪 *Echeveria cuspidata* var. *gemmula* Kimnach

原始花月夜 *Echeveria pulidonis* E. Walth.

原始花月夜锦 *Echeveria pulidonis* 'Variegata'

原始姬莲（姬莲） *Echeveria minima* J. Meyrán

拟石莲属

原始卡罗拉（野生卡罗拉，原卡）*Echeveria colorata* f. *tapalpa*

原始罗西罗西玛（罗西玛）　*Echeveria longissima* E. Walther

原始绿豆 *Echeveria amoena* 'Microcalyx'

原始绿爪 *Echeveria cuspidata* var. *zaragozae* Kimnach

原始魔爪 *Echeveria unguiculata* Kimnach

原始日冰（日系原始冰梅）*Echeveria* 'Rasberry Ice Japaness'

景天科

原始特叶玉莲 *Echeveria runyonii* 'Topsy Turvy'

原始乌木 *Echeveria agavoides* 'Ebony'

原始月影（月影）*Echeveria elegans* Rose

圆叶红司（丸叶红司，龙骨红司）*Echeveria nodulosa* 'Round Leaf'

圆叶罗西玛（宽叶罗西玛 A）*Echeveria longissima* var. *aztatlensis* 'Rotundifolia'

约瑟琳 *Echeveria* 'Joslyn James'

拟石莲属

月光女神（花月夜×月影）*Echeveria* 'Moon Goddess'

月光女神缀化 *Echeveria* 'Moon Goddess Cristata'

月亮仙子（花月夜×厚叶月影）*Echeveria* 'Moon Fairy'

月影精灵 *Echeveria elegans* 'Spirit'

月影娜娜 *Echeveria elegans* 'Nana'

月影西施 *Echeveria* 'Xishi'

景天科

月影缀化 *Echeveria elegans* 'Cristata'

窄叶红司 *Echeveria nodulosa* 'Narrow Leaf'

窄叶罗西玛 A *Echeveria longissima* var. *aztatlensis* 'Egeria'

朝霞 *Echeveria* 'Morning Glow'

纸风车 *Echeveria* 'Pinwheel'

纸风车缀化 *Echeveria* 'Pinwheel Cristata'

拟石莲属

织锦（加州女王）*Echeveria* 'Californica Queen'

朱丽斯（沙漠天空，朱丽丝）*Echeveria* 'Julius'

朱丽叶（天狼星，思锐）*Echeveria* 'Juliet'

朱砂痣 *Echeveria* 'Cinnabar Mole'

紫色财路 *Echeveria* 'Gilo Purple'

紫粉笔 *Echeveria* 'Purple Chalk'

景天科

紫鹤 *Echeveria* 'Purple Crane'

紫鹤缀化 *Echeveria* 'Purple Crane Cristata'

紫罗兰女王（紫罗兰皇后）*Echeveria* 'Violet Queen'

紫罗兰女王锦 *Echeveria* 'Violet Queen Variegata'

紫香槟 *Echeveria* 'Champagne Purple '

紫啸鸫 *Echeveria* 'Myophonus-caeruleus'

拟石莲属

紫心（粉色回忆）*Echeveria* 'Rezry'

紫焰 × 秀妍 *Echeveria* 'Painted Frills' × *Echeveria* 'Suyon'

紫焰白锦 *Echeveria* 'Painted Frills Variegata Alba'

景天科

紫焰（沙薇红，祇园之舞 × 红司）*Echeveria* 'Painted Frills'

紫玉石 *Echeveria* 'Purple Jade'

紫月影 *Echeveria elegans* 'Purple'

拟石莲属

紫珍珠缀化 *Echeveria* 'Perle von Nürnberg Cristata'

紫珍珠（纽伦堡珍珠，月影 × 粉彩莲）*Echeveria* 'Perle von Nürnberg'

紫珍珠锦 *Echeveria* 'Perle von Nürnberg Variegata'

景天科

紫皱 Echeveria 'Purple Crease'

棕玫瑰 Echeveria 'Brown Rose'

佐罗 Echeveria 'Zorro'

拟石莲属

165

青锁龙属（肉叶草属）*Crassula* L.

青锁龙属为景天科的大属之一，有夏型种和冬型种之分。作为多肉植物栽培的常是原产于南非且株形矮小的种类。代表种有青锁龙、梦椿、火祭、神刀、火祭之光和赤鬼城等。

形态特征：多年生草本、灌木或亚灌木，高 30 cm，茎细，易分枝，茎和分枝通常垂直向上。叶肉质，常为三角形，形态大小各异，对生或交互对生，排列紧密，光线不足时叶序散乱。聚伞花序，腋生，花小，白色、黄色或粉红色。夏型种枝繁叶茂，多呈矮小的灌木状，冬季休眠；冬型种叶片相对肥厚，多呈半球形或扁平圆盘状。

种类分布：约 280 种，分布于全球各地，栽培品种几乎全部来源于南非东开普省的原生种。杂交种和栽培品种较多。

生长习性：多数植物喜光，春、秋季生长期适合充足而柔和的阳光，正常浇水并配合少量追肥可使其生长更加旺盛。多数栽培品种可忍受一定程度的霜冻，但极端的寒冷或炎热会使它们失去叶子而死亡。

繁殖栽培：春秋季节茎插或叶插繁殖。以茎或叶的断口来繁殖，叶插选老熟肥厚叶片。

观赏配置：青锁龙属植物形态奇特，千姿百态，具有很高的观赏价值，容易辨识；不少种类花色明艳，球状花序引人注目，深受广大花友的喜爱。

阿尔巴神刀（阿尔巴）*Crassula alba* Forsk.

阿尔巴神刀花序

爱心 *Crassula* 'Loving Heart'

爱星（博星，牵牛星，姬星，白夜钱串）*Crassula rupestris* L. f.

巴（四角巴）*Crassula hemisphaerica* Thunb.

巴花序

波尼亚 *Crassula browniana* Burtt Davy

波尼亚花

白花月 *Crassula ovata* 'Ohgon Alba'

白蜡笔 *Crassula* 'Pastel Alba'

青锁龙属

白鹭 *Crassula deltoidea* L.

白鹭花期

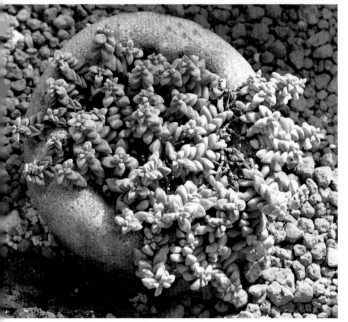

白鹭配置

白妙（白庙）*Crassula corallina* L.

半球星乙女（半球星乙女心）*Crassula brevifolia* Harv.

半球星乙女配置

景天科

半球星乙女锦 *Crassula brevifolia* 'Variegata'

彩凤凰（锦乙女，长茎景天锦，锦星花）*Crassula sarmentosa* Harv. 'Comet

彩色蜡笔是出锦粉红色且稳定的小米星。

彩色蜡笔（小米星锦）*Crassula* 'Pastel'

彩色蜡笔配置 1

彩色蜡笔配置 2

长耳火星兔 *Crassula ausensis* Hutchison

青锁龙属

铲叶花月（霍比特人）Crassula ovata 'Hobbit'

铲叶花月锦 Crassula ovata 'Hobbit Variegata'

赤鬼城 Crassula fusca Herre 'Variegata'

景天科

赤鬼城花序

丛珊瑚 *Crassula* 'Coralita'

德克萨斯 *Crassula* 'Texas'

达摩尖刀 *Crassula perfoliata* Scop. var. *minor* (Haworth) G. D. Rowley

达摩神刀 *Crassula* 'Darumajintou'

大卫 *C. lanuginose* var. *pachystemon* (Schönl. et Baker f.) Toelken

大卫锦 *Crassula lanuginose* Harv. var. *pachystemon* 'Variegata'

杜比亚 *Crassula* 'Dobia'

方刀 *Crassula* 'Fallwood'

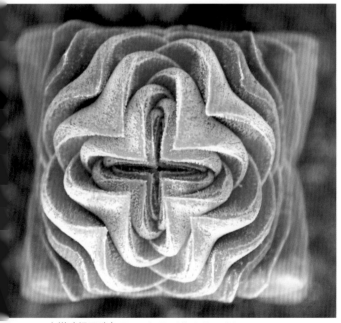

方塔（绿玉珠）*Crassula* 'Buddha's Temple'

方塔配置

景天科

方鳞若绿 *Crassula ericoides* Haw.

粉火祭 *Crassula* 'Campfire Pink'

果冻巴 *Crassula hemisphaerica* 'Jelly Color'

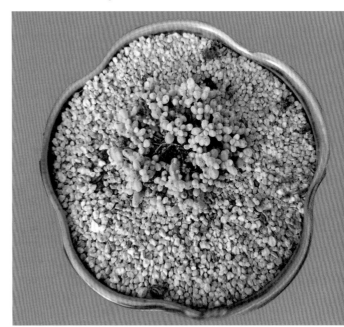

果冻康兔子 *Crassula comptonii* 'Jelly Color'

果冻铲叶花月 *Crassula ovata* 'Hobbit Jelly Color'

果冻铲叶花月 2

青锁龙属

173

果冻赤鬼城 *Crassula fusca* 'Jelly Color'

果冻方鳞若绿 *Crassula ericoides* 'Jelly Color'

果冻火祭 *Crassula* 'Campfire Jelly Color'

果冻芒虬龙 *Crassula globularioides* 'Jelly Color'

景天科

果冻若歌诗 *Crassula rogersii* 'Jelly Color'

果冻舞乙女 *Crassula rupestris* subsp. *marnierana* 'Jelly Color'

果冻小米星 *Crassula rupestris* 'Tom Thumb Jelly Color'

果冻小米星花期

果冻小夜衣 *Crassula tecta* 'Jelly Color'

果冻星乙女 *Crassula perforata* 'Jelly Color'

青锁龙属

果冻旋叶青塔娜 *Crassula* 'Qingtana Rotating Leaf Jelly Color'

果冻岩塔 *Crassula rupestris* 'Pagoda Jelly Color'

果冻岩塔配置

红叶祭 *Crassula capitella* 'Momiji Matsuri'

红叶祭花序

景天科

红缘花月（缘红花月）*Crassula ovata* 'Red Marginata'

红稚儿（小红帽）*Crassula pubescens* subsp. *radicans* Toelken

红稚儿 2

红稚儿花蕾

花椿 *Crassula* 'Emerald'

花椿花期

青锁龙属

花簪（乙姬）*Crassula exilis* Harv. subsp. *picturata* (Boom) Rowley

黄金花月 *Crassula ovata* E. Mey. ex Harv. et Sond. 'Jade plant'

黄金花月配置

黄金花月（燕子掌锦，花月黄锦）2

黄金吸财树（果冻筒叶花月）*Crassula ovata* 'Finger Jade Jelly Color'

景天科

火祭 *Crassula capitella* Thunb. 'Campfire'

火祭配置

火祭之光（火祭锦）*Crassula capitella* 'Campfire Variegata'

火祭之光 2

火祭之光配置

青锁龙属

海菠（缘红辨庆）*Crassula arborescens* (Mill.) Willd.

火星兔子配置 *Crassula ausensis* subsp. *titanopsis*

火星兔子 2

矾松锦（矾松之锦）*Crassula multicava* Lemaire 'Variegata'

姬花月（宝玉）*Crassula ovata* 'Himekagetsu'

姬花月锦 *Crassula ovata* 'Himekagetsu Variegata'

景天科

姫花月配置

吉尔 *Crassula gillii* Schonl.

纪之川（奇雕塔）*Crassula* 'Moonglow'

纪之川 2

尖刀（尖叶神刀）*Crassula perfoliata* Scop.

青锁龙属

尖叶若绿（新拟）*Crassula muscosa* var. *accuminata*

康兔子 *Crassula comptonii* Hutchinson et Pillans

康兔子花期

康兔子花序

克拉夫 *Crassula clavata* N. E. Br.

克拉夫 2

景天科

宽叶花簪 *Crassula exilis* subsp. *picturata* 'Broad Leaf'

拉特雷 *Crassula rattrayii* Diels ex Schonland et Baker f.

林檎火祭（火炬）*Crassula capitella* 'Campfire Variegata'

林檎火祭 2

林檎火祭 3

六角纪之川 *Crassula* 'Moonglow Hexagonal'

青锁龙属

龙宫城（象牙塔）*Crassula* 'Ivory Pagoda'

龙宫城锦 *Crassula* 'Ivory Pagoda Variegata'

吕千绘（吕千惠）*Crassula* 'Morgen's Beauty'

龙鳞方塔 *Crassula* 'Dragon's Scales'

吕千绘花期

绿塔 *Crassula pyramidalis* Thunb.

景天科

绿帆（绿宝塔）*Crassula* 'Green Pagoda'

绿帆配置

芒虬龙（虬龙，焰芒）*Crassula globularioides* Britten

芒虬龙 2

毛海星 *Crassula* 'Transvaal'

蒙大拿 *Crassula montana* L.

青锁龙属

梦椿子（梦春）*Crassula pubescens* Thunb.

梦椿子花期

梦殿 *Crassula cornuta* Schoenland et Baker f.

迷你钱串 *Crassula perforata* Thunb. 'MIni'

迷你钱串配置

莫塞尔湾（莫塞尔贝，莫塞尔章鱼）*Crassula nudicaulis* L. 'Mossel Bay'

景天科

漂流岛（苏珊乃，苏珊娜，苏珊神刀）*Crassula susannae* Rauh et Friedrick

普诺莎 *Crassula pruinosa* L.

莫塞尔海湾配置

七月星 *Crassula perforata* 'Juillet'

七月星锦 *Crassula perforata* 'Juillet Variegata'

青锁龙属

茜之塔 *Crassula socialis* Schonland

茜之塔 2

茜之塔锦 *Crassula socialis* 'Variegata'

青锁龙（青琐龙）*Crassula lycopodioices* Lam.

青锁龙锦 *Crassula lycopodioides* 'Variegata'

绒猫耳（茸毛耳）*Crassula lanuginosa* var. *pachystemon*

景天科

绒毛小天狗锦 *Crassula herrei* 'Floss Variegata'

绒塔（茸塔）*Crassula columella* Marloth et Schonland

绒塔锦 *Crassula columnella* Marloth et Schönland 'Variegata'

绒塔锦 2

瑞贝达（红耳）*Crassula* 'Ruibeida'

瑞贝达 2

青锁龙属

瑞贝达花期

瑞贝达花序

若歌诗（诺诗歌）*Crassula rogersii* Schonl.

若歌诗花期

若歌诗配置

景天科

若歌诗锦 *Crassula rogersii* 'Variegata'

若绿 *Crassula muscosa* (L.) Roth

若绿缀化 *Crassula muscosa* 'Cristata'

三色花月锦 *Crassula ovata* 'Tricolor Jade'

三色花月锦（落日之雁，新花月锦，玉树锦）2

三色花月锦 3

青锁龙属

三色花月锦拉丝锦 *Crassula ovata* 'Tricolor Jade Threadlike'

三色花月锦拉丝锦 2

神刀（尖刀）*Crassula falcata* J. C. Wendl.

神刀 2

神刀花序

神刀花序 2

景天科

神刀锦 *Crassula falcata* 'Variegata'

神丽 *Crassula* 'Shinrei'

神童（新娘捧花，巴御前，神刀 × 吕千绘）*Crassula* 'Springtime'

神童花序

十字星 *Crassula perforata* 'Cross Star'

十字月晕 *Crassula tomentosa* 'Cross'

青锁龙属

寿无限 *Crassula marchandii* Friedrich

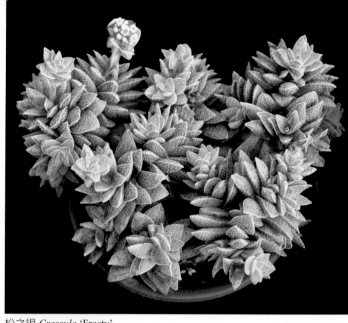

松之银 *Crassula* 'Frosty'

松之银锦 *Crassula* 'Frosty Variegata'

桃乐丝（稚儿姿×苏珊乃）*Crassula* 'Dorothy'

桃源乡（桃源境，筒叶菊）*Crassula tetragona* L.

桃源乡 2

景天科

桃源乡花

桃源乡配置花

筒叶花月（宇宙木，吸财树）*Crassula ovata* 'Finger Jade'

筒叶花月 2

青锁龙属

天狗 *Crassula nudicaulis* L.

托尼 *Crassula alstonii* Marloth

托尼 2

舞乙女（钱串，数珠星）*Crassula rupestris* subsp. *marnierana* Toelken

舞乙女花期

舞乙女花序

景天科

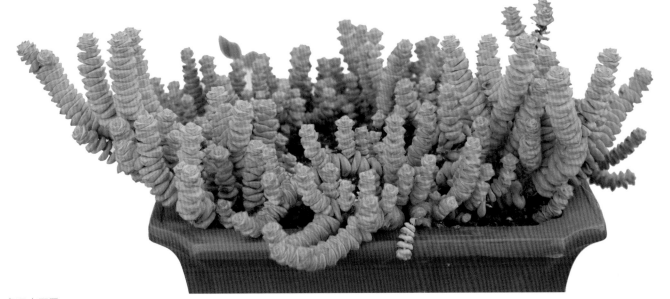

舞乙女配置

舞乙女与小米星配置

青锁龙属

小米星 *Crassula rupestris* 'Tom Thunb'

小米星 2

小米星配置 1

小米星配置 2

小米星配置 3

景天科

象牙塔 Crassula 'Ivory Pagoda'

小天狗 Crassula herrei H.-C. Friedrich

小伍迪 Crassula littlewoodii Friedrich

小雪衣（小夜衣）Crassula tecta L.

心水晶 Crassula pellucida Jacq.

旋叶青塔娜 Crassula 'Qingtana Rotating Leaf'

青锁龙属

星公主 *Crassula remota* Schoenland

新火祭 *Crassula capitella* 'Campfire New'

星公主配置

星公主锦 *Crassula remota* 'Variegata'

星王子（星之王子）*Crassula conjuncta* N. E. Br.

星王子锦 *Crassula conjuncta* 'Variegata'

星乙女（十字星，串钱景天，数珠星）*Crassula perforata* Thunb.

星乙女 3

星乙女 2

星乙女锦 *Crassula perforata* 'Variegata'

青锁龙属

雪妖精 *Crassula socialis* Schonland

雪绒 *Crassula lanuginosa* Harv. var. *pachystemon* (Schönland et Baker f.) Toclken

雪绒（姬星公主）2

岩塔 *Crassula rupestris* 'Rock Tower'

岩塔 2

岩塔花期

景天科

岩星 Crassula 'Rock Star'

燕子掌（花月，玉树，翡翠木，艳姿） Crassula ovata (Miller) Druce

燕子掌 2

摇钱树锦 Crassula 'Moneymaker

银富磷 Crassula nemorosa Endl.

银狐之尾（长叶银箭，长叶绒针） C. mesembryanthemoides Dinter 'Long Leaf

青锁龙属

203

银箭（绒针）*Crassula mesembryanthemopsis* ssp. *hispida* (Haw.) Toelken

雨心 *Crassula volkensii* Engl.

玉椿（玉春）*Crassula barklyi* N. E. Br.

玉椿花期

圆刀 *Crassula dubia* Schonl.

月光（毛缘月晕）*Crassula tomentosa* var. *glabrifolia* (Harv.) H. R. Tulken

景天科

月晕 *Crassula tomentosa* L.

知更鸟（蓝鸟）*Crassula arborescens* 'Blue Bird'

知更鸟（中）与其他多肉植物配置

知更鸟配置

中国小夜衣（小夜衣）*Crassula tecta* L. f.

青锁龙属

205

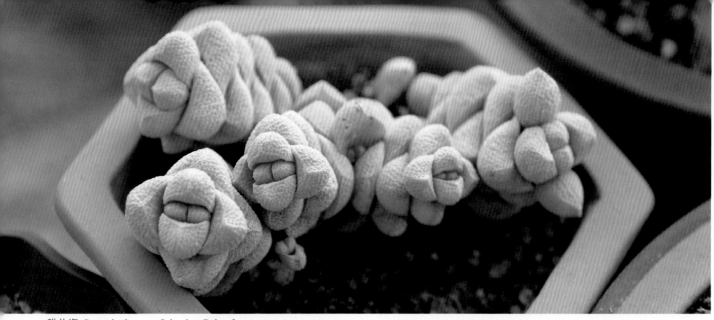

稚儿姿 *Crassula deceptor* Schonl. et Baker f.

紫蝶（薄叶克拉夫）*Crassula clavata* 'Purple Butterfly'

稚儿姿配置

紫顶筒叶花月 *Crassula ovata* 'Finger Jade Top Purple'

景天科

紫鬼城 *Crassula fusca* 'Purple'

紫火祭 *Crassula capitella* 'Campfire Purple'

醉斜阳 *Crassula atropurpurea* D. Dietr. var. *watermeyeri* (Compton) Tolken

醉斜阳 2

醉斜阳 3

醉斜阳锦 *Crassula atropurpurea* var. *watermeyeri* 'Variegata'

青锁龙属

207

景天属（佛甲草属）*Sedum* L.

它是景天科中最大的一属，代表品种有佛甲草、虹之玉等。

形态特征：一年生或多年生草本或亚灌木；叶互生，有时小而覆瓦状排列；花排成顶生的聚伞花序，常偏生于分枝的一侧；萼4～5裂；花瓣4～5枚，分离或基部合生；雄蕊与花瓣同数或为后者2倍；心皮4～5个，离生，有时基部合生，有胚珠多颗。蓇葖果。

种类分布：约600种。主要分布于北半球，部分种类分布于赤道以南的非洲和拉丁美洲；在西半球以墨西哥种类最为丰富。我国有140种，主要产于西南地区。

生长习性：喜湿润，忌涝，性耐寒。喜阳光，许多种类也耐阴。

繁殖栽培：分株，茎（或叶）扦插繁殖，或播种繁殖。

观赏配置：植株形态、色彩和生长情况千差万别，可以作为公园、家庭园艺栽培或布置岩石园之用。

八千代 *Sedum pachyphyllum* cv.

八千代缀化 *Sedum pachyphyllum* 'Cristata'

八千代配置

景天科

宝珠（宝珠扇，树状景天）*Sedum dendroideum* Moran

白佛甲（姬吹雪，姬笹，佛甲草白覆轮）*Sedum lineare* 'Variegatum'

白丽 *Sedum adolphii* 'Alba'

白霜（白雪）*Sedum spathulifolium* subsp. *pruinosum* 'Cape Blanco'

薄化妆（夜妆）*Sedum palmeri* S. Watson

薄雪万年草（矶小松，薄雪万年青）*Sedum hispanicum* L.

薄雪万年草 2

薄雪万年草花

春之奇迹（薄毛万年草，奇迹）*Sedum chontalense* Alexander

春萌 *Sedum* 'Alice Evans'

景天科

春上（椿上）*Sedum hirsutum* All. subsp. *baeticum* Rouy

大薄毛万年草（鼠耳景天）*Sedum diffusum* S. Watson

大姬星美人 *Sedum dasyphyllum* 'Opaline'

法如白花景天（新似）*Sedum album* L. 'Faro'

佛甲草（线叶景天，半支连，万年草，佛指甲）*Sedum lineare* Thunb.

景天属

果冻八千代 *Sedum pachyphyllum* 'Jelly Color'

果冻虹之玉 *Sedum rubrotinctum* 'Jelly Color'

果冻黄丽 *Sedum adolphii* 'Jelly Color'

果冻黄丽配置

果冻劳尔 *Sedum clavatum* 'Jelly Color'

果冻劳尔配置 1

景天科

果冻劳尔配置 2

果冻劳尔配置 3

果冻凝脂莲 *Sedum clavatum* 'Jelly Color'

果冻凝脂莲配置 1

果冻凝脂莲配置 2

果冻凝脂莲配置 3

景天属

果冻干佛手 *Sedum sediforme* 'Jelly Color'

果冻乙女心 *Sedum pachyphyllum* 'Jelly Color'

果冻丸叶松绿缀化 *Sedum lucidum* 'Obesum Cristata Jelly Color'

海星（新拟）*Sedum pulchellum* Michx.

红日 *Sedum adolphii* 'Firestorm'

景天科

红色浆果（果酱，浆果）*Sedum rubrotinctum* 'Redberry'

红色浆果配置 1

红色浆果配置 2

红色浆果配置 3

景天属

红葡萄 *Sedum pachyphyllum* 'Red Grape'

红手指 *Sedum sediforme* 'Red Finger'

红霜（豆瓣）*Sedum spathulifolium* Hook. subsp. *pruinosum* (Britton) R.T. Clausen et C.H. Uhl 'Cape Blanco'

虹之玉 *Sedum rubrotinctum* R. T. Clausen

虹之玉（红菩提，耳坠草，红之玉，日本红提）2

景天科

虹之玉配置

虹之玉白锦 *Sedum rubrotinctum* 'Variegata Alba'

虹之玉锦 *Sedum rubrotinctum* 'Roseum Variegata'

花团锦 *Sedum* 'Flower Group Variegata'

花团锦配置

景天属

217

黄金薄雪万年草 *Sedum hispanicum* 'Aurea'

黄金万年草（黄金草）*Sedum japonicum* 'Tokyo Sun'

黄金丸叶万年草 *Sedum makinoi* Maxim. 'Aurea'

黄金圆叶景天 *Sedum sieboldii* 'Aurea'

景天科

黄丽 *Sedum adolphii* Hamet

黄丽 2

黄丽配置

黄丽锦 *Sedum adolphii* 'Variegata'

姬星美人 *Sedum dasyphyllum* L.

姬星美人配置

景天属

金叶松叶景天 *Sedum lydium* Boiss. 'Aurea'

克雷吉（水月美人，二代奶酪）*Sedum craigii* R. T. Clausen

蓝云杉反曲景天 *Sedum reflexum* L. 'Blue Spruce'

蓝云杉反曲景天（逆弁庆草，蓝云杉岩景天）配置

龙骨玉缀 *Sedum* 'Breastbone'

龙骨玉缀 2

劳尔（天使之霖）*Sedum clavatum* R. T. Clausen 'Raoul'

劳尔状态色

劳尔配置

景天属

罗琦×劳尔 Sedum clavatum 'Luoqi' × Sedum clavatum 'Raoul'

罗琦（罗绮）Sedum clavatum 'Luoqi'

绿龟之卵（绿龟卵）Sedum hernandezii Moran

绿龟之卵配置

漫画汤姆（汤姆漫画）Sedum 'Comic Tom'

漫画汤姆 2

景天科

铭月（明月）*Sedum nussbaumerianum* Bitter

铭月配置

铭月锦 *Sedum nussbaumerianum* 'Variegata'

凝脂莲（乙姬牡丹）*Sedum clavatum* 'Jacky'

柠檬手指 *Sedum* 'Lemon Finger'

柠檬手指缀化 *Sedum* 'Lemon Finger Cristata'

景天属

千佛手 Sedum sediforme (Jacquin) Pau

千佛手（菊丸，王玉珠帘，松塔景天）配置

千佛手白锦 Sedum sediforme 'Variegata Alba'

千佛手黄锦 Sedum sediforme 'Variegata Yellow'

乔伊斯·塔洛克（塔洛克）Sedum 'Joyce Tulloch'

景天科

乔伊斯·塔洛克花期

球松（小松绿）*Sedum multiceps* Coss. et Durieu

球松配置

景天属

青丽 *Sedum adolphii* 'Green'

青丽白锦 *Sedum adolphii* 'Green Variegata Alba'

青丽黄锦 *Sedum adolphii* 'Green Variegata Yellow'

群毛豆 *Sedum furfuraceum* Moran

日出 *Sedum nussbaumerianum* 'Sunrise Mom'

日系八千代 *Sedum pachyphyllum* (Japanese)

景天科

日系铭月 *Sedum nussbaumerianum* (Japanese)

珊瑚珠（红珊瑚）*Sedum stahlii* Solms-Laub.

珊瑚珠配置

景天属

松绿（圆叶松绿，松之绿）*Sedum lucidum* R. T. Clausen

松绿缀化（青松缀化，松露缀化）*Sedum lucidum* 'Cristata'

天使之泪 *Sedum treleasei* Rose 'Tenshi No Namida'

天使之泪正面

天使之泪缀化 *Sedum treleasei* 'Tenshi No Namida Cristata'

丸叶乙女心 *Sedum pachyphyllum* 'Round Leaf'

景天科

丸叶松绿 *Sedum lucidum* R. T. Chausen 'Obesum'

丸叶松绿（景天灵芝，圆叶松绿，丸叶美人，丸叶绿松）2

丸叶松绿配置

丸叶松绿缀化 *Sedum lucidum* 'Obesum Cristata'

香水劳尔 *Sedum clavatum* 'Perfume'

小瀑布景天（新似）*Sedum divergens* S. Watson

小球玫瑰（胭脂红假景天，龙血景天）*Sedum spurium* M. Bieb. 'Coccineum'

新玉缀（新玉坠）*Sedum morganianum* 'Burrito'

新玉缀（小玉珠帘，圆叶翡翠景天，新玉坠，新玉串）配置

旋叶姬星美人 *Sedum dasyphyllum* 'Major'

旋叶姬星美人锦 *Sedum dasyphyllum* 'Major Variegata'

景天科

信东尼（毛叶蓝景天）*Sedum hintonii* Clausen

信东尼缀化 *Sedum hintonii* 'Cristata'

乙女心 *Sedum pachyphyllum* cv.

乙女心花

乙女心白锦 *Sedum pachyphyllum* 'Variegata Alba'

景天属

231

乙女心配置

玉缀（玉坠）*Sedum morganianum* E. Walther

玉缀配置

玉女八千代 *Sedum pachyphyllum* 'Jade Maiden'

原始八千代 *Sedum pachyphyllum* Rose

圆叶景天（圆叶万年草）*Sedum sieboldii* Swect ex Hk.

原始黄丽 *Sedum adolphii* Hamet

原始万年草 *Sedum japonicum* Sieb. ex Miq.

景天属

伽蓝菜属（高凉菜属）*Kalanchoe* Adanson

　　1763 年，米歇尔·阿当松（Michel Adanson）根据中文名称 "伽蓝菜" 的粤语发音确定了其属的拉丁名为 *Kalanchoe*。伽蓝菜属植物的开花机制，是花瓣内表面生长出新细胞，使得花瓣向外张开，从而使植物开花；相反，花朵就会闭合。该属有些种类有毒性，有些种类可入药，具有镇静和抗肿瘤活性等作用，也有些种类可以用来杀虫。常见品种有长寿花、福兔耳等。

　　形态特征：多年生肉质草本，有些基部稍木质。叶对生，单叶，有时羽状分裂或羽状复叶；花中等大，黄色、红色或紫色，排成顶生的聚伞花厅；花萼和花冠 4 裂；花冠壶状或高脚碟状；雄蕊 8 枚，着生于花冠管上；心皮 4 个；分离，有胚珠多数，下位鳞片 4 枚；蓇葖果。秋季至春季开花。

　　种类分布：约 200 种，分布于马达加斯加岛、热带非洲大陆和阿拉伯半岛南部，少数产于亚洲的印度和中国等的热带地区。我国有 6 种，产于西南地区至台湾。美洲有 1 种。

　　生长习性：性强健，对土壤适应性广，但以肥沃疏松的砂壤土或砂质腐殖土为佳；耐干旱。喜阳光充足环境，夏季要适当遮阳。

　　观赏配置：有些种类叶上有不定芽或小植株，犹如飞舞的蝴蝶，十分美丽，如不死鸟。花色丰富、鲜艳，可栽培观赏，或作岩生植物栽培。

安哥拉兔 *Kalanchoe tomentosa* 'Angola'

白粉趣蝴蝶 *Kalanchoe synsepala* 'Pale'

白眉（白眉唐印）*Kalanchoe thyrsifolia* 'White Eyebrows'

白仙女之舞 *Kalanchoe beharensis* 'Subnuda'

景天科

白姬之舞 *Kalanchoe marnieriana* H. Jacobsen

白姬之舞花枝

白银之舞 *Kalanchoe pumila* Baker

贝叶伽蓝菜（小圆贝，圆贝草）*Kalanchoe rotundifolia* (Haw.) Haw.

伽蓝菜属

棒叶落地生根（锦蝶）花序

棒叶落地生根 *Kalanchoe delagoensis* (Eckl. et Zeyh.) Druce

大鹿角 *Kalanchoe synsepala* Baker f. *dissecta*

大叶虎纹不死鸟 *Kalanchoe daigremontiana* Hamet et Perr.

大叶虎纹不死鸟（缀弁庆，花蝴蝶）花序

景天科

长寿花 *Kalanchoe blossfeldiana* Poelln.

长寿花锦（花叶长寿花）*Kalanchoe blossfeldiana* 'Variegata'

半重瓣长寿花 *Kalanchoe blossfeldiana* 'Semi-plena'

重瓣长寿花 *Kalanchoe blossfeldiana* 'Plena'

重瓣长寿花 2

重瓣长寿花配置

伽蓝菜属

蝶光（花斑伽蓝菜，金边玉吊钟）*Kalanchoe fedtschenkoi* 'Gold Marginata'

大叶虎纹不死鸟花期

福兔耳 *Kalanchoe eriophylla* Hilsenb. et Bojer

福兔耳（毛叶伽蓝菜，白兔耳，锦毛伽蓝菜）配置

景天科

宫灯长寿花（温迪落地生根，提灯花）*Kalanchoe* 'Wendy'

宫灯长寿花花蕾期

宫灯长寿花配置

褐矮星 *Kalanchoe beharensis* 'Brown Dwarf'

褐雀扇（黑扇雀）*Kalanchoe rhombopilosa* subsp. *viridifolia* 'Black'

伽蓝菜属

黑星兔（黑点兔）*Kalanchoe tomentosa* 'Black Stars'

红边果冻唐印 *Kalanchoe thyrsifolia* 'Red Marginata Jelly Color'

黑兔耳 *Kalanchoe tomentosa* f. *nigromarginataas*

红提灯 *Kalanchoe manginii* Raym.-Hamet et H.Perrier

黄金兔（金色女孩，黄金月兔耳）*Kalanchoe tomentosa* 'Golden Girl'

景天科

蝴蝶之舞 *Kalanchoe fedtschenkoi* 'Rosy Dawn'

蝴蝶之舞（玉吊钟锦，玫红破晓玉吊钟，黄覆轮蝴蝶之舞）配置

鸡爪三七（鸡爪黄，木本鸡爪黄，五爪三七，假川莲）*K. laciniata* (L.) DC.

宽叶黑兔（达摩兔，巨兔）*Kalanchoe tomentosa* 'Latifolia'

伽蓝菜属

姫仙女之舞（马耳他十字星）*Kalanchoe beharensis* 'Maltese Cross'

极乐鸟配置

极乐鸟（卷叶落地生根）*Kalanchoe beauverdii* Hamet

江户紫 *Kalanchoe marmorata* Baker

景天科

江户紫配置

宽叶不死鸟不定芽

宽叶不死鸟（大叶落地生根，大叶不死鸟，森之蝶舞）*K. laetivirens* Desc.

蕾丝公主（蕾丝姑娘）*Kalanchoe* 'Crenatodaigremontianum'

绿扇雀 *Kalanchoe rhombopilosa* subsp. *viridifolia*

伽蓝菜属

243

魔海 *Kalanchoe longiflora* Schlechter

魔海（长花伽蓝菜，齿叶伽蓝菜）锦 *Kalanchoe longiflora* 'Variegata'

梅兔耳（玫叶兔耳，玫瑰兔耳）*Kalanchoe* 'Roseleaf'

梅兔耳 2

木樨兔 *Kalanchoe* 'Osmanthus'

千兔耳 *Kalanchoe millotii* Raym.-Hamet et H.Perrier

景天科

巧克力兔耳 *Kalanchoe tomentosa* 'Chocolate Soldier'

巧克力兔耳（孙悟空兔耳，巧克力士兵）2

趣蝴蝶（双飞蝴蝶，趣蝶莲，趣情莲，趣蝶丽）*Kalanchoe synsepala* Baker

趣蝴蝶花

趣蝴蝶配置

三色玉吊钟 *Kalanchoe fedtschenkoi* 'Tricolor'

伽蓝菜属

扇雀（姬宫）*Kalanchoe rhombopilosa* Mannoni et Boiteau

匙叶灯笼草（匙叶伽蓝菜）*Kalanchoe spathulata* DC.

泰迪熊 *Kalanchoe tomentosa* 'Teddy Bea'

唐印（银盘之舞，冬之滨，火焰之扇）*Kalanchoe thyrsifolia* Harv.

唐印 2

唐印花

景天科

唐印彩锦 *Kalanchoe thyrsifolia* 'Variegata Colorful'

唐印黄锦 *Kalanchoe thyrsifolia* 'Variegata Yellow'

特黑鲜（玫瑰黑兔）*Kalanchoe tomentosa* 'Kokusen'

特莎红提灯（新拟）*Kalanchoe* 'Tessa'

特莎红提灯花序

伽蓝菜属

舞会兔耳（舞会女孩）*Kalanchoe tomentosa* 'Party Girl'

无星兔 *Kalanchoe tomentosa* 'Super Didier'

橡叶舞（橡叶仙女之舞）*Kalanchoe beharensis* 'Fern Leaf'

仙女之舞（仙人扇，贝哈伽蓝菜）*Kalanchoe beharensis* Drake et Cast

景天科

仙人之舞（金景天）*Kalanchoe orgyalis* Baker

仙人之舞配置

小叶虎纹不死鸟（窄叶不死鸟）*Kalanchoe serrata* L.

小叶虎纹不死鸟配置

伽蓝菜属

小叶虎纹不死鸟锦（不死鸟锦）*Kalanchoe serrata* 'Variegata'

星兔耳（月兔耳优选）*Kalanchoe tomentosa* 'Hoshitoji'

熊猫兔（迷走兔）*Kalanchoe tomentosa* 'Panda'

艳叶仙女之舞 *Kalanchoe beharensis* 'Nuda'

野兔耳（姬兔耳，黑兔耳）*Kalanchoe tomentosa* 'Nousagi'

异叶趣蝴蝶 *Kalanchoe synsepala* var. *decepta*

景天科

鹰兔耳（獠牙仙女之舞，方仙女之舞）*Kalanchoe beharensis* 'Fang'

银茶匙 *Kalanchoe bracteata* Scott-Elliot

玉吊钟 *Kalanchoe fedtschenkoi* Hamet et Perr

玉吊钟配置

玉吊钟锦（蝴蝶之舞锦）*Kalanchoe fedtschemkoi* 'Variegata'

玉吊钟锦配置

伽蓝菜属

251

优雅兔 *Kalanchoe tomentosa* 'Elegant'

圆贝草锦（花叶圆贝草）*Kalanchoe farinacea* Balf. f. 'Variegata'

月兔耳（褐斑伽蓝菜，兔耳草）*Kalanchoe tomentosa* Baker

月兔耳锦 *Kalanchoe tomentosa* 'Variegata'

掌上珠 *Kalanchoe gastonis-bonnieri* Hamet et Perr

252

景天科

中叶不死鸟（甲方蜻蜓，灯笼草）*Kalanchoe pinnata* (Lam.) Pers

中叶虎纹不死鸟（中叶虎纹落地生根）*Kalanchoe* sp.

朱莲（竹梅）*Kalanchoe longiflora* var. *coccinea* Marn. Lap

朱莲花序

紫武藏（虎纹伽蓝菜，地图）*Kalanchoe humilis* Britten

紫武藏锦 *Kalanchoe humilis* 'Variegata'

伽蓝菜属

莲花掌属（银鳞草属）*Aeonium* Webb et Berthel.

莲花掌属拉丁文名称 *Aeonium* 来源于古希腊文的 "aionos（永恒不老的）"。莲花掌属具有与长生草属 *Sempervivum*、爱染草属 *Aichryson*、磨南景天属 *Monanthes* 相似的花和花序。莲座状叶丛具有明显的趋光特性。

形态特征：矮小灌木状，茎分枝或不分枝，高度木质化，呈树状，具叶痕；枝干生长速度快，新老叶交替迅速。气生根半木质化，具支撑作用。叶肉质，厚或薄，倒卵形、肾形或舌状等，互生或莲座状丛生于茎顶端，叶全缘或具细齿状，叶缘和叶面有细短毛。总状花序长，花小，黄色、白色或粉红色。

种类分布：约 35 种，产于亚热带，多数种类原产于大西洋诸岛（如加那利群岛），部分种类产于大西洋的马迪拉群岛、北非的摩洛哥和东非的埃塞俄比亚，北非和地中海沿岸也有分布。

生长习性：喜干燥温暖、冬暖夏凉的气候环境，不耐寒冻。为了生长良好，夏季需置于室外。

繁殖栽培：播种、扦插、芽插繁殖。叶片较薄，叶插不易成活。花后母株逐渐枯萎死亡，分生大量子株，花梗可生侧芽繁殖后代。适宜浅盆栽植。

观赏配置：植株姿态秀丽，叶形、叶色美观，叶丛紧密排列成莲座状，形似花朵，是理想的室内外中小型绿化植物。

爱染锦 *Aeonium domesticum* 'Variegata'

爱染锦配置

八尺镜 *Aeonium tabuliforme* subsp. *seudotabuliforme*

百合莉莉（百合丽丽）*Aeonium* 'Lily Pad'

景天科

爆月 *Aeonium urbicum* (C. Sm. ex Hornem.) Webb et Berthel. 'Moonburst'

百合莉莉配置

冰绒（冰绒法师）*Aeonium* × *mascaense* Bramwell

彩爆星（三色爆星）*Aeonium arboreum* 'Medio-picta Colorful'

灿烂（曝日，花叶寒月夜）*Aeonium* 'Sunburst'

莲花掌属

灿烂缀化 Aeonium 'Sunburst Cristata'

翠绿地毯 Aeonium 'Emerald Carpet'

达摩黑法师 Aeonium arboreum var. atropurpureum 'Dharma'

达摩黑法师缀化 Aeonium arboreum var. atropurpureum 'Dharma Cristata'

景天科

大叶莲花掌黄中斑 *Aeonium urbicum* 'Medio-picta Yellow'

大座莲（木麟甲，树状万古草，莲花掌）*A. arboreum* 'Gigantic Lotus'

戴冠曲 *Aeonium hierrense* (Murray) J. Pitard et L. Proust 'Summer'

冰绒（冰绒法师）*Aeonium arboreum* 'Cyclops'

法师锦（红腹轮锦，红锦法师，红法师锦）*Aeonium arboreum* 'Variegata'

法师锦 2

莲花掌属

257

法师拉丝锦 *Aeonium arboreum* var. *rubrolineatum* (Svent.) H. Y. Liu

翡翠冰（翡翠冰法师）*Aeonium* 'Emerald Ice'

粉法师 *Aeonium arboreum* 'Pink'

橄榄球玫瑰（桑式莲花掌，葡萄莲花掌，小松）*Aeonium* 'Rugby Rose'

橄榄球玫瑰 2

戈梅拉岛莲花掌（新拟）*Aeonium viscatum* Bolle

景天科

古琦 *Aeonium goochiae* Webb et Berthel.

果冻百合莉莉 *Aeonium* 'Lily Pad Jelly Color'

果冻红缘莲花掌（果冻红姬）*Aeonium haworthii* 'Jelly Color'

果冻韶羞缀化 *Aeonium* 'Blushing Beauty Cristata Jelly Color'

果冻夕映 *Aeonium decorum* 'Jelly Color'

寒月夜（原始灿烂）*Aeonium subplanum* Praeger

莲花掌属

寒月夜配置

荷兰玫瑰 *Aeonium* 'Dutch Rose'

黑法师（暗夜伞，黑发师）*Aeonium arboreum* var. *atropurpureum*

黑铜壶 *Aeonium* 'Zwartkin'

红边夕映爱（红缘莲花掌）*Aeonium haworthii* Kwebb et Berth

红拂（小戴冠曲）*Aeonium mascaense*

景天科

红叶法师（众赞曲）*Aeonium leucoblepharum* Webb ex Richard

红缘莲锦 *Aeonium gomerense* (Praeger) Praeger 'Variegata'

黄心灿烂 *Aeonium* 'Sunburst Yellow Center'

黄心夕映爱 *Aeonium decorum* 'Yellow Center'

火焰凤凰法师 *Aeonium* 'Phoenix Flame'

姬大座莲拉丝锦 *Aeonium arboreum* 'Gigantic Lotus Mini Silk Variegata'

莲花掌属

261

姬明镜 *Aeonium tabuliforme* 'Minima'

嘉年华 *Aeonium arboreum* 'Carnival'

假明镜 *Aeonium pseudotabulaeforme* Webb et Berthel.

金边大叶莲花掌 *Aeonium urbicum* 'Aureo Marginata'

金边寒月夜 *Aeonium subplanum* 'Gilt-edged'

景天科

晶钻绒莲 *Aeonium smithii* Sims

镜狮子 *Aeonium nobile* (Praeger) Praeger

宽叶黑法师 *Aeonium arboreum* 'Zwartkop'

绿法师（莲花掌，原始法师，法师）*Aeonium arboreum* (L.) Webb et Berthel

莲花掌属

绿羊绒 *Aeonium arboreum* 'Velour Green Form'

玫瑰法师 *Aeonium* 'Rose'

梅花珀迪（梅花柏迪）*Aeonium* 'Plum Purdy'

迷你灿烂（达摩花叶寒月夜）*Aeonium* 'Sunburst Mini'

迷你大座莲 *Aeonium arboreum* 'Gigantic Lotus Mini'

景天科

迷你绿法师缀化 *Aeonium arboretum* 'Cristata Mini'

迷你紫羊绒 *Aeonium arboretum* 'Velour Mini'

迷你紫羊绒缀化 *Aeonium arboretum* 'Velour Mini Cristata'

明镜（平叶莲花掌）*Aeonium tabuliforme* (Haw.) Webb et Berthel

明镜手捧花冰 *Aeonium tabuliforme* 'Cup-shape'

摩法师（戈梅拉之彤）*Aeonium gomerense* (Praeger) Praeger

莲花掌属

墨法师 *Aeonium arboreum* var. *atropurpureum* 'Schwarzkopf'

欧版紫羊绒 *Aeonium arboreum* 'Velour European'

巧克力玫瑰 *Aeonium* 'Chocolate Rose'

韶羞（绍羞）*Aeonium* 'Blushing Beauty'

韶羞 2

铜壶（红玫瑰法师，红玫瑰铜壶，红铜壶）*Aeonium* 'Garnet'

景天科

特内里费莲花掌（新似）（*Aeonium affinis* var. *vestitum*）及其缀化

丸叶绿法师缀化 *Aeonium arboretum* 'Cristata Round Leaf'

万圣节法师（万圣节）*Aeonium* 'Halloween'

万圣节法师缀化 *Aeonium* 'Halloween Cristata'

王妃君美丽（妹背镜）*Aeonium arboreum* var. *holochrysum* H.Y. Liu

王妃君美丽配置

莲花掌属

巫毒法师 *Aeonium arboretum* 'Voodoo'

夕映爱（雅宴曲，夕映）*Aeonium decorum* Webb ex Bolle

夕映爱配置

夕映爱锦（艳日辉，花叶雅宴曲）*Aeonium decorum* 'Variegata'

夕映爱锦缀化（清盛锦缀化）*Aeonium decorum* 'Variegata Cristata'

景天科

香炉盘 *Aeonium canariense* Webb et Berthelot

小球月季 *Aeonium saundersii* Bolle 'Pinheads'

小人祭（日本小松，小人之祭）*Aeonium sedifolium* (Webb ex Bolle) Pit. et Proust

小人祭配置

星爆（中斑莲花掌）*Aeonium arboreum* 'Medio-picta Yellow'

匈牙利玫瑰 *Aeonium* 'Hungarian Rose'

莲花掌属

血斑百合莉莉 Aeonium 'Lily Pad Bloodstain'

艳日伞 Aeonium arboreum var. albovariegatum (Weston) Boom

艳姿（燕姿）Aeonium undulatum Webb et Berthel.

伊达法师（绿茶法师，褐法师，狐狸）Aeonium 'Bronze Medal'

景天科

伊达法师 2

伊达法师配置 1

伊达法师配置 2

玉龙观音 *Aeonium holochrysum* Webb et Berthel

玉龙观音配置

莲花掌属

271

原始爱染锦 *Aeonium domesticum* (Praeger) A. Berger

原始翡翠冰锦 *Aeonium* 'Emerald Ice Variegate'

圆叶墨法师 *A. a.* var. *atropurpureum* 'Schwarzkopf Round Leaf'

紫羊绒（丝绒莲花掌，天鹅绒）*Aeonium arboreum* 'Velour'

圆叶法师（圆叶黑法师）*Aeonium* 'Cashmere Violet'

景天科

八宝属 *Helotelephium* H. Ohba

形态特征：多年生肉质草本，高 30～50 cm，全株略被白粉，呈灰绿色。地下茎肥厚肉质、短，地上茎簇生，粗壮而直立；新枝不为鳞片包被，茎自基部脱落或宿存而下部木质化，其上部或旁边发出新枝。叶肉质，倒卵形，具波状齿，互生、对生或 3～5 叶轮生，不具距，扁平，无毛。复伞房状、伞房圆锥状或伞状伞房状花序，密集呈平头状，直径 10～13 cm，小花序聚伞状，花密生，淡粉红色，顶生，有苞；花两性，5 基数，少有为 4 基数或退化为单性的；萼片不具距，常较花瓣为短，基部多少合生；花瓣常离生，先端通常不具短尖，白色、粉红色、紫色，或淡黄色、绿黄色，雄蕊 10 枚，较花瓣长或短，对瓣雄蕊着生在花瓣近基部处；鳞片长圆状楔形至线状长圆形，先端圆或稍有微缺；成熟心皮几直立，分离，腹面不隆起，基部狭，近有柄。蓇葖种子多数；种子有狭翅。

种类分布：约 30 种，分布于欧亚大陆及北美洲。中国有 15 种及 2 变种。

生长习性：喜强光和干燥、通风良好的环境，忌雨涝。

繁殖栽培：扦插、分株或播种繁殖。

观赏配置：花色丰富，有白色、粉红色、紫色、淡黄色和绿黄色等，夏季至秋季开花，可作观赏用。

八宝景天 *Helotelephium erythrostictum* (Miq.) H. Ohba

八宝景天花序

八宝景天花期

八宝景天园林应用

八宝属

天锦章属（水泡属，天章属）*Adromischus* Lem.

拉丁文名称 *Adromischus* 来自古希腊文 "adros"（厚）和 "mischos"（干）。天锦章属植物很少受人关注，在多肉植物中一直是一个冷门，它们既不像石莲花属那么绚丽多彩，也不像青锁龙属那么千奇百怪。肉友们常常称其为"水泡"，其实这个名字并不太确切。

形态特征：多年生肉质草本或亚灌木，植株矮小，常低于 20 cm。茎极短，灰褐色，茎上具红褐色气生根。叶肉质肥厚，常呈椭球形或卵球形，上部稍宽和稍扁平，叶长 2.5～5 cm，宽 1～2 cm，叶背面圆凸，正面较平，顶端叶缘有波浪状曲折或皱纹，表皮无毛，有光泽，叶面常有灰绿色或暗紫色斑点或被稠密的毛。叶柄长，圆柱形。花序长 25 cm，花小而苞淡，花筒圆柱形，长 1 cm，上部绿色，下部紫色，花冠 5 裂，紫色，边缘白色。

种类分布：本属原种 28 种，园艺品种较多。特产于南非东开普省和纳米比亚；生于岩石缝隙或灌木丛中。

生长习性：根系生长快，生物量大。喜生于阳光充足和凉爽、干燥的环境中，在半阴处也能正常生长，过于荫蔽则会生长不良。

繁殖栽培：繁殖容易，以叶插为主。叶插宜在气温 10 ℃以上时（夏季高温时期除外）进行。

观赏配置：植株矮小，肉质叶寿命极长，叶形奇特，叶色别致、多变，叶的花纹、色泽丰富，花的形状、颜色及块根的造型等均具有观赏性。本属植物魅力独特，可用来点缀窗台、书桌等处，别具情趣。

景天科

阿氏天章 *Adromischus alstonii* (Schönland et E.G.Baker) C.A.Sm.'Concordia'

阿氏天章配置

爱心（心形水泡）*Adromischus triflorus* (L. f.) A. Berger 'Calico Hearts'

白安泽（红皱叶，白安泽天章）*Adromischus schuldthianus* 'Vrede Nam'

白肌海豹 *Adromischus cooperi* 'Silver Tube White Skin'

白肌棱叶玛丽安 *Adromischus marianae* 'Marginata Leaf White Skin'

天锦章属

斑点长叶天章（斑点锅贴水泡）*Adromischus filicaulis* 'Spots'

扁叶花鹿水泡 *Adromischus marianiae* 'Flat Leaf'

扁叶天章 *Adromischus maculatus* (Salm-Dyck) Lem.

扁圆叶水泡 *Adromischus rotundifolius* (Haw.) C. A. Sm.

斑点黄鱼 *Adromischus marianae* 'Spots'

赤水玉 *Adromischus filicaulis* 'Redwater Jade'

景天科

赤太鼓水泡 *Adromischus trigynus* (Burch.) Poelln. 'Red Tae-Gu'

赤兔（花叶扁天章）*Adromischus trigynus* var. *klaarwater*

纯红玛丽安（血红玛丽安）*Adromischus filicaulis* 'Red Mutation'

长叶玛丽安 *Adromischus marianae* 'Long Leaf'

长叶花鹿（星空水泡）

草莓蛋糕 *Adromischus maculatus* 'Mosselbaai'

天锦章属

277

大天章（蛋糕）*Adromischus maximus* Hutchison

大型玛丽安 *Adromischus marianae* 'Large Form'

大叶舒缇水泡（修洛天章）*Adromischus schuldtianus* 'Large Leaf'

蛋糕水泡（蛋糕）*Adromischus trigynus* 'Cake'

佛人天章（新拟）*Adromischus cristatus* (Haw.)Lem. 'Forentain'

鼓槌水泡（水泡，鼓槌天章，南无）*Adromischus cristatus* 'War Club'

景天科

果冻鼓槌水泡 *Adromischus cristatus* var. *clavifolius* 'Jelly Color'

果冻海豹 *Adromischus cooperi* 'Silver Tube Jelly Color'

果冻库珀天章 *Adromischus cooperi* 'Jelly Color'

果冻灵石 *Adromischus marianiae* 'Little Sphaeroid Jelly Color'

果冻松虫 *Adromischus hemisphaericus* (L.) Lem. 'Jelly Color'

果冻藤水泡 *Adromischus filicaulis* subsp. *marlothii* 'Jelly Color'

果冻草莓蛋糕 *Adromischus maculatus* 'Mosselbaai Jelly Color'

光芒（星芒水泡）*Adromischus schuldtianus* 'Radiance'

红斑玛丽安 *Adromischus filicaulis* 'Red Mutation Spots'

红边皱叶天章 *Adromischus schuldtianus* ssp. *brandbergensis* B.Nord. et van Jaarsv.

红蛋（红蛋水泡）*Adromischus marianiae* 'Hallii Abios Mountain'

红太平 *Adromischus marianae* 'Red Peace'

景天科

琥珀天章（锅贴水泡，长叶天章）*Adromischus cooperi* var. *halesowensis*

花鹿水泡（梅花鹿水泡）*Adromischus marianae* 'Antidorcatum'

花衣水泡 *Adromischus marianae* 'Colorful Clothes'

海豹 *Adromischus cooperi* 'Silver Tube'

黑肌棱叶玛丽安 *Adromischus marianae* 'Marginata Leaf Black Skin'

尖尾海豹 *Adromischus cooperi* 'Silver Tube Tip Tail'

苦爪 *Adromischus marianae* var. *herrei* 'Lime Drops'

苦爪配置

库珀天章（锦玲殿）*Adromischus cooperi* (Baker) A. Berger

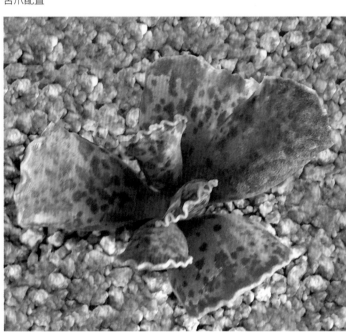

库珀天章锦 *Adromischus cooperi* 'Variegata'

库珀天章配置

咖啡豆 *Adromischus marianae* var. *herrei* 'Coffee Bean'

景天科

克林加尔迪（新拟）*Adromischus montium-klinghardtii* Berger

灵石水泡 *Adromischus marianiae* 'Little Sphaeroid'

卵叶天章（新拟）*Adromischus umbraticola* C. A. Sm.

绿斑天章 *Adromischus umbraticola* 'Green Spots'

绿卵水泡 *Adromischus mammillaria* 'Green Ovum'

蜡豆 *Adromischus marianae* 'Wax Bean'

天锦章属

棱叶叶玛丽安（菱叶玛丽安）*Adromischus marianae* 'Clanwilliam'

马丁水泡（马丁天章）*Adromischus marianiae* 'Bryan Makin'

玛丽安水泡（玛丽安娜）*Adromischus marianae* (Marloth) A. Berger

玛丽安水泡花序

奶油果水泡（绿球）*Adromischus marianae* var. *herre* 'Cream Fruit'

乒乓板（绿蛋水泡）*Adromischus subdistichous* Witklip

景天科

乒乓板锦 *Adromischus subdistichous* Witklip 'Variegata'

清水泡（方水泡，枣泥蛋糕）*Adromischus marianiae* 'Tanqua Middelpos'

球棒天章（木槌水泡）*Adromischus cristatus* var. *shonlandii*

扇叶天章 *Adromischus cooperi* 'Fan'

树水泡 *Adromischus caryophyllaceus* 'Tree'

丝叶天章（长叶天章）*Adromischus filicaulis* (Eckl. et Zeyh.) C. A. Sm.

天锦章属

松虫（天锦星）*Adromischus hemisphaericus* (L.) Lem.

松虫配置

太郎（乳头水泡）*Adromischus mamillaris* Vredendal 'Taro'

藤水泡（长绳串葫芦，冰晶水泡）*Adromischus filicaulis* subsp. *marlothii*

天章（永乐，天锦章）*Adromischus cristatus* (Haw.) Lem.

丸叶海豹 *Adromischus cooperi* 'Silver Tube'

.... 景天科

丸叶舒缇水泡 *Adromischus schuldtianus* (Poelln.) H. E. Moore 'Maruba'

丸叶特白肌海豹 *Adromischus cooperi* 'Silver Tube Super Shirohada'

小红嘴水泡 *Adromischus marianae* 'Small Redbeak'

小辣椒水泡 *Adromischus marianae* var. *alveolatus*

小叶天章（太阳蛋糕）*Adromischus caryophyllaceus* (Burm. f.) Lem.

楔叶天章（金玉兔）*Adromischus sphenophyllus* C. A. Sm.

天锦章属

287

雪树水泡 *Adromischus filicaulis* subsp. *marlothii* Tölken 'Snow Tree'

雪御所 *Adromischus leucophyllus* Uitew.

雪御所配置

银蛋（银蛋水泡）*Adromischus marianiae* 'Hallii Silver Egg'

银之卵 *Adromischus marianiae* var. *immaculatus* Uitewaal

宇玉殿 *Adromischus marianae* 'Little Spheroid'

景天科

圆叶天章锦 *Adromischus subdistichus* Makin ex Bruyns

御所锦（褐斑天锦章，蝴蝶玉锁锦）*A. maculatus* var. *gosyonishiki*

皱叶天章（翡翠蛋糕，世喜天章）*Adromischus cristatus* var. *zeyherii*

朱紫玉 *Adromischus marianae* var. *herrei* (W. F. Barker) J. Pilbeam

朱紫玉（翠绿石，太平乐，绿玉翠，大疣紫朱玉）2

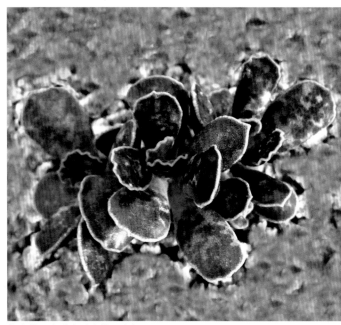

紫库伯天章（赤叶库伯天章）*Adromischus cooperi* 'Purple'

长生草属 *Sempervivum* L.

长生草属拉丁文名称 *Sempervivum* 来源于拉丁文 "semper"（永远的）和 "vivium"（生长的）。本属植物极易杂交，有巨型品种，也有微型品种，生命力顽强。

形态特征：肉质草本，低矮，多为莲座状。叶多，厚或薄，披针形，排列紧密，旋叠成莲座状，叶上常分布丝状毛或纤毛。花黄色、白色、粉红色至紫色，6 至多数，聚伞花序排成圆锥花序状；花瓣分离，常有毛，雄蕊为萼片数的 2 倍；心皮和花瓣同数。

种类分布：约 40 种，原产于欧洲南部和非洲北部、美洲及南高加索地区，常生长在高山地带。园艺品种约 700 个。

生长习性：耐寒。喜阳光充足和凉爽干燥的环境，夏季和冬季为休眠状态，春秋季节为生长期。其原产于地为多雨多风的高山地区，土壤贫瘠，紫外线强烈，天气凉爽。

繁殖栽培：侧芽分株或播种繁殖，部分种可叶插繁殖，如蛛丝卷绢 (*Sempervivum arachnoideum*)。浇水掌握"不干不浇，浇则浇透"的原则。每隔 3 周施一次腐熟的稀薄液肥或低氮高磷钾的复合肥。

观赏配置：叶丛为标准的莲座状，圆锥花序非常美丽，常称为佛座莲或观音座莲。品种和色彩丰富，同一品种的颜色也会随季节变化而变化色彩。少数种类叶尖有丝状毛，多数种类叶尖处为红色，是极具推广价值的多肉植物。

暗夜精灵 *Sempervivum* 'Noir'

爱德华球 Sempervivum 'Edward Balls'

百惠（百慧，百汇）Sempervivum calcareum Jordan 'Oddity'

波尔多红酒 Sempervivum 'Claret'

玻璃丝草莓 Sempervivum 'Ciliosum Borisii'

凤凰 Sempervivum 'Aross'

复活节彩蛋 Sempervivum arenarium W. D. J. Koch 'The Alps'

长生草属

观音莲（长生草）*Sempervivum tectorum* L.

观音莲锦（红心观音莲）*Sempervivum tectorum* 'Variegata'

观音莲配置

景天科

盖兹 *Sempervivum* 'Gazelle'

高山卷绢 *Sempervivum* 'High Mountain'

果冻橘子球 *Sempervivum hirtaxestang* 'Jelly Color'

黑球（黑妞）*Sempervivum* 'Black Balls'

红鲁宾 *Sempervivum* 'Red Rubin'

红牡丹 *Sempervivum* 'Benibotan'

长生草属

红钻 *Sempervivum* 'Red Diamond'

精灵 *Sempervivum* 'Sprite'

卷绢（卷娟）*Sempervivum arachnoideum* L.

卷娟缀化 *Sempervivum arachnoideum* 'Cristata'

橘子球 *Sempervivum hirtaxestang*

开黑 *Sempervivum* 'Heyhey'

景天科

莱茵河 *Sempervivum* 'Reinhard'

凌绢（凌樱，铁观音，凌霄，凌娟）*Sempervivum tectorum* subsp. *calacreun*

绿焰 *Sempervivum* 'Ornatum'

日落 *Sempervivum* 'Tectorum Sunset'

神须草（龙王须，紫雾）*Sempervivum* 'Heuffelii'

圣地长生草 *Sempervivum* 'Santis'

长生草属

295

向日葵蛛丝 *Sempervivum* 'Baronesse'

旋叶紫牡丹 *Sempervivum* 'Stansfieldii Spiral'

优雅 *Sempervivum* 'Pacific Grace'

玉光（墨莲）*Sempervivum arenarium*

蛛丝卷绢（蛛丝屋卷，草莓蛋糕）*Sempervivum arachnoideum* L.

蛛丝卷绢缀化 *Sempervivum arachnoideum* 'Cristata'

景天科

紫红牡丹 Sempervivum 'Corsair'

紫牡丹（红卷绢，大赤卷绢，蜘蛛巢万代草）Sempervivum 'Stansfieldii'

紫红牡丹配置

紫牡丹配置

紫红牡丹缀化 Sempervivum 'Corsair Cristata'

紫牡丹缀化 Sempervivum 'Stansfieldii Cristata'

长生草属

风车草属（胧月属）*Graptopetalum* Rose

　　风车草属又叫石莲花属，其拉丁文名称由美国的约瑟夫·纳尔逊·罗斯（Joseph Nelson Rose）命名。拉丁文名称 *Graptopetalum* 来自希腊文 'graptos'（绘画，标记）和 'petalon'（花瓣），意为花瓣的表皮细胞上铭刻着深红棕色的斑点或条纹。

　　形态特征：多年生常绿草本或灌木，高 60 ~ 90 cm。叶丛莲座状，生于极短茎的基部，叶肉质多汁，倒卵形，朱红带褐色，淡紫或灰绿色，或被白粉，先端尖或有须。雄蕊为花瓣的两倍，与花瓣分离，柱头在准备授粉时向后弯曲；花小，花瓣完全开展呈五角星状，花瓣 5 ~ 6 枚，被蜡质，黄色或白色，有时具红色斑点，不附连在内，合生至中部，之后放射状展开。多少有点状或带状花纹；花萼与花冠筒等长。一旦花朵开放，即柱头准备授粉时，花瓣间的雄蕊会向外下折，这是风车草属植物独有的特征。花期为 3 ~ 4 月。

　　种类分布：约 35 种。主产于墨西哥，生于海拔约 2 400 m 的索诺拉州和奇瓦瓦州地区。美国亚利桑那州分布两个种。

　　生长习性：适应力强，对环境要求不严格。喜充足阳光，耐半阴，光照不足易徒长。喜温暖、干燥的环境，不耐寒。

　　繁殖栽培：极易繁殖，叶插、茎插、分株、播种等方法均可繁殖。叶片脱落即生新植株，易自行分株。

　　观赏配置：适合家庭种养的观叶花卉。

艾伦 *Graptopetalum* 'Ellen'

白艾伦 *Graptopetalum* 'Ellen Alba'

白胧月 *Graptopetalum paraguayense* 'Alba'

白雪公主 *Graptopetalum* 'Snow White Princess'

景天科

淡雪（幽灵公主）*Graptopetalum paraguayensis* 'Awayuki'

粉黑莓 *Graptopetalum* 'Blackberry Pink'

粉蓝豆（粉豆）*Graptopetalum pachyphyllum* 'Pink'

粉蓝豆配置

粉蔓莲（粉蔓）*Graptopetalum macdougallii* 'Pink'

粉蔓莲 2

风车草属

粉蔓莲配置

果冻黑莓 *Graptopetalum* 'Blackberry Jelly Color'

果冻醉美人醉化 *Graptopetalum amethystinum* 'Cristata Jelly Color'

华丽风车（超五雄缟瓣，银风车）*G. pentandrum* subsp. *superbum* Kimnach

韩彩莲 *Graptopetalum paraguayense* 'Hancailian'

黑莓 *Graptopetalum* 'Blackberry'

风车草属

301

加州红日（加州落日）*Graptopetalum* 'Califormia Sunset'

菊日和（黑奴）*Graptopetalum filiferum* (S. Watson) J. Whitehead

巨星 *Graptopetalum* 'Superstar'

蓝豆 *Graptopetalum pachyphyllum* Rose

胧月配置 1

胧月（风车草，宝石花）*Graptopetalum paraguayense* (N. E. Br.) E.Walther

景天科

胧月配置 2

胧月锦 *Graptopetalum paraguayense* 'Variegata'

蔓莲 *Graptopetalum macdougallii* Alexander

命运（奶酪 × 桃之卵）*Graptopetalum* 'Destiny'

桃之卵（桃蛋）*Graptopetalum amethystinum* (Rose) E. Walther

桃之卵配置

景天科

奶酪 *Graptopetalum* 'Cheese'

奶酪杂 *Graptopetalum* 'Cheese Hybrida'

天堂伞锦 *Graptopetalum* 'Paradise Umbrella Variegata'

丸叶白艾伦 *Graptopetalum* 'Ellen Alba Round Leaf'

五蕊风车草 *Graptopetalum pentandrum* Moran

亚美奶酪 *Graptopetalum amethystinum* 'Cheese'

风车草属

银天女（拉斯雨）*Graptopetalum rusbyi* (Greene) Rose

幽灵 *Graptopetalum* 'Marquise de Sévigné'

幽灵公主（子静，淡雪）*Graptopetalum* 'Ghosty Princess'

原始奶酪 *Graptopetalum* 'Cheese Original'

珍珠美人（珍珠）*Graptopetalum* 'Pearl Beauty'

紫乐（紫悦）*Graptopetalum* 'Purple Delight'

紫乐锦 *Graptopetalum* 'Purple Delight Variegata'

紫雾 *Graptopetalum* 'Purple Haze'

紫乐配置

醉美人 *Graptopetalum amethystinum* (Rose) E. Walther

醉美人缀化 *Graptopetalum amethystinum* 'Cristata'

风车草属

307

厚叶草属 *Pachyphytum* Link.

　　本属拉丁文名称来源于古希腊文 "pachys"（厚的）和 "phyton"（植物），它是根据厚叶草的叶形来命名。厚叶草，由于其叶肥厚，贮藏着充足的养分，因而得名。厚叶草属为景天科的一个小属。与拟石莲属的区别是：本属植物的每1枚花瓣的内侧都具1对小鳞片。园艺品种极多，常以"××美人"命名，代表品种有星美人、桃美人和厚叶莲等。

　　形态特征：多年生肉质草本，茎短，直立。叶肉质，互生，排成延长的莲座状，倒卵形、纺锤形或椭球形，表面被白粉，有时具微棱。蝎尾状聚伞花序，花小，钟形，红色。

　　种类分布：10余种，产于墨西哥，分布海拔为 600～1 500 m。

　　生长习性：喜温暖、干燥、光照充足的环境，耐旱性强，喜疏松、排水透气性良好的土壤。

　　繁殖栽培：播种、扦插或分株繁殖。

　　观赏配置：株形优美，叶形奇特，色彩淡雅，生长缓慢，易保持姿态，宜点缀厅台、书桌，为室内盆栽佳品。

白美人（星美人，鸡蛋美人）*Pachyphytum bracteosum* Klotzsch

白美人锦 *Pachyphytum bracteosum* 'Variegata'

白雪女王 *Pachyphytum* 'Snow Queen'

稻田姬 *Pachyphytum glutinicaule* Moran

景天科

粉美人 *Pachyphytum* 'Pink Beauty'

粉红星美人（月亮石）*Pachyphytum oviferum* Purpus 'Moon Stone'

灯美人（都涌）*Pachyphytum oviferum* 'Light Beauty'

粉红星美人 2

粉红星美人白锦 *Pachyphytum oviferum* 'Moon Stone Variegata Alba'

厚叶草属

厚叶莲 *Pachyphytum amethystinum* Rose

灰姑娘 *Pachyphytum* 'Cinderella'

京美人 *Pachyphytum oviferum* 'Kyobijin'

美女 *Pachyphytum* 'Beauty'

美杏锦（杏美人锦）*Pachyphytum* 'Apricot Beauty'

梦美人 *Pachyphytum oviferum* 'Yumebijin'

景天科

魔手指（魔爪）*Pachyphytum* 'Demon's Claws'

派拉佩斯 *Pachyphytum* 'Pyrah Perth'

苹果美人（青美人，加西亚）*Pachyphytum garciae* E. Perez-Calix et C. Glass

苹果美人锦 *Pachyphytum garciae* 'Variegata'

苹果美人配置

千代田之松（朝之卵）*Pachyphytum compactum* Rose

千代田之松缀化 *Pachyphytum compactum* 'Cristata'

青星美人白锦 *Pachyphytum* 'Dr. Cornelius Variegata Alba'

青星美人（一点红，青新美人，青美人）*Pachyphytum* 'Dr. Cornelius'

群雀（福球肥天）*Pachyphytum hookeri* (Salm-Dyck) A. Berger

群雀配置

景天科

三日月美人（苹果美人）*Pchyphytum oviferum* 'Mikadukibijin'

桃美人 *Pachyphytum* 'Momobijin'

藤美人 *Pachyphytum oviferum* 'Fujibijin'

雪美人 *Pachyphytum* 'Snow Beauty'

艳美人 *Pachyphytum oviferum* 'Tuya'

原始白雪女王 *Pachyphytum* 'Original Snow Queen'

厚叶草属

婴儿手指 *Pachyphytum* 'Machucae'

婴儿手指缀化 *Pachyphytum* 'Machucae Cristata'

月美人 *Pachyphytum oviferum* 'Tsukibijin'

长叶莲花（长叶红莲）*Pachyphytum fittkaui* Moran

长叶美人 *Pachyphytum longfolium* Rose

紫云殿 *Pachyphytum oviferum* 'Siunden'

景天科

风车石莲属
× *Graptoveria* G. D. Rowley

本属拉丁文名称 × *Graptoveria* 来源于 "Grapto"（风车草属 *Graptopetalum* 的前半部分）和 "veria"（拟石莲属 *Echeveria* 的后半部分）。本属是风车草属和拟石莲属杂交而成的属，宜家庭盆栽观赏，，效果独特，可用于布置几案、阳台等处。

奥普琳娜缀化 × *Graptoveria* 'Opalina Cristata'

奥普琳娜（卡罗拉×醉美人）× *Graptoveria* 'Opalina'

阿拉伦宝石 × *Graptoveria* 'Araluen Gem'

橙雪球（红粉知己，橙梦露 × 桃蛋）× *Graptoveria* 'Orange Snow Ball'

白牡丹（白丽，玫瑰石莲，静夜 × 胧月）× *Graptoveria* 'Titubans'

白牡丹白锦 × *Graptoveria* 'Titubans Variegata Alba'

格林 × *Graptoveria* 'A Grim One'

格林锦 × *Graptoveria* 'A Grim One Variegata'

景天科

黛比（粉红佳人）× *Graptoveria* 'Deby'

黛比配置

黛比缀化 × *Graptoveria* 'Deby Cristata'

吉普赛女郎（彩虹糖，玫瑰之约）× *Graptoveria* 'Gypsy'

厚叶旭鹤（大杯宴，伯利宴）× *Graptoveria* 'Albert Baynes'

厚叶旭鹤锦 × *Graptoveria* 'Albert Baynes Variegata'

风车石莲属

果冻蓝色天使 × *Graptoveria* 'Fanfare Jelly Color'

果冻银星 × *Graptoveria* 'Silver Star Jelly Color'

蓝色天使 × *Graptoveria* 'Fanfare'

景天科

姬葡萄（红葡萄）× *Graptoveria* 'Amethorum Minima'

蜜桃格林 × *Graptoveria* 'A Grim One Honey Peach'

魔豆 × *Graptoveria* 'Fantasy Bean'

诺玛（白诺玛，罗马）× *Graptoveria* 'Margaret Rose'

葡萄（红葡萄，紫葡萄，大和锦 × 桃之卵）× *Graptoveria* 'Amethorum'

三色诺玛 × *Graptoveria* 'Margaret Rose Three Color'

风车石莲属

丘比特（特玉莲 × 黛比）× *Graptoveria* 'Topsy Debbie'

丘比特配置

丸叶奥普 × *Graptoveria* 'Opalina Round Leaf'

原始旭鹤 × *Graptoveria* 'Albert Baynes'

旭鹤（大杯宴）× *Graptoveria* 'Albert Baynes' cv.

旭鹤配置

景天科

银星（透明风车草）× *Graptoveria* 'Silver Star'

银星缀化 × *Graptoveria* 'Silver Star Cristata'

紫梦 × *Graptoveria* 'Purple Dream'

紫梦 2

紫梦配置

风车石莲属

仙女杯属（粉叶草属）*Dudleya* **Britton et Rose**

　　本属拉丁文名称 *Dudleya* 以斯坦福大学植物学系第一任主任 William Russell Dudley 的名字命名。本属中许多植物曾经归于石莲花属。种源稀少，价格昂贵。

　　形态特征：多年生矮小植物，茎粗壮，随着植株生长而逐渐伸长，冠幅小或很大。叶密集，莲座状排列；叶肉质，剑形，无毛，绿色至灰色或淡蓝色，具白粉，表面有不明显凸痕，先端尖。顶端为聚伞花序，花序梗直立，有时高达 1 m，花序通常较短，苞叶片互生；花瓣和萼片均较小，花 5 瓣（偶尔 6 瓣），雄蕊 10 枚，雌蕊 5 枚。

　　种类分布：约 46 种及 17 个种下等级，均原产于北美洲西南部沿海及其岛屿、海岸山脉和沙漠。

　　生长习性：喜温暖干燥和阳光充足的环境，不耐寒，耐半阴和干旱，忌水湿和强光暴晒。

　　繁殖栽培：播种、砍头或侧芽扦插繁殖。

　　观赏配置：仙女杯属为景天科中很特别的一个属，株型莲座状、身披白霜、亭亭玉立、不蔓不枝。

阿尔比芙洛亚仙女杯 *Dudleya albiflora* Rose

阿诺玛拉仙女杯 *Dudleya anomala* (Davidson) Moran

阿瑞左尼卡仙女杯 *Dudleya arizonica* Rose

奥特奴阿塔仙女杯 *Dudleya attenuata* (S. Watson) Moran

白菊（格瑞内仙女杯，格林氏景天）*Dudleya greenei* Rose

白菊配置

白雪莲仙女杯（卡尔夕科拉）*Dudleya calcicola* Bartel et Shevock

棒叶仙女杯（爱杜丽丝，银闪光）*Dudleya edulis* (Nutt.) Moran

初霜（红叶仙女杯，法瑞诺莎）*Dudleya farinosa* Britton et Rose

盖特思仙女杯 *Dudleya gatesii* D. A. Johans.

仙女杯属

323

初霜配置

格诺玛仙女杯 *Dudleya gnoma* S. McCabe

果冻尹静思仙女杯 *Dudleya ingens* 'Jelly Color'

景天科

坎黛拉贝若仙女杯 *Dudleya candelabrum* Rose

库尔卓塔仙女杯 *Dudleya cultrata* Rose

绿体千寿姬（绿体御剑）*Dudleya caespitosa* 'Green Form'

绿体仙女杯 *Dudleya brittonii* 'Green Form'

绿叶仙女杯（尹静思）*Dudleya ingens* Rose

密花仙女杯（登喜芙洛拉）*Dudleya densiflora* (Rose) Moran

仙女杯属

拇指仙女杯（帕奇飞图）*Dudleya pachyphytum* Moran et M.Benedict

奴婢吉娜仙女杯（努比吉娜）*Dudleya nubigena* Britton et Rose

帕莫瑞仙女杯（帕么瑞）*Dudleya palmerie* (S.Wats.) Britt. et Rose

披针叶仙女杯（蓝锁拉塔）*Dudleya lanceolata* (Nutt.) Britton et Rosev

苹果叶仙女杯（宽叶初霜，法若莫沙）*Dudleya formosa* Moran

千寿姬（御剑，凯伊斯比拓纱）*Dudleya caespitosa* (Haw.) Britton et Rose

景天科

干羽 *Dudleya* 'Qianyu'

思珀柔丽仙女杯 *Dudleya sprouli* BP. H. Thomson

思托罗尼菲拉仙女杯 *Dudleya stolonifera* Moran

维金斯仙女杯 *Dudleya vigens* (Rose) Moran

沃瑞替依仙女杯 *Dudleya verityi* 'K. M. Nakai'

西陌莎仙女杯 *Dudleya cymosa* (Lem.) Britton et Rose

仙女杯属

仙女杯（布瑞东尼，宽叶仙女杯）*Dudleya brittonii* Johans.

雪山（粉叶草，普芙雾冷塔）*Dudleya pulverulenta* (Nutt.) Britton et Rose

岩石仙女杯 *Dudleya* 'Rock'

硬叶仙女杯（瑞吉达）*Dudleya rigida* Rose

鱿鱼（萨西奥萨，鱿鱼丝）*Dudleya collomiae* Rose ex Morton

皱叶雪山仙女杯 *Dudleya pulverulenta* 'Wrinkled Leaf'

景天科

纱罗属 *Lenophyllum* Rose

本属又称槽叶景天属，为景天科的一个小属，也是近年来新引进的多肉植物种类。拉丁文名称 *Lenophyllum* 来源于古希腊文 "lenos"（纱罗织法，意为低谷）和 "phyllos"（叶）。

　　形态特征：低矮亚灌木，丛生，茎细，易分枝，茎和分枝通常垂直向上生长。叶对生，肉质，宽大，倒卵形、倒三角形、扁梭形至扁圆形，叶有绿色、灰色、红色、褐色、咖啡色、浓茶色或黑色，有时有斑点或纵条纹，叶表面光滑，有时新叶有轻微的白粉。聚伞花序顶生，花小，花 5 瓣，直立，黄色，离生，苞片肉质且有斑点。

　　种类分布：约 7 种，分布于美国得克萨斯州和墨西哥东北部。

　　生长习性：喜阳光充足、凉爽、温暖而干燥的环境，耐半阴，怕水涝，忌闷热潮湿。

　　繁殖栽培：叶插或枝插繁殖，繁殖容易。易受根粉介壳虫为害。

　　观赏配置：可温室或室内栽培观赏，有些种类在不同强度的光照和温度下会发生叶色变化，如黑妞。

京鹿之子 *Lenophyllum guttatum* (Rose) Rose

京鹿之子花

京鹿之子锦 *Lenophyllum guttatum* 'Variegata'

银波锦属 *Cotyledon* Tourn. ex L.

本属拉丁文名称 *Cotyledon* 来源于希腊文 "kotule"（凹陷），指该属叶子上的波状凹陷。本属近半数种类有毒。可以长成多分枝的小老桩，代表种类有熊童子、福娘、银波锦和丁氏轮回等。

形态特征：多年生肉质草本和常绿亚灌木，常群生状，直立且矮小，高 30～60 cm，多分枝，小枝白色。叶肉质，交互对生或丛生，倒卵形，边缘波浪形，长 8～12 cm、宽 6 cm，叶面被浓厚的银白色粉，或被蜡质或有毛。总状花序，开红色或黄色花。花钟状或筒形，色鲜艳。春、夏季开花。

种类分布：有 13 种，产于南非、阿拉伯半岛和纳米比亚。

生长习性：本属有冬型种和夏型种两个类型。耐干旱，不耐寒，怕水湿和强光暴晒，喜凉爽干燥，忌闷热潮湿。适宜肥沃、疏松和排水良好的砂壤土。冬季需维持 10 ℃左右的室温，越冬最低温度为 5 ℃，气温降到 0 ℃以下时将会出现冻伤腐烂现象。喜充足阳光，夏季休眠期需适当遮阳，避免烈日暴晒，也不耐过度荫蔽，阳光不足时叶面白粉减少，影响观赏。

繁殖栽培：扦插繁殖，宜在早春或深秋进行，插穗宜选取生长健壮、充实并带叶片的茎。

观赏配置：常作观叶和观花植物栽培。

稻米 *Cotyledon orbiculata* var. *bigginsae*

丁氏轮回（福娘）*Cotyledon orbiculata* var. *dinteri* Jacobsen

达摩福娘（丸叶福娘）*Cotyledon pendens* van Jaarsv.

达摩福娘花

景天科

果冻熊童子 *Cotyledon tomentosa* 'Jelly Color'

果冻达摩福娘 *Cotyledon pendens* 'Jelly Color'

果冻舞娘 *Cotyledon zeyheri* 'Jelly Color'

果冻银波锦 *Cotyledon undulata* 'Jelly Color'

果冻银波锦缀化 *Cotyledon undulata* 'Cristata Jelly Color'

银波锦属 ......

嫁入娘（新嫁娘，新嫁入娘）*Cotyledon orbiculata* 'Yomeiri Musume'

火炬轮回 *Cotyledon orbiculata* 'Oophylla'

酷菲拉轮回（福娘）（新拟）*Cotyledon orbiculata* var. *cophylla*

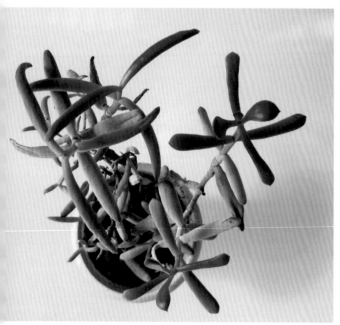

柳叶福娘（长叶福娘）*Cotyledon orbiculata* 'Long Leaf'

轮回（圆叶长筒莲）*Cotyledon orbiculata* L.

景天科

乒乓福娘 *Cotyledon orbiculata* 'Pingpang Ball'

乒乓福娘锦 *Cotyledon orbiculata* 'Pingpang Ball Variegata'

巧克力线 *Cotyledon* 'Choco Line'

新娘 *Cotyledon orbiculata* 'Fukudaruma'

舞娘 *Cotyledon zeyheri* Harv.

银波锦属

熊童子（绿熊，五爪熊）*Cotyledon tomentosa* Harv.

熊童子白锦（白熊）*Cotyledon tomentosa* 'Variegata Alba'

小黏黏（青莎，小粘粘）*Cotyledon eliseae* van Jaarsv.

熊童子黄锦（黄熊）*Cotyledon tomentosa* 'Variegata Yellow'

熊童子彩锦（彩虹熊）*Cotyledon tomentosa* 'Variegata Color'

景天科

旭波 Cotyledon undulata

旭波之光锦 Cotyledon undulata 'Hybrid Variegata'

银波锦（银波之舞）Cotyledon undulata Haw.

银波锦花

引火棒 Cotyledon orbiculata 'Fire Sticks'

长叶达摩福娘 *Cotyledon pendens* 'Long Leaf'

钟叶福娘（新拟）*Cotyledon campanulata* Marloth

子猫之爪（三爪熊）*Cotyledon ladismithiensis* 'Konekonotume'

子猫之爪开花

景天科

景天石莲属
× *Sedeveria* E. Walther

本属拉丁文名称 × *Sedeveria* 来源于 "Pachy"（景天属 *Sedum* 的前半部分）和 "veria"（拟石莲属 *Echeveria* 的后半部分）。本属植物为景天属与拟石莲属的杂交种。

赤豆（白石，红豆，姬黄丽，赤石）× *Sedeveria* 'Whitestone Crop'

蒂亚（绿焰，绿焰蒂亚）× *Sedeveria* 'Letizia'

蒂亚缀化 × *Sedeveria* 'Letizia Cristata'

火焰蒂亚 × *Sedeveria* 'Letizia Flame'

大玉缀（尖叶玉坠，老玉坠）× *Sedeveria* 'Super Brow'

粉红香草比斯 × *Sedeveria* 'Pudgy Pink'

果冻蜡牡丹 *Echeveria agavoides* × *Sedum cuspidatum* 'Jelly Color'

果冻蜡牡丹缀化 *Echeveria agavoides* × *Sedum cuspidatum* 'Cristata Jelly Color'

果冻蓝苹果 × *Sedeveria* 'Blue Elf Jelly Color'

果冻蓝苹果 2

景天科

果冻柳叶莲华 × *Sedeveria* 'Hummellii Jelly Color'

红宝石（宝石）× *Sedeveria* 'Pink Ruby'

红宝石 2

红宝石白锦 × *Sedeveria* 'Pink Ruby Variegata Alba'

火焰蒂亚 × *Sedeveria* 'Letizia Flame'

柳叶莲华 × *Sedeveria* 'Hummellii'

景天石莲属

蜡牡丹（腊牡丹）*Echeveria agavoides* × *Sedum cuspidatum*

蜡牡丹配置

蓝苹果（蓝精灵）× *Sedeveria* 'Blue Elf'

蓝苹果 2

蓝苹果配置 1

蓝苹果配置 2

景天科

马库斯 × *Sedeveria* 'Markus'

马库斯缀化 × *Sedeveria* 'Markus Cristata'

密叶莲（达利，达丽）× *Sedeveria* 'Darley Dale'

密叶莲（达利，达丽）× *Sedeveria* 'Darley Dale'

树冰（银霜）× *Sedeveria* 'Silver Frost'

香草比斯（香草）× *Sedeveria* 'Pudgy'

厚叶石莲属 × *Pachyveria* J. N. Haage et Schmidt

　　厚叶石莲属又叫厚石莲属，为厚叶草属与拟石莲属的杂交属，其拉丁文名称 × *Pachyveria* 来源于 "Pachy"（厚叶草属 *Pachyphytum* 的前半部分）和 "veria"（拟石莲属 *Echeveria* 的后半部分）。

　　形态特征：直立小灌木，高约 15 cm。叶丛莲座状，径 5～15 cm。叶密集，常肥厚，倒卵形，叶光滑，微被白粉，叶色丰富，有绿色、蓝绿色、淡蓝绿色、青铜色、粉黄色、红色和淡蓝色等；花多为黄色；初夏开花。

　　种类分布：园艺品种，种类不确定。

　　生长习性：夏型种。阳光充足时，叶紧密排列，弱光下叶片窄长且茎伸长，叶间距拉长。耐旱，较耐寒。喜排水良好土壤，夏季定期浇水，冬季控水。可施磷肥、钾肥及少量的氮肥。

　　繁殖栽培：可播种、分株、砍头或叶插繁殖。异花授粉。侧芽数量大。

　　观赏配置：植株可爱，体态丰满，可盆栽观赏。

巴伊亚量 × *Pachyveria* 'Benibotan'

悖论（锦司晃 × 星美人）× *Pachyveria* 'Paradoxa'

波拉（大合锦 × 星美人）× *Pachyveria* 'Pola'

东美人（冬美人）× *Pachyveria pachytoides* Walth

景天科

东美人缀化 × *Pachyveria pachytoides* 'Cristata'

粉红东美人 × *Pachyveria pachytoides* 'Pink'

国王 × *Pachyveria* 'King'

火炬 × *Pachyveria* 'Flambeau'

蓝黛莲 × *Pachyveria glauca*

立田锦（丽田锦）× *Pachyveria* 'Albocarinata'

厚叶石莲属

343

立田（红卷叶）× *Pachyveria* 'Scheideckeri'

美尻 × *Pachyveria* 'Orpet'

美尻 × 里加 × *Pachyveria* 'Orpet' × *Echeveria* 'Riga'

景天科

霜之朝（广寒宫 × 星美人）× *Pachyveria* 'Powder Puff'

霜之朝锦 × *Pachyveria* 'Powder Puff Variegata'

香水（伊莱恩，林赛 × 星美人）× *Pachyveria* 'Elaine'

新香水（弗雷费尔）× *Pachyveria* 'Frevel'

魔法星星 × *Pachyveria* 'Magic Stars'

紫丽殿 × *Pachyveria* 'Shireiden'

厚叶石莲属

345

瓦莲属 *Rosularia* (DC.) Stapf

瓦莲属为景天科中的一个中小型属。

形态特征：多年生草本，地下部分块状。植株矮小，常被毛。基生叶阔，莲座状，旋叠状；叶扁平，无柄；花茎单生或数个，生于莲座丛中的叶腋。伞房状聚伞花序、伞房状圆锥花序、穗状圆锥花序、圆锥花序或总状花序，疏松或密生，有时花单侧生；花5～9基数，白色、浅红色、红色或黄色；萼5裂，萼片基部合生，约与花冠管等长；花冠钟形或杯状，花瓣部分合生，瓣片直立至伸展，膜质；雄蕊10枚或为花瓣的二倍，花丝着生花冠基部以上处；鳞片5枚，楔形至匙状四方形；心皮5个，分离，直立，常被毛。蓇葖直立，分离。

种类分布：约36种，分布于土耳其、伊朗、巴基斯坦、印度、尼泊尔、中国至苏联。中国新疆有3种。

生长习性：喜温暖，不耐寒。喜光照，有较强的耐旱性。适应性强，对土壤要求不严格。

繁殖栽培：播种繁殖。

观赏配置：可盆栽观赏。

小野玫瑰（瓦莲）*Rosularia sedoides* (Decne.) H. Ohba

瓦松属 *Orostachys* (DC.) Fisch.

本属拉丁文名称来自希腊文 "oro（山）" 和 "stachys（穗状）"，意为在山地生长而盛开穗状花序的植物。代表种类有瓦松和子持莲华等，园艺品种如富士和凤凰等。

形态特征：二年生或多年生肉质草本。叶旋叠状，多少线形；花多数，排成顶生、圆柱状的总状花序或圆锥花序；萼片 5 枚，肉质，长约为花冠之半；花瓣 5 枚，基部稍合生，有脊；雄蕊 10 枚，与花瓣等长，心皮 5 个，分离，有细长的花柱；蓇葖果，有种子多数。

种类分布：约 20 种，分布于亚洲亚热带、温带地区。中国有 10 种，产于华东、东北和西北地区及西藏。

生长习性：适应性强。性喜强光和干燥、通风良好的环境，对土壤要求不严格，耐贫瘠和干旱的砂壤土。

繁殖栽培：分株和播种繁殖。易群生。每年秋季后，瓦松集体开花，然后结成大量种子，应及时采收。花后常死亡，靠植株基部蘖芽延续后代。

观赏配置：植株玲珑小巧，株形优美，富于变化，花开繁茂，深受花卉爱好者的青睐，秋观花，冬赏果，为家庭栽培多肉植物的新宠。花开时或如花甸，或如地锦，或如锦绣；非花时节，或绿，或粉绿，或霜红，各具特色。

钝叶瓦松 *Orostachys malacophylla* (Pallas) Fischer

凤凰（玄海岩黄中斑） *Orostachys iwarenge* (Makino) Hara 'Luteomedium'

富士（玄海岩白覆轮） *Orostachys iwarenge* 'Variegata Fuji'

红昭和 *Orostachys potycephalus* (Maxim.) A. Berger var. *glancus*

狼爪瓦松（辽瓦松，干滴落）*Orostachys cartilagineus* A. Bor.

金星（黄覆轮）*Orostachys iwarenge* (Makino) Hara 'Aureomarginatus'

绿凤凰（玄海岩，青凤凰）*Orostachys iwarenge* Hara

塔花瓦松 *Orostachys chanetii* (Levl.) Berger

瓦松（瓦花，瓦塔，狗指甲）*Orostachys fimbriatus* (Turcz.) Berger

晚红瓦松 *Orostachys erubescens* (Maxim.) Ohwi

景天科

狭穗瓦松 *Orostachys schoenlandii* (Hamet) H. Ohba

绣女（红太阳，修女）*Orostachys* 'Embroidered Girl'

绣女配置

昭和（爪莲华）*Orostachys japonicus* (Maxim.) A. Berger

子持年华（白蔓莲）*Orostachys boehmeri* (Makino) Hara

瓦松属

349

风车景天属
× *Graptosedum* C. H. Uhl

本属由风车草属（*Graptopetalum*）植物和景天属
（*Sedum*）植物杂交而成的属。

阿洛尔皮伊（新拟）× *Graptosedum* 'Alolhpii'

白体丸叶姬秋丽 × *Graptosedum* 'Francesco Baldi Mini Round Alba'

粉色丸叶姬秋丽 × *Graptosedum* 'Francesco Baldi Mini Round Pink'

姬秋丽 × *Graptosedum* 'Francesco Baldi Mini'

果冻色丸叶姬秋丽 × *Graptosedum* 'Francesco Baldi Mini Round Jelly Color'

景天科

姫秋丽锦 × *Graptosedum* 'Francesco Baldi Mini Variegata'

姫胧月（粉莲，宝石花，初霜，缟瓣）× *Graptosedum* 'Bronze'

姫胧月白锦 × *Graptosedum* 'Bronze Hime Variegata Alba'

姫胧月锦 × *Graptosedum* 'Bronze Hime Variegata'

秋丽 × *Graptosedum* 'Francesco Baldi'

糖心丸叶姫秋丽 × *Graptosedum* 'Francesco Baldi Mini Round Sugar Heart'

风车景天属

丸叶姬秋丽 × *Graptosedum* 'Francesco Baldi Mini Round'

丸叶姬秋丽花

小美女 × *Graptosedum* 'Little Beauty'

小美女缀化 × *Graptosedum* 'Little Beauty Cristata'

奇峰锦属 *Tylecodon* Helmut

奇峰锦属是从银波锦属分离出来的，该属曾归于银波锦属 *Cotyledon*，1978 年澳大利亚植物标本馆的 Helmut Toelken 博士将其单独列为一属，并将 "Cotyledon" 的 "tyle" 移置于词头，表示 "Tylecodon" 来源于 "Cotyledon"。多数种类有毒。代表品种有阿房宫、万物相等。

形态特征：大多为多年生植物，落叶的草本或灌木，高达 2.5 m。植株高度肉质，叶宽扁或细棍棒型，分枝多，有形状不一的膨大的节状物，具易剥落的木栓质表皮，花后花葶宿存，容易形成老桩块根。

种类分布：约 50 种。原产于纳米比亚和南非。

生长习性：喜温暖至炎热环境，喜疏松透气土壤。

繁殖栽培：播种繁殖。栽培容易。

观赏配置：可盆栽置于阳台、庭院或楼顶观赏。

阿房宫 *Tylecodon paniculatus* (L. f.) Toelken

爱峰锦 *Tylecodon similis* (Toelken) Toelken

喉咙 *Tylecodon faucium* (Poelln.) Toelken

条纹奇峰锦 *Tylecodon striatus* (Hutchison) Toelken

万物相（万物想）*Tylecodon reticulates* (L. f.) Toelken

夜叉姬 *Tylecodon torulosus* Toelken

奇峰锦属

直杆锦 *Tylecodon stenocaulis* Bruyns

钟鬼 *Tylecodon cacalioides* (L. f.) Toelken

山地玫瑰属 *Greenovia* Webb et Berthel.

山地玫瑰属又叫绿玉杯属。

形态特征：小型多肉植物。叶丛莲座状，径 2～25 cm。叶绿色、墨绿色、淡黄绿色或淡蓝色等，叶表面常被白粉，有时被薄茸毛。花序长达 12 cm。花金黄色或奶黄色等。花期春季或夏季。果实具大量种子。花谢后母株枯萎，侧芽继续生长。

种类分布：4 种。原产于大加那利岛、特内里费岛、耶罗岛、戈梅拉岛和圣米盖尔德拉帕尔马等。

生长习性：夏季休眠期间外围叶片枯萎，中心叶片紧缩呈玫瑰花形，此时应通风、少水和遮光 50%。生长期常通风，玫瑰花形几周内迅速展开。

繁殖栽培：易生侧芽，可分株、扦插或播种繁殖。

观赏配置：可盆栽观赏或种植于岩石缝中。

山地玫瑰 *Greenovia aizoon* Bolle

黄金山地玫瑰 *Greenovia aurea* (C. Sm. ex Hornem.) Webb et Berthel.

景天科

酒杯山地玫瑰（多伦塔利斯，高山玫瑰）*G. dodrentalis* (Willd.) Webb et Berthel. 耶罗粉山地玫瑰 *Greenovia aurea* 'Pink Mountain Rose'

鸡蛋山地玫瑰（翡翠球）*Greenovia diplocycla* Webb ex Bolle var. *gigantea*

山地玫瑰属

宝光景天属 × *Cremnosedum* Kimnach et G. Lyons

　　本属的拉丁文名称 *Cremnosedum* 由悬崖景天属（*Cremnophila*，新拟）和景天属（*Sedum*）杂交而成。悬崖景天属的拉丁文名称 *Cremnophila* 是由希腊文 "kremnos"（悬崖，斜坡）和 "philos"（朋友）合成的，意为本属常生长在悬崖上。

　　形态特征：本属的小玉（特里尔宝石）*Cremnosedum* 'Little Gem' 为小型品种，易群生，是悬垂景天（*Cremnophila nutans*，新拟）和 湖米景天（*Sedum humifusum*，新拟）的园艺杂交品种。茎分枝细，匍匐，肉质，老时半木质化。叶短梭形，光滑厚实，绿色至暗红色或紫红色，晚秋和早春时红色更明显。叶片环生，无柄，基部合生，形成莲花状叶盘。花星状，黄色，簇生。花期常在冬末春初。

　　种类分布：2 种。原产于俄罗斯、中国、奥地利和瑞士。

　　生长习性：喜光照和水分。

　　繁殖栽培：容易繁殖，枝插或播种繁殖。

　　观赏配置：本属植物珊珊可爱，可生长旺盛时可铺满大盆，蔚为可观，室内盆栽观赏。

小玉（特里尔宝石）× *Cremnosedum* 'Little Gem'

小玉花

小玉花期

小玉配置

景天科

石莲属 *Sinocrassula* Berger

本属植物多为野生种，园艺栽培种类较少。代表种类有滇石莲（*Sinocrassula yunnanensis*）等。

形态特征：植株有莲座丛，二年生或多年生植物，无毛或被微乳头状突起的毛，或多或少遍布红棕色细条纹或斑点。叶厚，钝或渐尖。花茎直立，多少伸长，有疏松排列的叶状苞片；圆锥状聚伞花序，分枝长，下部的几为对生，少有不分枝呈总状的；花在分枝先端密集，有梗，直立，稍呈球状坛形，白色，上部紫红色，尤以背面龙骨处如此；花5基数；萼片在基部半球形合生；萼片三角形或三角状披针形，直立；花瓣纵剖而呈S形，分离或几分离，直立，坛状合生，上部向外弓状弯曲，有时在先端以下变厚而基部凹入；雄蕊5枚，萼片上着生而稍短于花瓣，花丝常稍宽；鳞片四方形或半圆形，全缘，有微缺或有齿；心皮稍宽，向短的花柱突狭，柱头头状。种子多数。

种类分布：9种，产于巴基斯坦北部至中国西南、中部至西北地区。

生长习性：喜温暖环境。

繁殖栽培：分株、侧芽扦插或播种繁殖。

观赏配置：可盆栽观赏。

滇石莲（云南石莲，滇黑爪莲）*Sinocrassula yunnanensis* (Franch.) Berger

因地卡（印地卡）*Sinocrassula indica* cv.

原始印地卡（蛇舌莲，莲花还阳）*Sinocrassula indica* (Deone.) Berger

紫卡（艾晓斯）*Sinocrassula* 'Zika'

魔南景天属（魔莲花属）*Monanthes* Haw.

魔南景天属又叫魔南属，其拉丁文名称 *Monanthes* 来自希腊文，意思是"单花的"。它是景天科的一个小属，如果仔细观察其花，可以看出本属与长生草属、爱染草属和莲花掌属亲缘关系相近，具有相似的花结构。本属植物迷你可爱，但不同种类的形态特征有差异明显。

形态特征：多年生草本，株形极小。叶极小，肉质，排列紧密，莲座状或卵圆球状，翠绿色。花序多毛，花小，黄绿色，密集；冬末至夏初开花。

种类分布：约 10 种，特产于亚热带的加那利群岛、蛮人群岛和马德拉群岛。分布中心是特内里费岛，有 7 种。富埃特文图拉岛和兰萨罗特岛仅有 1 种，即疏花魔南（*Monanthes laxiflora*）。

生长习性：不耐寒。夏季栽培困难。

繁殖栽培：播种繁殖。

观赏配置：花星星点点，外形有趣，非常可爱，花期长，可盆栽观赏。

果冻瑞典魔南 *Monanthes polyphylla* 'Jelly Color'

果冻瑞典魔南配置

瑞典魔南（多叶魔南）*Monanthes polyphylla*

魔南景天（球魔景天）*Monanthes brachycaulon*

塔莲属 *Villadia* Rose

本属为新近发现和定名的一个属。

形态特征：本属的白花小松 [*Villadia batesii* (Hemsl.) Baehni et Macbride] 为多年生迷你多肉植物。植株矮小，分枝与叶片短，贴在肉质茎上。叶肉质，轮生，常旋转展开，叶尖经阳光照射后边缘变红色。花白色，顶生。花期 4 ~ 5 月。

种类分布：本属分布于墨西哥。常见栽培种有 2 种，另一种为塔莲（*Villadia imbricata* Rose）。

生长习性：喜高温、干燥、阳光充足的环境，容易栽培，耐干旱和半阴，不耐寒。

繁殖栽培：播种繁殖，扦插繁殖（如叶插、砍头繁殖），或分株繁殖。

观赏配置：可室内盆栽观赏。

白花小松（旋转美人，小松）*Villadia batesii* (Hemsl.) Baehni et Macbride

白花小松花期

果冻白花小松 *Villadia batesii* 'Jelly Color'

果冻白花小松缀化 *Villadia batesii* 'Cristata Jelly Color'

塔莲属

芦荟科
Crassulaceae

芦荟科植物的叶具有很强的贮水能力，表面坚硬，不易失水。可盆栽观赏或庭园栽培观赏。

形态特征：多年生草本或木本，少数种类呈乔木状。茎常粗短，有些种类茎可增粗。叶常肉质，披针形、卵形或柱状，簇生，莲座状或生于茎顶端，叶缘常具刺状齿。穗状花序、总状花序或圆锥花序，顶生；花小，花瓣管状至圆筒状，红色或橙色；雄蕊伸出或内藏，花药背着，内向开裂；子房3室，每室具多数胚珠。蒴果三角状，极少为浆果，室背开裂。种子多数，常具扁平棱角或有翅。

种类分布：共约9属，主产于南非、非洲热带地区和阿拉伯国家。我国产1属。

十二卷属（瓦苇属）*Haworthia* Duval

十二卷属植物外观独特，目前比较流行，是小型多肉植物中的一个大属。该属拉丁文名称命名为 *Haworthia* 是为了纪念19世纪初英国植物学家（Adrian Hardn Haworth）。本属按植株和叶的形态、质地分为软叶系和硬叶系两大类。硬叶系种类的叶坚硬肥厚，呈莲座状，先端无窗面，叶面常具有各种各样的疣点或结节成条状（缟状）。软叶系种类的叶较软而多汁，短而肥厚，手感温润，叶缘有时有毛，有的种类有"窗"状结构。软叶系种类，有些种类叶顶端凸起呈半球形，如玉露类，有些种类叶顶端呈截形，如寿类、万象类和玉扇类。和生石花一样，软叶系的许多种类有透明或半透明的"窗"，窗面有不同的脉纹和突起。在原产地的砂砾环境中，软叶十二卷的植株几乎都陷在砂砾里，仅露出"窗"来吸收阳光进行光合作用。叶大小、先端形态，窗面的脉纹、通透度、有无疣点、平滑或粗糙和出锦的类别等是鉴定软叶十二卷品种的依据。

形态特征：小型多肉植物。植株矮小，茎短或可达50 cm，单生或丛生。叶多数呈莲座状，莲座径3～30 cm，少数呈两列叠生或螺旋形排列成圆筒状。叶或软成半透明状，或坚硬或粗糙，呈莲座状。同一物种内叶表现出很大差异。总状花序，或短或可达40 cm，伸出莲座外，花小，绿白色。

种类分布：多数产于南非（西开普省），有些种类延伸至斯威士兰、纳米比亚南部、莫桑比克南部。

生长习性：本属喜冷凉气候，春季和秋季为生长季节。喜半阴，根系健康时秋末至夏初可全光照。

繁殖栽培：叶插和切顶宜选取多年生健壮老叶，分株于换盆时进行，根插适合软叶类。

观赏配置：品种繁多，形态各异，颜色丰富，株形小巧玲珑，清秀典雅，非常适合个人栽培观赏，可以点缀几案、窗台等，效果独特。

N1 大紫玉露 *Haworthia obtusa* 'N1'

OB × 别系锦 *Haworthia* 'OB' × *Haworthia cooperi* var. *pilifera* 'Variegata'

OM 玉露锦（大窗黑玉露锦，黑葡萄锦）*Haworthia cooperi* 'OM Variegata'

阿房宫（康平 × 克里克特）*Haworthia comptoniana* × *H. correcta* 'Aboukyu'

阿房宫花期

阿房宫锦 *Haworthia comptoniana* × *H. correcta* 'Aboukyu Variegata'

阿房宫锦正面

阿寒湖 *Haworthia comptoniana* 'Akan-Ko'

阿寒湖 × 冷泉 *Haworthia comptoniana* 'Akan-Ko' × *H.* 'Cold Spring'

矮苇锦 *Haworthia variegata* L. var. *modesta* M. B. Bayer

奥黛丽（奥代丽青蟹）*Haworthia splendens* 'Audrey'

奥特娜 *Haworthia outeniquensis* M. B. Bayer

芦荟科

巴御前 *Haworthia pygmaea* 'Tomoe Gozen'

芭迪雅（半岛寿，芭堤亚，芭提雅，巴蒂雅）*Haworthia badia* Poelln.

芭迪雅锦 *Haworthia badia* 'Variegata'

霸王寿 *Haworthia mirabilis* var. *triebneriana* (Poelln.) M. B. Bayer

霸王万象锦 *Haworthia* 'Haou Variegata'

白斑玉露 *Haworthia cooperi* Baker 'Variegata Alba'

白玻璃 *Haworthia* 'White Glass'

白瓷玉露（白磁玉露）*Haworthia* 'Hakuji'

白帝城 *Haworthia* 'Hakuteijyo'

白凤芭堤雅 *Haworthia badia* 'Hakuhou'

白蝴蝶 × 月神 *Haworthia* 'White Butterfly' × *H.* 'Moon God'

白晶寿 *Haworthia* 'Shirosho'

芦荟科

白琉璃殿 *Haworthia limifolia* var. *glaucophylla* M. B. Bayer

白妙（白秒，白庙）*Haworthia* 'Shirotae'

白兔 *Haworthia* 'White Hare'

白纹琉璃殿 *Haworthia limifolia* var. *striata*

白雪姬白银 *Haworthia emelyae* 'Hakusetsuhime'

白羊宫 *Haworthia* 'Manda's Hybrid'

十二卷属

白羊宫群生

白羊宫缀化 *Haworthia* 'Manda's Hybrid Cristata'

白银 *Haworthia emelyae* V. Poelln.

白银锦 *Haworthia emelyae* 'Variegata'

白银 × 默契卡 *Haworthia emelyae* × *Haworthia* 'Mochica'

白银彩虹锦 *Haworthia emelyae* 'Rainbow'

芦荟科

白银城 *Haworthia wimii* M. Hayashi 'Hakuginjyo'

白银春 *Haworthia emelyae* 'Spring'

白银绘卷 *Haworthia emelyae* 'Hakugin Emaki'

白银实生选拔 *Haworthia emelyae* (Seedling Selection)

白银蟹 *Haworthia emelyae* × *Haworthia splendens*

白折瑞鹤 *Haworthia marginata* 'White Edge'

十二卷属

白帜玉露 *Haworthia* 'White Flag'

斑马鹰爪 *Haworthia reinwardtii* f. *zebrine* (G. G. Sm.) M. B. Bayer

斑马鹰爪幼苗

宝草（水莲华）*Haworthia cymbiformis* (Haw.) Duval

宝草群生

宝草锦 *Haworthia cymbiformis* 'Variegata'

芦荟科

宝草锦正面

宝莲灯锦 *Haworthia* 'Lotus Lantern Variegata'

北斋 *Haworthia truncata* 'Hokusai'

背窗玉露 *Haworthia venusta* 'Back Window'

别系玉露 *Haworthia cooperi* var. *pilifera* (Baker) M. B. Bayer

别系玉露锦 *Haworthia cooperi* var. *pilifera* 'Variegata'

别系玉露锦 2

别系玉露锦 3

别系玉露锦群生

冰城锦 *Haworthia* 'Ice City Variegata'

冰窗磨面寿 *Haworthia pygmaea* 'Ice Window'

冰刺锦 *Haworthia* 'Ice Thorn Variegata'

芦荟科

冰河寿 *Haworthia* 'Hyoga'

冰湖 *Haworthia* 'Ice Lake'

冰魂玉露 *Haworthia cooperi* var. *pilifera* 'Ice Soul'

冰魂玉露锦 *Haworthia cooperi* var. *pilifera* 'Ice Soul Variegata'

玻璃窗康克 *Haworthia comptoniana* × *Haworthia correcta* 'Glass Window'

玻璃康平 *Haworthia comptoniana* 'Glass'

十二卷属

371

铂金白银 Haworthia emelyae 'Platinum'

玻璃克（亮窗克，透窗克，水晶克）Haworthia correcta 'Glass Window'

草水晶（容艳）Haworthia cooperi var. gracilis (Poelln.) M.B.Bayer

草水晶2

草玉露（水晶殿，姬玉虫）Haworthia cymbiformis var. obtusa

草玉扇 Haworthia truncata 'Grass'

372

长毛狗 *Haworthia bobii*

长寿樱 *Haworthia* 'Longevity Sakura'

超短叶特选天使之泪 *Haworthia marginata × H. pumila* 'Tears of Angel'

超级绿岛 *Haworthia truncata* 'Super Green Island'

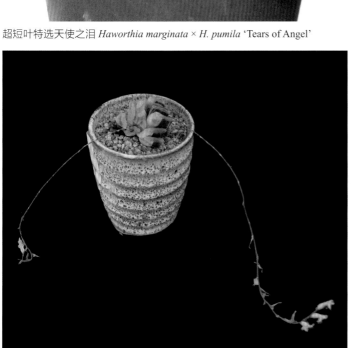

橙色玉扇锦 *Haworthia truncata* 'Variegata Orange'

赤斑克锦 *Haworthia correcta* 'Variegata Red Stripes'

十二卷属

池田玻璃窗克 *Haworthia correcta* 'Glass Window Ikeda'

池田玻璃窗克 2

赤斑万象锦 *Haworthia maughamii* 'Variegata Red Stripes'

赤斑玉露锦 *Haworthia cooperi* var. *pilifera* 'Variegata Red Blush'

赤斑玉扇锦 *Haworthia truncata* 'Variegata Red Stripes'

赤肌青蟹 *Haworthia splendens* 'Akahada'

374

赤筋青蟹 *Haworthia splendens* 'Akasuji'

初霜 *Haworthia* 'First Frost'

春白银 *Haworthia emelyae* 'Spring'

春庭乐（春亭乐，春亭月）*Haworthia* 'Chunting'

春雪白银 *Haworthia emelyae* 'Spring Snow'

刺玉露（玉章）*Haworthia cooperi* var. *pilifera* cv.

翠莲 *Haworthia aristata* Haw.

达摩宝草（厚叶宝草）*Haworthia cymbiformis* f. *cuspidata*

达摩宝草花期

达摩寿锦 *Haworthia retusa* 'Dharma Variegata'

大白鲨锦 *Haworthia* 'Great White Shark Variegata'

大半玉露（大伴玉露）*Haworthia cooperi* var. *pilifera* 'Daban'

芦荟科

大保久克 *Haworthia correcta* 'Ookubo'

大窗黑玉露 *Haworthia obtusa* 'Black Daimado'

大窗姬玉露 *Haworthia obtusa* 'Mini Daimado'

大窗克 *Haworthia correcta* 'Daimado'

大窗绿岛玉扇 *Haworthia truncata* 'Green Island Daimado'

大窗浓毛玉露 *Haworthia venusta* 'Dense Down Daimado'

十二卷属

大窗玉露 *Haworthia obtusa* 'Daimado'

大窗玉露锦 *Haworthia obtusa* 'Daimado Variegata'

大窗紫万象 *Haworthia maughamii* 'Murasaki Daimado'

大翠寿 *Haworthia retusa* 'Emerald'

大福白银 *Haworthia emelyae* 'Daifuku'

大海源锦 *Haworthia truncata* 'Daikaigen'

芦荟科

大黑玉扇 *Haworthia truncata* 'Daikoku'

大空锦 *Haworthia* 'Ouzora Nishiki'

大理石白银 *Haworthia emelyae* 'Marble'

大明镜 *Haworthia* 'Daimeikyou'

大绳玉扇 *Haworthia truncata* 'Onawa'

大卫 *Haworthia* 'David'

十二卷属

大雪白银 *Haworthia emelyae* 'Daise'

大叶花水晶 *Haworthia cooperi* var. *pilifera* 'Emperor Variegata'

大银城 *Haworthia* 'Daiginjyo'

大疣风车 *Haworthia scabra* Haw.

大疣风车 2

大紫冰灯 *Haworthia cooperi* 'Daishi'

芦荟科

大紫玉露 *Haworthia obtusa* 'Daishi'

大紫玉露正面

大紫玉露正面 2

戴安娜青蟹 *Haworthia splendens* 'Diana'

道长 *Haworthia truncata* 'Michinaga'

灯心红纹寿（灯蕊红纹寿，灯芯红纹寿）*Haworthia* 'Red Line Lighting'

灯芯玉露（琉璃珠）*Haworthia obtusa* 'Wick'

稻妻 *Haworthia maughamii* 'Inazuma'

稻妻锦 *Haworthia maughamii* 'Inazuma Nishiki'

地上之星（地上星）*Haworthia pumila* 'Star of Ground'

地上之星杂 *Haworthia pumila* 'Ground of Star Hybrida'

帝王寿 *Haworthia retusa* 'Emperor'

芦荟科

帝王寿白锦 *Haworthia retusa* 'Emperor Variegata Alba'

帝王玉露（皇帝玉露）*Haworthia cooperi* var. *pilifera* 'Emperor'

帝王玉露 2

帝都玉露 Haworthia 'Green Gem'

帝玉露（狄氏水晶瓦苇）H. cooperi var. dielsiana (Poelln.) M. B. Bayer

电路板（电路板克里克特）Haworthia correcta 'Circuit Board'

帝玉露锦（狄氏玉露锦）Haworthia cooperi var. dielsiana 'Variegata'

叠纹款早期特选冬之星座 Haworthia pumila 'Early Selection Overlay Lines'

芦荟科

冬之星座（东之星座，冬星座）*Haworthia pumila* (L.) M. B. Bayer

冬之星座 2

冬之星座配置

冬之星座 G7（横纹）*Haworthia pumila* 'G7 Horizontal Lines'

冬之星座 G7（纵纹）*Haworthia pumila* 'G7 Longitudinal Lines'

冬之星座锦 *Haworthia pumila* 'Variegata'

短叶特选天使之泪 *Haworthia marginata* × *H. pumila* 'Tears of Angel Selection'

短叶天使之泪 *Haworthia marginata* × *Haworthia pumila* 'Tears of Angel'

抖抖松玉露（多德森玉露） *Haworthia* 'Dodson Murasaki'

钝玉露 *Haworthia venusta* 'Blunt'

芦荟科

翡翠白银 *Haworthia emelyae* 'Jade'

翡翠九轮塔 *Haworthia coarctata* var. *tenis* 'Emerald'

翡翠莲（莲花座，水莲花）*Haworthia cymbiformis* 'Emerald'

翡翠玉露锦 *Haworthia cooperi* var. *pilifera* 'Jade Variegata'

翡翠玉扇 *Haworthia truncata* 'Jade'

粉黛丽 × 芭堤雅 *Haworthia* 'Deli Pink' × *Haworthia badia*

粉红狂刺青蟹 *Haworthia splendens* 'Pink Thorn'

粉红女郎白银 *Haworthia emelyae* 'Pink Girl'

粉雪 *Haworthia picta* Poelln. 'Konayuki'

粉雪锦 *Haworthia picta* 'Konayuki Variegata'

粉钻 *Haworthia* 'Pink Diamond'

枫 *Haworthia maughamii* 'Maple'

芦荟科

凤凰 × M9 *Haworthia maughamii* 'Phoenix' × *Haworthia maughamii* 'M9'

佛玉露 *Haworthia cooperi* var. *pilifera* 'Buddha'

福康寿 *Haworthia* 'Fukang'

富士白银 *Haworthia emelyae* 'Fuji'

伽利略 *Haworthia* 'Galileo'

伽利略 2

十二卷属

钢丝球 *Haworthia arachnoidea* 'Dimorphoides'

钢丝球正面

高文鹰爪 *Haworthia koelmaniorum* Oberm. et D. S. Hardy

高文鹰爪（黑王寿，高文十二卷，高纹鹰爪）2

宫灯玉露 *Haworthia* 'Palace Lantern'

宫灯玉露锦 *Haworthia* 'Palace Lantern Variegata'

芦荟科

宫井巴迪亚 *Haworthia badia* 'Miyai'

古笛（鼓笛，鼓迪）*Haworthia* 'Koteki Nishiki'

古都姬青蟹 *Haworthia splendens* 'Kotohime'

广濑玉露锦 *Haworthia obtusa* 'Hirose Variegata'

广濑玉露锦 2

鬼岩城（鬼盐城）*Haworthia truncata* 'Kiganjyou'

鬼岩城 2

鬼岩城锦 *Haworthia truncata* 'Kiganjyou Variegata'

裹般若（裹般若，里般若）*Haworthia* 'Urahanya'

裹般若侧面

裹般若侧面 *Haworthia* 'Urahanya Variegata'

海豹青蟹 *Haworthia splendens* 'Seal'

芦荟科

何氏青瞳（新拟）*Haworthia glauca* Baker var. *herrei* (Poelln.) M. B. Bayer

黑白银 *Haworthia emelyae* 'Black and White'

黑镐白银 *Haworthia emelyae* 'Black Pickaxe'

黑肌克锦 *Haworthia correcta* ' Kurohada Variegata'

黑肌玉露（坚冰玉露）*Haworthia obtusa* 'Kurohada'

黑肌玉露 2

黑肌玉扇 *Haworthia truncata* 'Kurohada'

黑姬玉露 *Haworthia cooperi* var. *truncata* 'Nigra'

黑姬玉露 2

黑姬玉露配置

黑砂糖 *Haworthia* 'Black Sugar'

黑葡萄（OM 黑肌玉露，大型黑肌玉露，小穴氏 OM 玉露）*Haworthia* 'OM'

芦荟科

黑水晶 *Haworthia obtusa* 'Black Crystal'

黑水晶 2

黑王丸白银 *Haworthia emelyae* 'Black King Ball'

黑蜥蜴 *Haworthia coarctata* var. *tenuis* (G. G. Sm.) M. B. Bayer

黑蜥蜴 2

黑阳 *Haworthia* 'Black Sun'

十二卷属

红肌白银 *Haworthia emelyae* 'Kurohada'

红狮子 *Haworthia* 'Red Lion'

红纹寿 *Haworthia mirabilis* var. *sublineata* (Poelln.) Pilbeam

红纹寿锦 *Haworthia mirabilis* var. *sublineata* 'Variegata'

红纹妖姬 *Haworthia* 'Red Lines Seductive Woman'

红岩玉露 *Haworthia venusta* 'Red Rock'

芦荟科

厚叶大鹰爪 *Haworthia reinwordtii* 'Thick Leaf'

厚叶玉扇 *Haworthia truncata* 'Thick Leaf'

琥珀玉露 *Haworthia obtusa* 'Kohaku'

琥珀玉露 2

琥珀玉露 3

琥珀玉露 4

十二卷属

糊斑静鼓锦 *Haworthia truncata* × *H. retusa* 'Norifu Variegata'

花火玉露锦 *Haworthia cooperi* 'Fireworks'

花葵青蟹（花魁，花葵蟹）*Haworthia splendens* 'Hana Aoi'

花泪 *Haworthia* 'Tears'

花咲青蟹（花关蟹）*Haworthia splendens* 'Hanasakigani'

花水晶（帝王玉露锦）*Haworthia cooperi* var. *pilifera* 'Emperor Variegata'

芦荟科

花影（花影克）*Haworthia* 'Hanakage'

华宵殿 *Haworthia coarctata* var. *adelaidensis* (Poelln.) M. B. Bayer

环纹冬星（烟圈，环纹东星，字母冬之星）*Haworthia pumila* 'Smoke Ring'

环纹冬星锦 *Haworthia pumila* 'Smoke Ring Variegata'

荒矶玉扇（荒肌玉扇）*Haworthia truncata* 'Araiso'

荒矶玉扇 2

十二卷属

皇帝 *Haworthia pumila* 'Koutei'

皇帝侧面

皇帝正面

皇妃和之宫 *Haworthia* 'Princess Kazunomiya'

黄金芭堤雅 *Haworthia badia* 'Variegata Ohgon'

黄金宝草锦 *Haworthia* 'Variegata Ohgon'

芦荟科

黄金京之华 *Haworthia cymbiformis* 'Ougon-Kyo-no-Hana'

黄金京之华 2

黄金京之华花期

黄金京之华锦 *Haworthia cymbiformis* 'Ougon-Kyo-no-Hana-Nishiki'

黄金京之华锦花

黄金京之华群生

黄金菊绘卷 *Haworthia marumiana* var. *batesiana* 'Ougon'

黄金龙城锦 *Haworthia viscosa* 'Variegata Ougon'

黄金宽叶洋葱皮（黄金洛克伍德）*Haworthia lockwoodii* Archibald 'Ougon'

黄金苏州玉露 *Haworthia obtusa* 'Suzhou Ougon'

黄金苏州玉露与苏州玉露锦

402

黄乳白银 *Haworthia emelyae* 'Yellow Milk'

绘卷毛玉露寿 *Haworthia venusta* 'Emaki'

姬凤凰 *Haworthia truncata* 'Himehouo'

姬绘卷（绿幽灵）*Haworthia cooperi* var. *tenera* (Poelln.) M. B. Bayer

姬楼兰 *Haworthia* 'Hime Mirrorball'

姬寿（吉寿）*Haworthia heidelbergensis* G. G. Sm. var. *minor*

十二卷属

403

姬寿正面

姬寿锦 *Haworthia heidelbergensis* 'Variegata'

姬玉露 *Haworthia cooperi* var. *truncata* (H. Jacobsen) M. B. Bayer

姬玉露群生

姬玉露配置 1

姬玉露配置 2

芦荟科

姬玉露配置 3

姬玉露锦 *Haworthia cooperi* var. *truncata* 'Variegata'

姬玉露锦 2

江隈十二卷 *Haworthia fasciata* 'Jiangwei'

剑寿（黑寿乐，黑御影）*Haworthia mirabilis* (Haw.) Haw.

剑寿 2

十二卷属

尖叶清姬 *Haworthia* 'Kiyoji Sharp Leaf'

焦糖色青蟹 *Haworthia splendens* 'Caramel Color'

金城锦 *Haworthia margaritifera* 'Variegata'

芦荟科

金城锦（金城，金帝城，点纹十二卷锦，黄斑龙之爪）配置

金海鹰爪 *Haworthia reinwardtii* var. *var. archibaldiae* Poelln.

金筋青蟹 *Haworthia splendens* 'Gold Vein'

金子大窗玉露（金子大窗）*Haworthia obtusa* 'Kaneko-Daimado'

金子特黑玉露（金子黑才）*Haworthia obtusa* 'Kaneko-Tokukuro'

金子特黑紫玉露 *Haworthia obtusa* 'Kaneko-Tokumurasakikuro'

十二卷属

407

金子特黑紫玉露正面

锦带桥 *Haworthia* 'Kintai-kyou'

锦带桥 2

锦带桥群生

京之华（凝脂菊，凝之露）*Haworthia cymbiformis* 'Kyo-no-Hana'

京之华锦（景之华锦）*Haworthia cymbiformis* 'Kyo-no-Hana-Nishiki'

芦荟科

京之华锦 2

京之华锦（左）和宝草锦（右）

京之舞锦 *Haworthia cymbiformis* 'Kyo-no-Mai-Nishiki'

京之舞锦 2

静鼓（镜鼓）*Haworthia truncata* × *Haworthia retusa*

静鼓 2

静鼓锦 *Haworthia truncata* × *Haworthia retusa* 'Variegata'

静鼓锦正面

静鼓锦群生

静鼓锦 2

静之 *Haworthia* 'Jingzhi'

静之正面

芦荟科

九轮塔（霜百合）*H. coarctata* f. *chalwinii* (Marloth et A. Berger) Pilbeam

九轮塔锦（小鹰爪锦）*Haworthia coarctata* f. *chalwinii* 'Variegata'

九轮塔锦 2

九轮塔锦 3

酒井万象 *Haworthia maughamii* 'Sakai'

酒吞童子 *Haworthia badia* 'Shuten-Douji'

菊绘卷 *Haworthia marumiana* var. *batesiana* (Uitewaal) M. B. Bayer

菊绘卷锦 *Haworthia marumiana* var. *batesiana* 'Variegata'

巨大赤线（聚达赤线）*Haworthia* 'Kyodai-Akasen'

巨大赤线正面

巨大窗玉扇锦 *Haworthia truncata* 'Kyodaimado-Nishiki'

巨大窗玉扇锦正面

412

巨凤玉扇 *Haworthia truncata* 'Kyoho'

巨牡丹 *Haworthia arachnoidea* var. *scabraspina*

巨星座（大疣冬星）*Haworthia maxima* (Haw.) Duval

康克寿 *Haworthia comptoniana* × *Haworthia correcta*

康克寿配置

康克寿正面

康克寿锦 *Haworthia comptoniana* × *Haworthia correcta* 'Variegata'

康平寿（康氏十二卷，正康平）*Haworthia comptoniana* Poelln.

康平寿锦 *Haworthia comptoniana* 'Variegata'

颗粒窗克寿 *Haworthia correcta* 'Kelimado'

颗粒窗玉扇 *Haworthia truncata* 'Kelimado'

克里克特（克，贝叶寿，网纹寿，美纹寿，克寿）*Haworthia correcta* Poelln.

芦荟科

克里克特 2

克里克特锦（克锦）*Haworthia correcta* 'Variegata'

克里克特锦 2

克里克特锦 3

肯德基冬星（KFC）*Haworthia pumila* 'KFC'

孔明灯 *Haworthia obtusa* 'Kongmei-Tomoshibi'

蓝镜玉扇 *Haworthia truncata* 'Blue Lens'

蓝钻（蓝宝石）*Haworthia* 'Blue Diamond'

狼蛛 *H. keganii* × *H. cooperi* var. *venusta* (C. L. Scott) M. B. Bayer

老版帝玉露（老板帝玉露）*Haworthia cooperi* var. *dielsiana* (Old Version)

老川玉露锦 *Haworthia* 'Ogawa Variegata'

老川玉露锦正面

芦荟科

雷诺玉露（雷诺赤线）*Haworthia obtusa* 'Rainuo'

雷影寿 *Haworthia* 'Raikage'

泪珠（恐龙冬星）*Haworthia pumila* 'Dinosaur'

冷泉康平 *Haworthia comptoniana* 'Garasu'

亮窗美纹克 *Haworthia correcta* 'Bright Window'

亮窗美纹心形克 *Haworthia correcta* 'Bright Window Bimon'

十二卷属

凌绿（姬琴）*Haworthia marumiana* cv.

凌衣绘卷 *Haworthia arachnoidea* var. *setata* (Haw.) M. B. Bayer

琉璃殿 *Haworthia limifolia* Marloth

琉璃殿锦 *Haworthia limifolia* 'Variegata'

琉璃殿锦侧面

琉璃殿锦正面

芦荟科

琉璃宫（水车，琉璃城）*Haworthia limifolia* var. *ubomboensis* (I.Verd.) G.G.Sm.

琉璃宫 2

琉璃姬孔雀（羽生锦）*Haworthia* 'Kujaku'

琉璃康平 *Haworthia comptoniana* 'Ruri'

柳叶磨面 *Haworthia pygmaea* 'Long Leaf'

柳叶磨面 2

柳叶磨面锦 *Haworthia pygmaea* 'Long Leaf Variegata'

龙城（龙宫城，九龙头）*Haworthia viscosa* (L.) Haw.　　　　龙城配置

龙城锦 *Haworthia viscosa* 'Variegata'

龙城杂 *Haworthia viscosa* 'Hybrida'

　　　　　　　　　　　　　　　　　　　　　　　　　芦荟科

龙鳞（蛇皮掌）*Haworthia tessellata* (Haw.) G. D. Rowley

龙泉 *Haworthia* 'Dragon Spring'

龙爪（松果掌，龙爪瓦苇）*Haworthia coarctata* Haw.

龙爪侧面

龙爪玉露 *Haworthia* 'Dragon Claw'

楼兰 × 玉露 *Haworthia* 'Lolan' × *Haworthia cooperi*

十二卷属

421

楼兰玉露 Haworthia 'Lolan'

绿杯 Haworthia angustifolia Haw. var. altissima M. B. Bayer

绿水晶 Haworthia 'Green Crystal'

绿玉扇 Haworthia truncata 'Lime green'

绿玉扇群生

绿玉爪（松果掌）Haworthia coarctata f. greenii (Baker) M. B. Bayer

芦荟科

马勒姆十二卷 *Haworthia marumiana* Uitewaal

马勒姆十二卷配置

马丽丽（玛丽莲，见本，马莉莉）*Haworthia comptoniana* 'Marinrin'

毛毛球 *Haworthia odetteae* Breuer

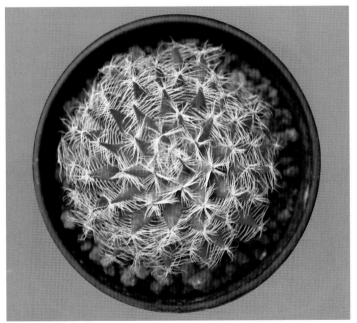

毛牡丹（僧衣绘卷）*Haworthia arachnoidea* var. *setata* cv.

毛青蟹 *Haworthia* 'Keganii' × *Haworthia splendens*

毛线球 *Haworthia arachnoidea* var. *setata* cv.

毛玉露 *Haworthia venusta* (C. L. Scott) M. B. Bayer

玫瑰宝草 *Haworthia cymbiformis* 'Rose'

美版原始冬星 *Haworthia pumila* 'American Version'

美国冰灯（抖抖紫玉露）*Haworthia* 'American Ice Lantern'

美国大窗玉露 *Haworthia obtusa* 'American Daimado'

424

美国玉露锦 *Haworthia cooperi* 'American'

美吉寿（微米寿，美极寿）*Haworthia emelyae* var. *major* (G.G.Sm.) M.B.Baye

美人鱼 *Haworthia* 'Mermaid'

美穗锦（美惠锦）*Haworthia* 'Mihonishiki'

美纹康平（美纹康）*Haworthia comptoniana* 'Bimon'

美纹克 *Haworthia correcta* 'Bimon'

十二卷属

425

磨面寿（银蕾，延寿城，翠贝）*Haworthia pygmaea* Poelln.

磨面寿锦 *Haworthia pygmaea* 'Variegata'

磨面寿锦正面

磨面寿锦 2

抹茶青蟹 *Haworthia splendens* 'Matcha'

墨玉扇（墨骨玉扇）*Haworthia truncata* 'Boku'

426 .... 芦荟科

木叶克（木纹克）*Haworthia correcta* 'Koha'

雫绘卷（紫镜，西亚基 HO33）*Haworthia* 'Shizukuemaki'

尼古拉（黑鲛）*Haworthia nigra* (Haw.) G. D. Rowley

尼古拉侧面

霓虹灯为大卫玉露和冰灯的杂交种。

尼古拉 2

霓虹灯 *H. davidii* (Breuer) M. Hayashi et Breuer × *H.* 'Ice Lantern'

霓虹灯正面

霓虹灯配置

糯玉露（糯窗玉露）*Haworthia* 'Glutinous'

潘氏冰灯（潘灯玉露）*Haworthia* 'Pan's Ice Lantern'

潘多拉白银 *Haworthia emelyae* 'Pandora'

潘多拉白银锦 *Haworthia emelyae* 'Pandora Variegata'

芦荟科

钱型冬星 *Haworthia pumila* 'Qianxing'

欧版小型钱型冬星 *Haworthia pumila* 'Qianxing Kogata European Version'

巧克力寿 *Haworthia* 'Choco'

青狐青蟹 *Haworthia splendens* 'Seikitsune'

青雷鸟 *Haworthia coarctata* 'Sei Raicho'

青雷鸟锦 *Haworthia coarctata* 'Sei Raicho Variegata'

十二卷属

青龙玉扇 *Haworthia truncata* 'Seiryu'

青木 *Haworthia* 'Aoki'

青鸟寿 *Haworthia monticola* Fourc. var. *asema* M. B. Bayer

青瑞鹤 *Haworthia marginata* (Lam.) Stearn 'Seizuikaku'

青瑞鹤锦 *Haworthia marginata* 'Seizuikaku Nishiki'

青瑞鹤锦正面

430

青瞳配置

青瞳 *Haworthia glauca* (Baker) G. D. Rowley var. *herrei* (Poelln.) M. B. Bayer

青蟹（蟹）*Haworthia splendens* (J. D. Venter et S. A. Hammer) M. Hayashi

青蟹 × 白银 *Haworthia splendens* × *Haworthia emelyae*

青蟹正面

青蟹 2

青蟹锦 *Haworthia splendens* 'Variegata'

青蟹锦正面

青蟹之眠 *Haworthia magnifica* Poelln. var. *acuminata* (M. B. Bayer) M. B. Bayer

青玉扇 *Haworthia truncata* 'Sei'

青云之舞（狭叶水晶掌）*Haworthia cooperi* var. *viridis* (M.B.Bayer) M.B.Bayer

432

芦荟科

青之影 *Haworthia truncata* 'Sei-no-kage'

秋天星（秋星）*Haworthia minima* Baker 'Swellens'

曲水 × 玉露锦 *Haworthia decipiens* × *Haworthia cooperi* 'Variegata'

曲水 × 玉露锦正面

曲水（曲水卷）*Haworthia decipiens* Poelln.

曲水锦 *Haworthia decipiens* 'Variegata'

十二卷属

曲水锦和曲水

曲水锦花期

曲水牡丹（宽叶蛛网，绫星，宝星）*Haworthia decipiens* Poelln.

曲水牡丹锦 *Haworthia decipiens* 'Variegata'

曲水之扇（赛米维亚，蛛网）*Haworthia semiviva* (Poelln.) M. B. Bayer

434

芦荟科

曲水宴（水牡丹，神瑞殿，曲水宴）*H. bolusii* Baker var. *blackbeardiana* Bayer

日系早期密疣特选天使之泪 *Haworthia marginata* × *H. pumila* 'Tears of Angel'

日系早期天使之泪 *Haworthia marginata* × *Haworthia pumila* 'Tears of Angel'

日月潭 *Haworthia* 'Sun Moon Lake'

绒线钢丝球 *Haworthia arachnoidea* var. *gigas* (Poelln.) M. Hayashi

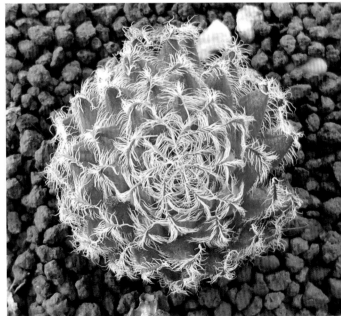

绒线钢丝球正面

三角琉璃殿 *H. gracilis* Poelln. var. *isabellae* (Poelln.) M. B. Bayer

三角琉璃殿（翠月，依莎贝拉水晶掌，三角琉璃玉露，水晶莲）花序

三仙寿 *Haworthia* 'Sansenjyu'

上羽锦 *Haworthia* 'Shangyu'

十二之缟（条纹十二缟，十二缟）*Haworthia* 'Elegans'

石户玉扇 *Haworthia truncata* 'Sekito'

436

芦荟科

实方玉扇（十方玉扇）*Haworthia truncata* 'Sanekata'

史扑（史朴寿，史仆寿，史扑鹰爪）*Haworthia springbokvlakensis* C. L. Sco

寿（正寿，寿宝殿）*Haworthia retusa* (G. G. Sm.)M. B. Bayer

寿群生

寿锦 *Haworthia retusa* 'Variegata'

寿锦正面

树冰 *Haworthia* 'Juhyo'

双龙门玉扇 *Haworthia truncata* 'Double Dragon Gates'

霜月（浅涧之星）*Haworthia pumila* 'Himogetsu'

水晶宝草 *Haworthia cymbiformis* 'Crystal'

水晶宝草配置

芦荟科

水晶康平 *Haworthia comptoniana* 'Crystal'

水晶康平 2

水晶康平锦 *Haworthia comptoniana* ' Crystal Variegata'

水晶史朴 *Haworthia springbokvlakensis* 'Crystal'

水晶寿 *Haworthia* 'Crystal'

水晶寿 2

十二卷属

水晶寿配置

水晶寿 3

水晶玉露 *Haworthia cooperi* 'Crystal'

水晶玉露群生

水晶圆头玉露 *Haworthia obtusa* 'Suisho'

440　　芦荟科

水晶圆头玉露锦 *Haworthia obtusa* 'Suisho'

水牡丹（蛛丝瓦苇，大牡丹，蛛丝牡丹）*Haworthia arachnoidea* Haw.

孙氏冰灯 *Haworthia obtusa* 'Sun's Ice Lantern'

松之霜 *Haworthia attenuata* var. *radula* (Jacq.) M. B. Bayer

松之霜花

松之霜花期

松之霜群生

松之霜群生 2

松之霜锦 *Haworthia attenuata* var. *radula* 'Variegata'

松之雪 *Haworthia attenuata* (Haw.) G. D. Rowley

芦荟科

松之雪配置

松之雪群生

松之雪白锦 *Haworthia attenuata* 'Variegata Alba'

苏州玉露 *Haworthia obtusa* 'Suzhou'

苏州玉露锦 *Haworthia obtusa* 'Suzhou Variegata'

十二卷属

太空红纹寿锦 *Haworthia mirabilis* var. *sublineata* 'Variegata Space'

唐草康平 *Haworthia* 'Karakusa Compto'

唐草康平 2

唐草康平与松之霜（左下）和松之雪（右上）配置

桃源乡（桃源香白银）*Haworthia* 'Togengou'

芦荟科

特点锦鸡尾 *H. glabrata* (Salm-Dyck) Baker var. *perviridis* (Salm-Dyck) Baker

特网康平 *Haworthia comptoniana* 'Super Net'

特选浓白疣环纹冬星 *Haworthia pumila* 'Smoke Ring Dense White'

特选浓白疣环纹冬星锦 *Haworthia pumila* 'Smoke Ring Variegata Dense White'

天草（姬绫锦）*Haworthia herbacea* (Mill.) Stearn var. *flaccida* M. B. Bayer

天和 *Haworthia* 'Tenhou'

十二卷属

445

天籁寿 Haworthia 'Sounds of Nature'

天使之泪×冬星（锦）Haworthia 'Tenshinonamida' × H. pumila 'Variegata'

天使之泪 Haworthia 'Tenshi no Namida'

天照万象（天照大神，天照）Haworthia maughamii 'Amaterasu'

条纹十二卷 Haworthia fasciata (Willd.) Haw.

庭院乐 Haworthia retusa 'Courtyard Music'

芦荟科

丸叶青蟹 *Haworthia splendens* 'Maruba'

丸叶天使之泪 *Haworthia* 'Tears of Angel Round Leaf'

万华镜 *Haworthia* 'Mangekyou'

万华镜锦 *Haworthia* 'Mangekyou Variegata'

万华镜锦正面

万象（毛汉十二卷，象脚草）*Haworthia maughanii* Poelln.

万象锦 *Haworthia maughanii* 'Variegata'

文乐 *Haworthia* 'Bunraku'

文乐 2

文乐正面

雾云 *Haworthia* 'Fog Cloud'

448

舞斗 *Haworthia truncata* 'Maito'

雾空 *Haworthia maughamii* 'Wukong'

五重塔（五重之塔）*Haworthia viscosa* Haw.

西瓜寿 *Haworthia magnifica* var. *atrofusca* (G. G. Sm.) M. B. Bayer

西瓜寿 2

西瓜寿正面

西瓜寿群生

西山寿 *Haworthia mutica* Haw. var. *nigra* M. B. Bayer

细雪 *Haworthia* 'Sasameyuki'

鲜明斑克锦 *Haworthia correcta* 'Senmei Nishiki'

象牙塔（象牙之塔）*H. tortuosa* (Haw.) Haw. var. *curta* (Haw.) Haw.

象牙塔白锦 *Haworthia tortuosa* var. *curta* 'Variegata Alba'

芦荟科

象牙塔锦（象牙塔黄锦）*Haworthia tortuosa* var. *curta* 'Variegata'

小人之座 *Haworthia chloracantha Haw.* var. *denticulifera (Poelln.) M. B. Bayer*

小疣寿（莫瑞莎）*Haworthia maraisii* Poelln.

写乐玉扇 *Haworthia truncata* 'Sharaku'

星空 *Haworthia* 'Hoshiku'

星瑞鹤 *Haworthia marginata* 'Stars'

十二卷属

451

星霜 *Haworthia musculina* G. G. Sm

星影锦 *Haworthia* 'Hoshikage Variegata'

星云锦 *Haworthia* 'Nebula Variegata'

星之林锦 *Haworthia reinwardtii* f. *archibaldiae* Poelln. 'Variegata'

雄姿域 *Haworthia limifolia* var. *gigantea* M. B. Bayer

雪国 *Haworthia maughanii* 'Yukiguni'

452

雪花寿 *Haworthia turgida* Haw. var. *suberecta* V. Poelln.

雪花玉露 *Haworthia cooperi* 'Snow Flake'

雪花玉露正面

雪花玉露群生

雪景色青蟹 *Haworthia* 'Yukigeshik'

雪景色青蟹 2

雪景色青蟹 3

雪景色青蟹 4

雪娘白银 *Haworthia emelyae* 'Xueniang'

雪娘白银锦 *Haworthia emelyae* 'Xueniang Variegata'

雪之里磨面（雪之礼）*Haworthia pygmaea* 'Yukinosato'

雪重之松 *Haworthia fasciata* 'Variegata'

芦荟科

雪重之松侧面

雪重之松正面

银春寿 *Haworthia* 'Silver Spring'

银凤 *Haworthia* 'Ginkuho'

银龟 *Haworthia* 'Gingame'

银之雫 *Haworthia* 'Ginnoshizuku'

十二卷属

樱水晶 *Haworthia cooperi* var. *picturata* (M. B. Bayer) M. B. Bayer

樱水晶 （御所樱，缨水晶，英水晶）2

樱水晶正面

樱水晶侧面

樱水晶群生

樱水晶锦 *Haworthia cooperi* var. *picturata* 'Variegata'

芦荟科

鹰爪十二卷（蝶兰）*Haworthia reinwardtii* (Salm-Dyck) Haw.

鹰爪十二卷 2

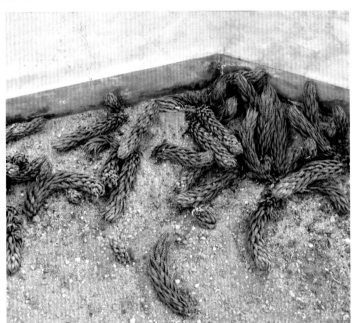

鹰爪十二卷配置 1

鹰爪十二卷配置 2

鹰爪十二卷（中）与龙城（左）和青瞳（右）配置

硬牡丹 *Haworthia decipiens* var. *xiphiophylla* (Baker) M. B. Bayer

十二卷属

硬叶水牡丹 *Haworthia setata* var. *gigas* (Poelln.) Poelln.

硬叶水牡丹 2

玉露 *Haworthia cooperi* Baker

玉露锦 *Haworthia cooperi* 'Variegata'

玉露 × 别系锦 *Haworthia cooperi* × *H. c.* var. *pilifera* 'Variegata'

玉露寿 *Haworthia cooperi* × *Haworthia retusa*

458

芦荟科

玉露寿锦 *Haworthia cooperi* × *Haworthia retusa* 'Variegata'

玉绿之光 *Haworthia affretuse* 'Variegata'

玉扇（截形瓦苇，截型十二卷）*Haworthia truncata* Schönland

玉万 *Haworthia truncata* × *Haworthia maughamii*

玉万锦 *Haworthia truncata* × *Haworthia maughamii* 'Variegata'

玉万锦侧面

原始冬之星座 *Haworthia pumila* (L.) Duval.

原始寿 *Haworthia retusa* (L.) Duval

圆头玉露（OB 玉露，钝叶玉露）*Haworthia obtusa* Haw.

圆头玉露锦 *Haworthia obtusa* 'Variegata'

圆头玉露锦 2

月光（康平 × 史朴）*Haworthia* 'Gekkou'

芦荟科

月亮女神 Haworthia 'Moon Goddess'

月明 Haworthia 'Moon Bright'

月石 Haworthia 'Moon Stone'

月影（克×康平）Haworthia 'Tsukikage'

月影正面

藻汐 Haworthia truncata 'Shiodome'

十二卷属

针头玉露（针管玉露）*Haworthia spechsii*

珍珠青蟹 *Haworthia splendens* 'Pearl'

珍珠白银 *Haworthia emelyae* 'Pearl'

珍珠白银正面

织姬克 *Haworthia correcta* 'Orihime'

芷寿 *Haworthia* 'Zhi'

462

芦荟科

朱雀青蟹 *Haworthia splendens* 'Syujaku'

祝宴锦 *Haworthia* × *cuspidata* 'Variegata'

紫宸殿（紫辰殿）*Haworthia* 'Shishinden'

紫肌玉露 *Haworthia obtusa* 'Murasaki-Hada'

紫禁城（紫金城）*Haworthia* 'Shikinjo'

紫青万象 *Haworthia maughamii* 'Purple Blue'

十二卷属

463

芦荟属 *Aloe* L.

形态特征：多年生草本。茎短或明显。叶肉质，呈莲座状簇生或有时二列着生，先端锐尖，边缘常有硬齿或刺。花葶从叶丛中抽出；花多朵排成总状花序或伞形花序；花被圆筒状，有时稍弯曲；通常外轮 3 枚花被片合生至中部；雄蕊 6，着生于基部；花丝较长，花药背着；花柱细长，柱头小。蒴果具多数种子。

种类分布：约 200 种，主要分布于非洲，特别是非洲南部干旱地区，亚洲南部也有分布。我国产 1 种。

生长习性：喜光，耐热。喜排水良好、不易板结的疏松土壤。可用一般土壤配以砂砾灰渣和腐叶草灰等。透气不良时易烂根坏死，过于砂质的土壤上生长不良。不耐寒冷。低于 0 ℃时会冻伤，5 ℃以下时停止生长。3 ~ 10 月为生长季节。不耐积水。

繁殖栽培：夏季约 10 d 浇水一次，秋季控制浇水，可喷水，土壤不可过湿，以免烂根。秋冬季节置于室内避风向阳处。生长旺盛期及时追肥，施肥可多次少量，不可沾污叶片。定期换盆保持土壤通气性，可促进根系发达，提高抗病能力。

观赏配置：可盆栽观赏。

阿穆芦荟 *Aloe amudatensis* Reynolds

阿穆芦荟花序

埃塞芦荟 *Aloe ankoberensis* M. G. Gilbert et Sebsebe

埃塞芦荟花序

芦荟科

巴氏芦荟（拟）*Aloe ballii* Reynolds

埃尔贡芦荟 *Aloe elgonica* Bullock

八宏殿 *Aloe arborescens* Mill. 'Variegata'

芦荟属

斑纹芦荟 *Aloe zebrina* Baker

斑纹芦荟花序

斑痕芦荟 *Aloe maculata* All.

棒花芦荟 *Aloe claviflora* Burch.

贝齐略芦荟 *Aloe betsileensis* H. Perrier

薄丘芦荟 *Aloe burgersfortensis* Reyn

芦荟科

扁叶短芦荟 *Aloe brevifolia* var. *depressa* (Haw.) Baker

变黄芦荟 *Aloe lutescens* Groenew

伯格斯堡芦荟（新拟）*Aloe burgersfortensis* Reynolds

不夜城芦荟 *Aloe nobilis* Baker

不夜城芦荟锦 *Aloe nobilis* 'Variegata'

布赫芦荟 *Aloe buchlohii* Rauh

芦荟属

467

草地芦荟 *Aloe* 'Pepe'

侧花芦荟 *Aloe secundiflora* Engl.

叉枝芦荟（新拟）*Aloe divaricata* Berger

春萌锦 *Aloe* sp.

脆芦荟 *Aloe fragilis* Lavranos et Röösli

长筒芦荟 *Aloe macrosiphon* Baker

468

芦荟科

大第可芦荟 *Aloe* sp.

大峰锦芦荟 *Aloe dessanda*

大树芦荟（树芦荟，贝恩斯芦荟，巨木芦荟，巴伯芦荟）*Aloe barberae* Dyer

大太刀锦 *Aloe camperi* Masson

戴尔芦荟 *Aloe dyeri* Schönland

帝王锦 *Aloe mulilis*

第可芦荟 *Aloe descoingsii* Reynolds

吊芦荟 *Aloe pendens* Forssk.

多花序芦荟 *Aloe divaricata* A. Berger

多杈芦荟（多枝芦荟）*Aloe ramosissima* Pillans

多杈芦荟配置

470

恩戈芦荟 *Aloe ngobitensis* Reynolds

二歧芦荟（两歧芦荟） *Aloe dichotoma* Masson

非哈拉芦荟 *Aloe* 'Not Harlana'

翻叶芦荟 *Aloe recurvifolia* Groenew.

非洲芦荟 *Aloe africana* Mill.

芦荟属

翡翠殿 *Aloe juvenna* Brandham et S. Carter

粉绿芦荟 *Aloe glauca* Mill.

高芦荟（针仙人）*Aloe excelsa* A. Berger

古城芦荟 *Aloe castellorum* J. R. I. Wood

光缘芦荟 *Aloe freurentinorum*

广叶不夜城 *Aloe mitriformis* Mill.

芦荟科

鬼切芦荟（麦芦荟）*Aloe marlothii* Berger

海虎兰 *Aloe × delaetii*

哈迪芦荟 *Aloe hardyi* Glen

哈迪芦荟花序

每伦芦荟 *Aloe helenae* Danguy

海滨芦荟 *Aloe littoralis* (L.) Burm. f.

芦荟属

何明芦荟（新拟）*Aloe hemmingii* Reynolds et Bally

何氏芦荟（新拟）*Aloe hemmingii* Reynolds et Bally

好味芦荟 *Aloe esculenta* L. C. Leach

芦荟科

环翠楼 *Aloe fleurentiniorum*

黑魔殿（黑磨殿）*Aloe erinacea* D. S. Hardy

黑太刀 *Aloe cryptopoda* Baker

芦荟属

黑刺芦荟 *Aloe melanacantha* Berger

红穗芦荟 *Aloe porphyrostachys* Lavranos et Collen.

极乐鸟（砂地芦荟）*Aloe arenicola* Reynolds

姬干代田锦 *Aloe variegata* 'Mini'

花叶三隅锦芦荟 *Aloe deltoideodonta* Baker 'Variegata'

尖刺芦荟 *Aloe acutissima* H. Perrier

芦荟科

巨刺芦荟 *Aloe megalacantha* Baker

近缘芦荟（新拟）*Aloe affinis* A. Berger

库拉索芦荟 *Aloe vera* (L.) Burm. f

克东芦荟 *Aloe kedongensis* Reynolds

开卷芦荟 *Aloe suprafoliata* Pole-Evans

芦荟属

蓝芦荟 *Aloe glauca* Mill.

劳氏芦荟（白斑芦荟）*Aloe rauhii* Reynolds

莱茨芦荟 *Aloe reitzii* Reynolds

莱蒂芦荟 *Aloe lettyae* Reynolds

里维芦荟 *Aloe rivierei* Lavranos et L. E. Newton

栗褐芦荟 *Aloe castanea* Schönland

芦荟科

流苏叶芦荟 *Aloe lomatophylloides* Balf. f.

龙山芦荟 *Aloe brevifolia* Mill.

龙山芦荟锦 *Aloe brevifolia* 'Variegata'

芦荟属

479

姬龙山芦荟锦 *Aloe brevifolia* 'Little Variegata'

螺旋芦荟（多叶芦荟，女王芦荟，旋转芦荟）*Aloe polyphylla* Pillans

马恩锦 *Aloe voambe*

麦氏芦荟（洛氏芦荟）*Aloe mcloughlinii* Chistian

毛花芦荟 *Aloe trichosantha* P. J. Bergius

默登芦荟 *Aloe mudenensis* Reynolds

芦荟科

木锉芦荟 Aloe humilis Mill.

木立芦荟 Aloe arborescens Mill.

木立芦荟花序

木立芦荟锦 Aloe arborescens 'Variegata'

南阿拉伯芦荟 Aloe austroarabica T. A. McCoy et Lavranos

女王锦（小芦荟）Aloe parvula Berger

芦荟属

皮尔兰斯芦荟 *Aloe pillansii* (L.) Guthrie

漂摇芦荟 *Aloe vacillans* Forssk.

奇丽芦荟 *Aloe spectabilis* Reynolds

千代田锦 *Aloe variegata* L.

482 　　　　芦荟科

俏芦荟 Aloe jucunda Reyn

切兰芦荟 Aloe cheranganiensis S. Carter et Brandham

青鳄芦荟（好望角芦荟，开普芦荟）Aloe ferox Mill.

青鬼城芦荟 Aloe × spinosissima Jahand.

沙博芦荟 Aloe chabaudii Schönland

三隅锦芦荟 Aloe deltoideodonta Baker

芦荟属

483

砂丘芦荟 *Aloe thraskii* Baker

珊瑚芦荟 *Aloe striata* Haw.

扇叶芦荟 *Aloe plicatilis* (L.) Mill

蛇尾锦 *Aloe greatheadii* Schönland var. *davyana* Glen et Hardy

圣诞芦荟 *Aloe Christmas* Carol

芦荟科

石玉扇 *Aloe lineata* Haw.

索马里芦荟 *Aloe somaliensis* Will. Watson

树形芦荟 *Aloe vaombe* Decorse et Poisson

狮子锦 *Aloe broomii* Schönland

石地芦荟 *Aloe rupestris* Baker

芦荟属

索赞芦荟 *Aloe suzannae* Decary

塔影锦 *Aloe dawei* A. Berger

糖蜜花芦荟（新拟）*Aloe alooides*（Bolus）Rauh

条纹芦荟 *Aloe striata karasbergensis* Pillars

铜丽芦荟 *Aloe* 'Bronza Beauty'

芦荟科

头花芦荟 *Aloe capitata* Baker

王刺锦 *Aloe aculeata* Pole-Evans

弯曲芦荟 *Aloe recurvata*

芦荟属

维勘芦荟 *Aloe viacanuata*

蜥蜴芦荟 *Aloe* sp.

喜芦荟 *Aloe jucunda* Reynolds

纤毛芦荟 *Aloe ciliaris* Haw.

细茎芦荟 *Aloe ciliaris* Haw.

芦荟科

小苞芦荟 *Aloe parvibracteata* Schönland

辛卡特芦荟 *Aloe sinkatana* Reynolds

艳丽芦荟 *Aloe hexapetala* Salm-Dyck

伊碧提芦荟 *Aloe ibitiensis* H. Perrier

亚历山大芦荟（新拟）*Aloe alexandrei* Ellert

雪女王芦荟 *Aloe albifolia*

芦荟属

疑芦荟 *Aloe confusa* Engl.

疑芦荟花序

异色芦荟 *Aloe versicolor* Guillaumin

隐柄芦荟 *Aloe cryptopoda* Baker

隐柄芦荟 × 木立芦荟 *Aloe cryptopoda* × *Aloe arborescens*

芦荟科

银芳锦 *Aloe striata* Haw.

优雅芦荟 *Aloe elegans* Tod.

硬齿芦荟（新拟）*Aloe aaegeodonta* L. E. Newton

玉米糖芦荟 *Aloe* 'Candy Corn'

圆锥芦荟 *Aloe conifera* H. Perrier

芦荟属

491

皂质芦荟 *Aloe saponaria* (Aiton) Haw.

芦荟科

皂质芦荟锦 *Aloe saponaria* 'Variegata'

珠芽芦荟 *Aloe globuligemma* Pole-Evans

中华芦荟（斑纹芦荟，中国芦荟）*Aloe chinensis* (Haw.) Baker

壮丽芦荟 *Aloe lavranosii* Reynolds

芦荟属

鲨鱼掌属 *Gasteria* Duval

又名厚舌草属或脂麻掌属，其拉丁文名称 *Gasteria* 来源于拉丁文 "gaster"（胃），因其花形状像胃。英文名称有 ox-tongue，cow-tongue，lawyer's tongue，mother-in-law's tongue。部分种类可与芦荟属植物杂交。

形态特征：叶肉质，舌形，厚而硬。花序单生，弯曲，花形状像胃。常春季和夏季开花。

种类分布：多数原产于南非东开普省。

生长习性：喜排水良好的砂质土壤和轻微遮阳。

繁殖栽培：分株、扦插或播种繁殖，叶插易生根。浇水过多易得根腐病。

观赏配置：可盆栽观赏。

GM-388（产地种）*Gasteria* 'GM-388'

爱拉菲 *Gasteria ellaphieae* van Jaarsv.

爱勒巨象 *Gasteria pillansii* Haw. var. *varnesti-ruschii* (Dinter) van Jaarsv.

暗牛（旋叶卧牛，赤不动）*Gasteria excelsa* Baker

巴耶里短叶鲨鱼掌（新拟）*Gasteria brachyphylla* var. *bayeri* van Jaarsv.

芦荟科

白点卧牛龙 Gasteria 'White Dots'

白金鲨鱼掌（新拟）Gasteria 'Platinum'

白青龙锦 Gasteria 'Variegata Green Dragon'

白纹卧牛（新拟）Gasteria armstrongii 'Albo-line'

白星龙 Gasteria carinata (Mill.) Duval var. verrucosa (Mill.) van Jaarsveld

白云卧牛 Gasteria nitida 'White Cloud'

鲨鱼掌属

比兰西卧牛（巨象）*Gasteria pillansii* Kensit

比兰西卧牛锦 *Gasteria pillansii* 'Variegata'

碧琉璃恐龙卧牛 *Gasteria armstrongii* 'Dinosaur Nudum'

弁庆鲨鱼掌 *Gasteria* sp.

碧琉璃卧牛 *Gasteria armstongii* 'Nudum'

碧琉璃卧牛锦 *Gasteria armstongii* 'Nudum Variegatum'

芦荟科

波利塔鲨鱼掌（新拟）*Gasteria polita* van Jaarsv

柴山特选巾广优级型卧牛 *Gasteria armstrongii* 'Tongo'

超巾广厚叶优型卧牛 *Gasteria armstrongii* 'Super Tongo Thick Leaf'

春莺啭 *Gasteria batesiana* Rowley

春莺啭锦 *Gasteria batesiana* 'Variegata'

鲨鱼掌属

达摩卧牛 *Gasteria armstrongii* 'Mini'

达摩卧牛锦 *Gasteria armstrongii* 'Mini Variegata'

大叶牛脷 *Gasteria fuscoopunctata* Baker

大型特选巾广厚叶白卧牛 *Gasteria armstrongii* 'Tongo Thick Leaf'

大疣蜗牛 *Gasteria armstrongii* 'Renny's Oibo'

大疣蜗牛锦 *Gasteria armstrongii* 'Renny's Oibo Variegata'

498

芦荟科

短剑叶鲨鱼掌 *Gasteria acinacifolia* (J. Jacq.) Haw.

短叶巨象 *Gasteria brevifolia* Haw.

短叶比兰西锦 *Gasteria pillansii* 'Variegata Short Leaf'

短叶鲨鱼掌（新拟）*Gasteria brachyphylla* (Salm-Dyck) van Jaarsv.

钝叶青龙刀 *Gasteria ernesti-ruschii* Dinter et Poelln.

钝叶子宝锦（新拟）*Gasteria obtusa* (Salm-Dyck) Haw. 'Variegata'

鲨鱼掌属

499

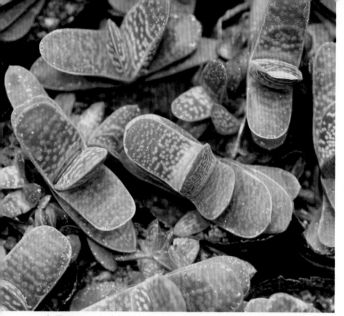

多雷尼亚子宝（新拟）*Gasteria doreeniae* van Jaarsv.

粉子宝 *Gasteria gracilis* 'Pink'

富士子宝锦（富士小宝锦）*Gasteria* 'Fuji-Kodakara Variegata'

冈野超巾广艳肌厚叶优型卧牛 *Gasteria armstrongii* cv.

美铃富士（特）*Gasteria* cv.

墨鉾（二色鲨鱼掌）*Gasteria bicolor* (L.) Haw.

芦荟科

黑岳锦（墨斑）*Gasteria* cv.

黑牛 *Gasteria lutzii* Poelln.

黑童子（黑少年，黑童）*Gasteria* 'Black Boy'

横星纹鲨鱼掌（新拟）*Gasteria carinata* cv.

鲨鱼掌属

虎之卷（虎子卷）*Gasteria gracilis* Baker

荒矶松 *Gasteria* cv.

灰鲨鱼掌（新拟）*Gasteria glauca* van Jaarsv.

黄灰鲨鱼掌（新拟）*Gasteria glauca* × *Gasteria glomerata* van Jaarsv.

矶松卧牛（松矶卧牛）*Gasteria gracilis* cv.

矶松卧牛白锦 *Gasteria gracilis* 'Albo-variegata'

芦荟科

姬子宝 *Gasteria gracilis* 'Mini'

姬子宝锦 *Gasteria gracilis* 'Mini Variegata'

巾广大型小宝 *Gasteria gracilis* 'Mini' cv.

巾广特黑艳肌卧牛 *Gasteria armstrongii* cv.

锦纱子宝 *Gasteria gracilis* 'Jinsha Variegata'

孔雀扇 *Gasteria acinacifolia* cv.

鲨鱼掌属

503

恐龙卧牛锦 *Gasteria pillansii* 'Kyouryu Variegata'

恐龙卧牛 *Gasteria pillansii* 'Kyouryu'

里鲨鱼掌 *Gasteria* 'Li'

里鲨鱼掌锦 *Gasteria* 'Li Variegata'

芦荟科

蓝牟（蓝钵，蓝矛）*Gasteria baylissiana* Rauh

流星云卧牛 *Gasteria* 'Stream Nebula'

琉璃宝殿 *Gasteria nitida* (Salm-Dyck) Haw.

螺旋恐龙 *Gasteria pillansii* 'Kyouryu Spiral'

螺旋蜗牛 *Gasteria armstrongii* 'Spiral'

绿冰 *Gasteria* 'Green Ice'

鲨鱼掌属

505

绿精灵 Gasteria 'Green Elf'

麻卧牛锦 Gasteria armstrongii 'Variegata' cv.

玛瑙殿 Gasteria neliana Poelln. 'Variegata'

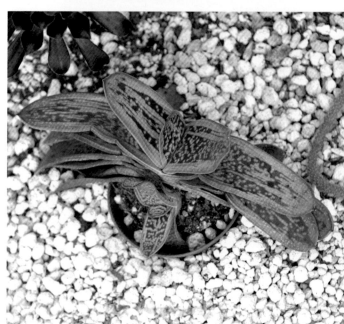

美玲子宝 Gasteria gracilis 'Albivaregata'

美铃富士（特）Gasteria cv.

密点卧牛 Gasteria ellaphieae van Jaarsv.

芦荟科

牛脷 *Gasteria excavata* (Willd.) Haw.

牛脷花 *Gasteria pillansii* 'Kyouryu Spiral'

牛脷锦 *Gasteria excavata* 'Variegata'

奶油子宝（奶叶子宝）*Gasteria gracilis* 'Variegata'

鲨鱼掌属

麒麟角 *Gasteria* 'Aveo'

青皮卧牛 *Gasteria armstrongii* 'Qingpi'

青龙刀 *Gasteria disticha* (L.) Haw.

日本大卧牛 *Gasteria armstongii* 'Major'

鲨鱼掌 *Gasteria verrucosa* (Mill.) H. Duval

芦荟科

圣牛 *Gasteria armstrongii* cv.

王春殿 *Gasteria* cv.

王妃卧牛 *Gasteria armstrongii* 'Compacta'

卧牛（蜗牛）*Gasteria armstrongii* Schönland

卧牛锦（蜗牛锦）*Gasteria armstrongii* 'Variegata'

卧牛龙 *Gasteria* cv.

鲨鱼掌属

卧牛龙锦 *Gasteria* 'Variegata' cv.

卧象 *Gasteria* cv.

卧象锦 *Gasteria* 'Variegata' cv.

狭叶青龙刀 *Gasteria* sp.

鲜明浓黄斑洒井伊达卧牛锦 *Gasteria* cv.

香橼（新拟）*Gasteria* 'Citron'

510

象牙子宝 *Gasteria* 'Zougeg Kodakara'

小龟姫 *Gasteria liliputana* cv.

小青龙刀 *Gasteria liliputana* Poelln.

小疣鲨鱼掌 *Gasteria* 'Little Warty'

星鲨 *Gasteria excelsa* 'Cala'

秀丽孔雀扇（新拟）*Gasteria acinacifolia* var. *venusta* (Haw.) Baker

鲨鱼掌属

雪花蜗牛（白斑蜗牛）*Gasteria* 'Snowflake'

杂交春莺转卧 *Gasteria batesiana*

照姬 *Gasteria laetipunctata* Haw.

子宝（小宝）*Gasteria gracilis* 'Minima'

子宝群生

子宝锦（小宝锦）*Gasteria gracilis* 'Minima Variegata'

芦荟科

松塔掌属 *Astroloba* Uitewaal

本属拉丁文名称来源于拉丁文 "astron"（星状）和 "lobus"（裂片），意思是花瓣呈星形。

形态特征：几乎无茎，丛生状，易群生；叶坚硬，有些被白粉或散状疣点；叶先端都具有坚硬的刺状尾巴；总状花序，花小，排列密集；小花梗直立；花沿短。

种类分布：7 种。产于南非干旱地区。

生长习性：喜干燥环境和排水良好的土壤。栽培时生长慢，侧芽少。栽培时叶下部极易干枯或枯萎，仅先端翠绿。

繁殖栽培：分株或播种繁殖。

观赏配置：可温室或室内盆栽观赏。

比卡雷娜 *Astroloba bicarinata* (Haw.) Uitewaal

银角（白肌赤耳）*Astroloba* 'Gintsuno'

银角配置

松塔掌属

鳞芹属 *Bulbine* Wolf

本属拉丁文名称 *Bulbine* 来自拉丁 "bolbine"（鳞茎）。本属常见品种有两类：一类为叶肥厚，块根状，常见的有块根寿（*Bulbine haworthioides*）等，其叶面与十二卷属寿类的形态近似；另一类花色彩斑斓，叶似芹菜，如鳞芹（*Bulbine frutescens*），欧洲常作地被花卉栽培。

形态特征：一年生或多年生草本，具鳞片状茎或肥厚的根。易群生，花色多为白色、黄色、橘黄色或橘红等。

种类分布：150 多种，主产于非洲西南部。

生长习性：喜疏松、排水好的土壤。喜欢凉爽气候，温度 35 ℃以上时易腐烂，夏季应通风，不可淋雨。

繁殖栽培：分株或播种繁殖。播种繁殖的个体具肥厚根系；分株繁殖的根部变小，不具块根。

观赏配置：可盆栽观赏。

葱芦荟 *Bulbine cremnophila* van Jaarsv.

佛座箍（玉翡翠）*Bulbine mesembryanthoides* Haw. subsp. *namaquensis* G.Will.

韭芦荟（鳞芹）*Bulbine frutescens* (L.) Willd.

韭芦荟花序

514

元宝掌属 × *Gasteraloe* Guillaumin

元宝掌属由芦荟属（*Aloe*）和鲨鱼掌属（*Gasteria*）杂交而来。

形态特征：多年生肉质草本。叶丛莲座状，排列紧凑。叶深绿色，三角形，先端尖，基部宽，叶背有骨突，布满白齿状小硬疣。花序长，花基部红色，先端绿色似鲨鱼掌。

种类分布：常见栽培种类有4种。

生长习性：喜温暖干燥和阳光充足环境。稍耐寒，耐干旱和半阴，不耐水湿和强光暴晒。宜肥沃、疏松和排水良好的砂质壤土。

繁殖栽培：播种繁殖。

观赏配置：可温室或室内盆栽观赏。

宝蓑（绫蓑）× *Gasteraloe beguinii* var. *perfectior*

波露（波路，绫锦）*Aloe aristata* var. *montana* × *Gasteraloe beguinii*

长尾雉鸡尾 × *Gasteraloe geguinii* 'Long Tail'

雉鸡尾 *Aloe aristata* × *Gasteria verrucosa*

番杏科
Aizoaceae

番杏科属植物种类繁多，形态独特，色彩斑斓，可盆栽观赏。喜凉爽干燥和阳光充足，喜温暖，极耐旱，不耐水湿。扦插、分株或播种繁殖。

形态特征：一年生或多年生草本，或为半灌木。茎直立或平卧。单叶对生、互生或假轮生，有时肉质，有时细小，全缘，稀具疏齿；托叶干膜质，先落或无。花两性，稀杂性，辐射对称，花单生、簇生或聚伞花序；单被或异被，花被片5枚，稀4枚，分离或基部合生，宿存，覆瓦状排列，花被筒与子房分离或贴生；雄蕊3～5枚或多数（排成多轮），周位或下位，分离或基部合生成束，外轮雄蕊有时变为花瓣状或线形，花药2室，纵裂；花托扩展成碗状，常有蜜腺，或在子房周围形成花盘；子房上位或下位，心皮2、5个或多数，合生成2室至多室，稀离生，花柱同心皮数，胚珠多数，稀单生，弯生、近倒生或基生，中轴胎座或侧膜胎座。蒴果或坚果状，有时为瘦果，常为宿存花被包围；种子具细长弯胚，包围粉质胚乳，常有假种皮。

种类分布：约130属1 200种，主产于非洲南部，其次在大洋洲，有些分布于整个热带至亚热带干旱地区，少数为广布种。我国有7属，约15种。

生石花属 *Lithops* N. E. Br.

拉丁文名称 *Lithops* 是希腊文 "Lithos"（石）和 "ops"（外观）组成，最早的中文名为石观，又叫石头玉或象蹄，被喻为有生命的石头。它的形态和色泽与周边的石砾相似，可避免食草动物的啃食。

形态特征：植株矮小。叶肉质，2枚，对生，顶端中央有深而长的裂缝，表皮硬，色彩多变，顶部具平坦截面，有各种颜色的花纹和斑点，部分种类顶部透明。花从裂缝中生出。

种类分布：约80种，多分布于非洲西南部的纳米比亚大西洋沿岸和南非北部奥兰治河流域，少数分布于博茨瓦纳南部。常见于山顶或平原的岩床裂隙或砾石沙土中。

生长习性：极耐旱，其原生地夏季非常干燥。常夏天休眠，植株萎缩，并埋覆于砾石沙土之中或仅植株顶面接受光照。雨季恢复生长，开花和结果。

繁殖栽培：播种繁殖。种子细小如灰尘，幼苗极相似。

观赏配置：形态独特，色彩斑斓，可盆栽观赏。

爱爱玉（C224）Lithops karasmontana var. aiaisensis (de Boer) D. T. Cole

爱纱玉（C214）L. marmorata var. elisae (de Boer) D.T. Cole

艾米玉（C410）Lithops amicorum D. T. Cole

奥普琳娜花纹玉（新拟）Lithops karasmontana 'Opalina'

宝留玉（C015）Lithops lesliei (N. E. Br.) N. E. Br. var. hornii de Boer

宝翠玉（C202）Lithops divergens L. Bolus

生石花属

517

白花小型紫薰（C006A）*Lithops lesliei* var. *minor* 'Witblom'

白花黄紫薰（白花紫薰）（C036A）*Lithops lesliei* 'Albinica'

白蜡石（C097）*Lithops pseudotruncatella* var. *riehmerae* D. T. Cole

白花碧琉璃（C132A）*Lithops terricolor* N. E. Br.

白花黄日轮玉 *Lithops aucampiae* 'White Flower'

白曲（C239, C244）*L. pseudotruncatella* ssp. *groendrayensis* (H.Jacobsen) D.T.Cole

518

番杏科

白花太阳玉（C392）*Lithops aucampiae* L. Bolus

白磁细线弁天玉 *Lithops lesliei* var. *venteri* 'Thin Lines'

碧琉璃（C345a）*Lithops terricolor* 'Speckled Gold'

碧赐玉（C074）*Lithops vallis-mariae* (Dinter et Schwantes) N. E. Br.

碧胧玉（C083）*Lithops urikosensis* Dinter

弁天玉（C001）*Lithops lesliei* var. *venteri* (Nel) de Boer et Boom

生石花属

巴里玉（C052）*Lithops hallii* de Boer

冰橙玉 *Lithops* 'Orange Ice'

茶巴里玉（C136）*Lithops hallii* cv.

茶福来玉（C179）*L. julii* ssp. *fulleri* (N. E. Br.) B. Fearn var. *brunnea* de Boer

赤阳玉(C016)*Lithops acucampiae* var. *koelemanii* (de Boer) D.T.Cole

赤褐富贵玉（C154）*Lithops hookeri* var. *marginata* (Nel) D. T. Cole

番杏科

春雏玉（C068）*Lithops pseudotruncatella* (A. Berger) N. E. Br.

春光玉 *Lithops* 'Spring Scenery'

翠娥（C388）*Lithops steineckeana* Tischer

彩妍玉（彩研玉）（C396）*Lithops coleorum* S. A. Hammer et R. Uijs

传法玉（C230a）*Lithops villetii* subsp. *deboeri* (Schwantes) D. T. Cole

窗露美玉（窗富贵玉）（C156）*L. hookeri* var. *subfenestrata*

生石花属

521

大津绘（C128）*Lithops otzeniana* Nel

大内玉（C290）*Lithops optica* (Marloth) N. E. Br.

大宝玉（C085）*Lithops hookeri* var. *dabneri* (L. Bolus) D. T. Cole

大窗绿紫勋（绿宝石）*Lithops lesliei* 'Big Window Green'

多点神笛（C326）*Lithops dinteri* subsp. *multipunctata*

粉色碧琉璃 *Lithops terricolor* 'Pinky'

番杏科

弗雷德氏神笛玉 (C180)*Lithops dinteri* subsp. *frederici* (D. T. Cole) D. T. Cole

福来夫人 *Lithops fullerii* 'Lady'

福来玉（C056a）*Lithops fullerii* Schwan

福音玉（C071）*Lithops pseudotruncatella* subsp. *dendritica* (Nel) D. T. Cole

福寿玉（C082）*L. karasmontana* ssp. *eberlanzii* (Dinter et Schwantes) D.T.Cole

富贵玉（C023）*Lithops hookeri* (A. Berger) Schwantes

生石花属

粉色茧形玉（C360）*Lithops marmorata* 'Pink'

橄榄玉（C109）*Lithops olivacea* L. Bolus

古典玉（C371）*Lithops francisci* L. Bolus

光丽典玉（新拟）（C160）*Lithops verruculosa* var. *glabra* de Boer

光阳玉（C048）*L. aucampiae* subsp. *euniceae* (de Boer) D. T. Cole

盖布瑟氏招福玉（C271）*L. schwantesii* ssp. *gebseri* (de Boer) D. T. Cole

番杏科

红菊水玉（C272a）*Lithops meyeri* 'Hammer Ruby'

红大内玉（C081a, 287）*Lithops optica* 'Rubra'

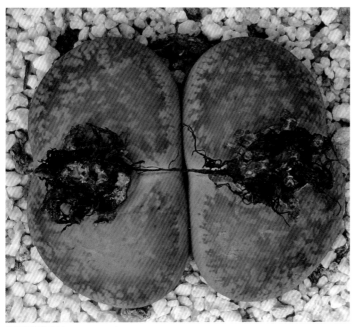

红日轮玉 *Lithops aucampiae* cv.

红花纹玉 *Lithops karasmontana* 'Rubra'

红玉（C100）*Lithops pseudotruncatella* 'Rubra'

红唇玉 *Lithops karasmontana* 'Lateritia'

生石花属

525

红橄榄玉 Lithops olivacea var. nebrownii D. T. Cole 'Red Olive'

红窗寿丽玉（红窗玉，红窗福来玉，纹密窗） L. julii ssp. fulleri 'Kosogyoku'

红窗花纹玉（红窗玉） Lithops karasmontana 'Top Red'

黄花黄紫薰（黄花紫薰）（C036b） Lithops lesliei 'Storms's Albinigold'

黄露美玉（C038） Lithops hookeri var. lutea cv.

黄鸣弦玉（C362） Lithops bromfieldii var. insularis 'Yellow'

番杏科

黄微纹玉（黄金微纹玉）*Lithops fulviceps* f. aurea Y. Shimada

黄肌丽红玉 *Lithops dorotheae* 'Yellow Skin'

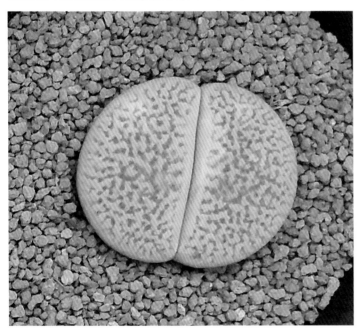

黄巴里玉（C111a）*Lithops hallii* var. *ochracea* 'Green Soapstone'

黄富贵玉（C038）*Lithops hookeri* var. *lutea* (de Boer) D. T. Cole

辉煌蛇纹玉（辉煌蛇斑玉）*Lithops herrei* 'Splendido'

辉耀玉（C116, 382, 393）*L. bromfieldii* var. *glaudinae* (de Boer) D. T. Cole

生石花属

花纹玉（C065, 169, 223, 262, 317, 327, 328）*Lithops karasmontana*

荒玉（C309, 367, 373, 374, 385, 385a）*Lithops gracilidelineata* Dinter

花轮玉（C078）*L. gesinae* de Boer var. *annae* (de Boer) D. T. Cole

琥珀玉（C143a, 108, 285, 295）*L. karasmontana* subsp. *bella* (N.E.Br.) D.T.Cole

褐色富贵玉 *Lithops hookeri* cv.

黑耀玉（黑曜玉）(C192)*L. schwantesii* Dinter var. *rugosa* (Dinter) de Boer et Boom

臼典玉（C194, 195）*Lithops villetii* L. Bolus

菊水玉（C212, 272, 273）*Lithops meyeri* L. Bolus

菊化石（奔驰）*Lithops* 'Kikukaseki'

生石花属

菊纹章 *Lithops* 'Kikusiyo Giyoku'

茧形玉（C163，C305）*Lithops marmorata* (N. E. Br.) N. E. Br.

肯尼迪臼典玉（C123）*L. villetii* ssp. *kennedyi* (de Boer) D. T. Cole

孔班玉（C006）*Lithops aucampiae* cv.

乐地玉（C222）*Lithops fulviceps* var. *lactinea* D. T. Cole

丽春玉（C131）*Lithops terricolor* cv.

番杏科

李夫人（C034）*Lithops salicola* L. Bolus

流水日轮玉 *Lithops aucampiae* subsp. *euniceae* var. *fluminalis* D. T. Cole

丽典玉 (C095, 120, 157, 159, 178, 196, 198, 200b, 229b) *Lithops verruculosa* cv.

丽虹玉（C124）*Lithops dorotheae* Nel.

留蝶玉（C101, 240, 316, 387）*Lithops ruschiorum* (Dinter et Schwantes) N. E. Br.

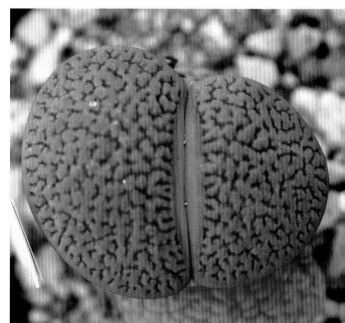

露美玉（C112）*Lithops hookeri* cv.

生石花属

露花玉（C133）*Lithops terricolor* cv.

绿肥皂石（新拟）*Lithops hallii* var. *ochracea* 'Green Soapstone'

绿李夫人（C351a）*Lithops salicola* 'Malachite'

绿神笛玉（C206a）*Lithops dinteri* 'Dintergreen'

绿紫薰（C020）*Lithops lesliei* 'Green'

绿茧形玉 *Lithops marmorata* cv.

番杏科

美梨玉（C127）*Lithops viridis* H. A. Lückh.

美熏玉（C168）*Lithops karasmontana* N. E. Br.

鸣弦玉（C043）*Lithops bromfieldii* var. *insularis* (L. Bolus) B. Fearn

摩利玉（C141）*Lithops lesliei* var. *mariae* D. T. Cole

玛瑙玉（C187）*L. pseudotruncatella* var. *elisabethiae* (Dinter) de Boer et Boom

璐琳玉（C304）*Lithops naureeniae* D. T. Cole

生石花属

浓赤富贵玉 Lithops hookeri 'Dense Red'

拿铁咖啡（C309a）Lithops gracilidelineata 'Café au Lait'

鸥翔玉（C039, 059, 098, 111, 142a）Lithops hallii var. ochracea (de Boer) D. T. Cole

雀卵玉（C044, 283）L. bromfieldii var. mennellii (L. Bolus) B. Fearn

青瓷玉 Lithops helmutii L. Bolus

曲玉（C068, 099, 100, 306, 315, 381）*Lithops pseudotruncatella* cv.

日轮玉（C011, 061, 172, 255, 325, 334, 366, 382, 395）*L. aucampiae* cv.

瑞光玉（C357）*Lithops pseudotruncatella* subsp. *dendritica* cv.

深窗玉（C086）*Lithops salicola* cv.

圣典玉（C058）*Lithops marmorata* cv.

蛇纹玉（澄清玉，蛇斑玉）（C213, 235, 355, 361）*Lithops herrei* L. Bolus

神笛玉（C206）*Lithops dinteri* Schwantes

珊瑚玉（C168）*Lithops hookeri* var. *susannae* (A. Berger) Schwantes

寿丽玉（C063，064，205，218，297，297a，349）*Lithops julii*

双眸玉（双瞳玉）（C232）*Lithops geyeri* Nel

太古玉（C377）*Lithops comptonii* L. Bolus

天来玉（C222）*Lithops fulviceps* var. *lactinea* cv.

番杏科

微纹玉（C170, 219, 220, 221, 266, 278, 284）*Lithops fulviceps* N. E. Br.

丸贵玉（C035, 053, 088, 137, 155, 338, 390）*L. hookeri* var. *marginata* cv.

网目寿丽玉（C064）*Lithops julii* (Dinter et Schwantes) N. E. Br. *cv.*

网目李夫人 *Lithops salicola* cv.

苇胧玉（C189）*Lithops gracilidelineata* var. *waldroniae* de Boer

纹章玉（C182）*Lithops karasmontana* var. *tischeri* D. T. Cole

生石花属

舞岚玉（C383, 394）*Lithops gracilidelineata* subsp. *brandbergensis*

夕烧巴里玉 *Lithops hallii* cv.

狭微纹玉（新拟）（C412）*L. fulviceps* var. *laevigata* D. T. Cole

小型紫薰 *Lithops lesliei* var. *minor* de Boer

绚烂玉（C148）*Lithops marthae* Loesch et Tischer

惜春玉（C084, 268）*Lithops dinteri* var. *brevis* (L. Bolus) B. Fearn

伊那玉（C201, 270, 356）*Lithops divergens* var. *amethystina* de Boer

氪氩玉（C092, 093）*Lithops hookeri* var. *elephina* (D. T. Cole) D. T. Cole

源氏玉（C207, 406）*Lithops gesinae* de Boer

云映玉（雪映玉）（C188）*Lithops werneri* Schwantes et H. Jacobsen

伊那玉（C095）*Lithops verruculosa* Nel

阴月玉（C054）*Lithops aucampiae* subsp. *euniceae* var. *fluninalis* cv.

生石花属

珍妮的白珍珠 Lithops geyeri 'Hillii Jenny's White Pearl'

珍珠晕宝翠玉 Lithops divergens 'Pearl Blush'

真理玉（C141, 152）Lithops lesliei var. mariae cv.

朱唇玉 Lithops karasmontana 'Summitatum'

朱弦玉（朱玄玉）(C193, 267, 329) L. lericheana Dinter et Schwantes

柘榴玉（石榴玉）（C040, 041, 279, 348, 368）Lithops bromfieldii L. Bolus

番杏科

紫粉玉（C271）*Lithops helmutii* cv.

藏人玉（C244）*L. pseudotruncatella* ssp. *groendrayensis* cv.

藏人玉（C017, 204）*Lithops pseudotruncatella* subsp. *groendrayensis* cv.

招福玉（施氏生石花）（C076, 190, 265, 407）*Lithops schwantesii* Dinter

紫石榴玉 *Lithops bromfieldii* 'Purple'

紫勋（紫薰）（C007, 010, 018, 026, 115, 139, 341, 358, 359）*Lithops lesliei*

生石花属

541

肉锥花属 *Conophytum* N. E. Br.

肉锥花属拉丁文名称 *Conophytum* 来自拉丁文的 "conus"（圆锥体）和希腊文的 "phytum"（植物）。

形态特征：小型种类。植株球状或倒圆锥体，无茎。叶肉质，2 枚，对生，暗绿、翠绿或黄绿色，顶面有裂缝，部分品种叶具花纹或斑点。花从裂缝中长出，花径 0.8～3 cm，白色、黄色、橙色、粉红色、红色或紫红色等，花期秋季或冬季，常在天气晴朗、阳光充足的白天开放，傍晚闭合，阴雨天或光线不足时不易开花。部分品种有芳香或花在夜晚开放。

种类分布：400 多种，多数产于南非。从肉质叶侧面来看大致可分为球形、鞍形和铗形等三类。球形类，裂口不明显，顶部中央有一短的浅沟，植株成为球状、扁球状或陀螺状，如清姬、雨月和小纹玉等；鞍形类，裂口明显，宽而不深，两边凸起部分圆钝，如群碧玉、口笛和阿多福等；铗形类（剪刀形类），裂口较深，两边耸起较高且多为圆锥形，如少将、舞子和小公主等。

生长习性：喜凉爽干燥和阳光充足，怕酷热和水涝，耐干旱，不耐寒冷。生长期短，生长慢。

繁殖栽培：繁殖困难，常播种繁殖。

观赏配置：种类繁多，形态奇特，引人注目，可盆栽观赏。

阿娇 *Conophytum mundum* N. E. Br.

安珍 *Conophytum minimum* (Haw.) N. E. Br. 'Wittebergense'

奥薇菩萨 *Conophytum ovipressum*

白雪姬 *Conophytum* 'Sirayukihime'

番杏科

白鸠 *Conophytum ramosum* Lavis

不易玉 *Conophytum taylorianum* (Dinter et Schwantes) N. E. Br.

滨千鸟 *Conophytum praecox* N. E. Br.

雏鸟 *Conophytum velutinum* Schwantes

春傅玉（绢光玉）*Conophytum turrigerum* (N. E. Br.) N. E. Br.

春雨（樱花贝，樱贝）*Conophytum springbokense* N.E.Br.

肉锥花属

翠光玉 *Conophytum pillansii* Lavis ex L. Bolus

翠星 *Conophytum subfenestratum* Schwantes

翠卵 *Conophytum minusculum* (Schwantes) N. E. Br.

赤映玉 *Conophytum nudum* Tischer

大翠玉 *Conophytum truncatum*（Thunb.）N. E. Br.

大典 *Conophytum cauliferum* N. E. Br.

番杏科

淡雪 *Conophytum altum* L. Bolus

大纳言 *Conophytum pauxillum* (N. E. Br.) N. E. Br.

大黑点 *Conophytum ursprungianum* Tischer

灯泡（富士山，富士之峰）*Conophytum burger* L. Bolus

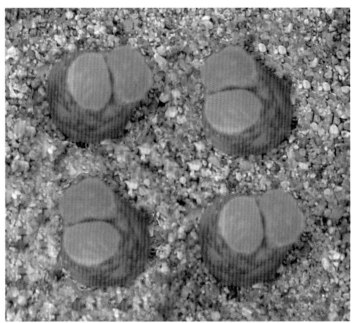

大佛肚 *Conophytum devium* G. D. Rowley

菲丝肉锥花（新拟）*Conophytum ficiforme* N. E. Br.

翡翠玉（鸽子蛋）*Conophytum calculus* (A. Berger) N. E. Br.

佛新玉（新拟）*C. taylorianum* (Dinter et Schwantes) N. E. Br. subsp. *fosynense*

凤雏玉 *Conophytum pearsonii* N. E. Br.

荷叶安贞（新拟）*Conophytum declinatum* L. Bolus

红色毛汉尼 *Conophytum maughanii* 'Rubra'

花车（花祭）*Conophytum* 'Hanaguruma'

番杏科

蝴蝶勋章 *Conophytum pellucidum* Schwantes var. *terricol* (Tischer) S. A. Hammer

红缘少将（赤耳少将）*Conophytum bilobum* (Marloth) N. E. Br. 'Rubra'

红线（新拟）*Conophytum swanepoelianum* Rawé

金秋之舞 *Conophytum syuko*

寂光 *Conophytum frutescens* Schwantes

饺子皮 *Conophytum ectypum* N. E. Br. subsp. *sulcatum* (L. Bolus) S. A. Hamme

肉锥花属

口笛 *Conophytum luiseae* Schwantes

空蝉锦 *Conophytum regale* Lavis 'Variegata'

克莉丝汀娜 *Conophytum christiansenianum* L. Bolus

拉登 *Conophytum ratum* S. A. Hammer

玲珑 *Conophytum difforme* L. Bolus

立雏 *Conophytum albescens* N. E. Br.

番杏科

鲁提侠 *Conophytum roodiae* N. E. Br.

墨小锥 *Conophytum wittebergense* de Boer

毛汉尼（马哈尼，毛汗尼）*Conophytum maughanii* N. E. Br.

欧马玉彦（新拟）*Conophytum flavum* subsp. *omatum*

群童 *Conophytum batesii* N. E. Br.

群碧玉 *Conophytum minutum* (Haw.) N.E.Br

肉锥花属

青春玉 *Conophytum odoratum* (N. E. Br.) N. E. Br.

青露（肉锥花）*Conophytum apiatum* N. E. Br.

清姬 *Conophytum minimum* (Thunb.) N. E. Br.

七星座 *Conophytum obcordellum* (Haw.) N. E. Br.

冉空 *Conophytum* × *marnierianum* Tischer et H. Jacobsen

式典 *Conophytum elishae* N. E. Br.

番杏科

上腊（纽扣）*Conophytum ornatum* Lavis

圣园 *Conophytum igniflorum*

少将 *Conophytum bilobum* (Marl.) N. E. Br.

神铃 *Conophytum meyeri* N. E. Br.

天使 *Conophytum ectypum* Geelvlei

藤车（藤娘）*Conophytum hybrida*

肉锥花属

王宫殿 *Conophytum occultum* L. Bolus

铜壶（流水铜壶）*C. ectypum* N. E. Br. subsp. *brownii* (Tischer) S. A. Hammer

星琴 *Conophytum* sp.

勋章玉 *Conophytum pellucidum* Schwantes

小槌（淡小锥）*Conophytum wettsteinii* (A. Berger) N. E. Br.

小红嘴 *Conophytum vanzyllii* Pofader

552 番杏科

小姓 *Conophytum pageae*(N. E. Br.) N. E. Br. 'Subrisum'

英仁玉 *Conophytum ernianum* Loesch et Tischer

萤光玉 *Conophytum uviforme* (Haw.) N. E. Br.

雨月 *Conophytum gratum* (N. E. Br.) N. E.

玉彦（大饼）*Conophytum flavum* N. E. Br.

肉锥花属

圆空 *Conophytum* × *marnierianum* cv.

云母绘 *Conophytum pageae* (N. E. Br.) N. E. Br. 'Subrisum'

依克提普（新拟）*Conophytum ectypum* N. E. Br.

中宫 *Conophytum breve* N. E. Br.

乙彦 *Conophytum viridicatum* (N. E. Br.) N. E. Br.

番杏科

青须玉属（矮丛生属）*Ebracteola* Dinter et Schwantes

本属多肉植物白花章鱼爪（*Ebracteola wilmaniae*）为多年生草本，幼株单生，老株密集丛生。叶肉质，绿色至灰绿色，长 4 ~ 8 cm，对生，基部连合成肉质鞘，整个对生叶似一把细长的钳子。叶正面扁平，背面圆凸，有棱，表皮薄，具多数半透明的细点。花白色，径约 3 ~ 5 cm，生于两叶的中缝，花茎短。晚秋至初春阳光充足的下午开放，夜晚闭合，单杂花可持续开放约 7 d，阴雨天或光照不足时很难开花。

形态特征：易群生。肉质根强壮。叶肥厚。花紫色、淡紫色、粉色、黄色或白色，径可达 2.5 ~ 3 cm。花期冬季，单花开放时间约 1 周。

种类分布：10 余种。

生长习性：冬型种，较耐寒，我国热带地区可露地栽培。土壤完全干透后浇水。

繁殖栽培：播种繁殖。异花授粉。

观赏配置：一般每株开花 1 ~ 2 朵，群生时开花非常壮观。

白花章鱼爪 *Ebracteola wilmaniae* (L. Bolus) Glen

青须玉属

肉黄菊属（虎颚属，虎纹草属）*Faucaria* Schwantes

本属拉丁文名称 *Faucaria* 来自拉丁文 "fauces"（动物的嘴）。由于其叶的外形似鳄鱼嘴，因此又称为鳄鱼嘴、鳄鱼波或虎颚。

形态特征：低矮草本，高度肉质化。叶肉质，常 2～3 对交互对生，多为菱形或偏菱形，长 3～6 cm，宽 2～3 cm，叶缘常具齿或具反曲的纤毛状齿毛，叶面平展，叶背凸起。花大，黄色，直径 3～5 cm，秋冬季节的中午开放。

种类分布：约 33 种。产于南非的西开普省的卡鲁沙漠。

生长习性：春秋型种。夏季休眠，除冬季外应适当遮阳。

繁殖栽培：分株或播种繁殖。

观赏配置：株形美观，奇特有趣，花大，容易栽培，为室内小型盆栽佳品。

大雪溪 *Faucaria tigrina* 'Snow Creek'

帝王波 *Faucaria smithii* L. Bolus

海豚波 *Faucaria albidens* N. E. Br.

红怒涛 *Faucaria tuberculosa* 'Rubra'

番杏科

虎波 *Faucaria crassisepala* L. Bolus

虎颚 *Faucaria tigrina* (Haw.) Schwantes

荒波 *Faucaria tuberculosa* (Rolfe) Schwant

荒波石化 *Faucaria tuberculosa* 'Monstata'

菊波（白边四海波，鲸波，白波，波头）*Faucaria haagei* Tischer

怒涛 *Faucaria tuberculosa* 'Billows'

肉黄菊属

平波（新拟）*Faucaria britteniae* L.

群波 *Faucaria gratiae* L. Bolus

狮子波（神乐狮子，狂澜怒涛）*Faucaria tuberculosa* 'Hybrid'

狮子波 2

四海波 *Faucaria bosscheana* (A. Berger) Schwantes

四海波花

番杏科

银叶花属 *Argyroderma* N. E. Br.

银叶花属是番杏科种类较多的一个属。

形态特征：茎极短，每茎具叶 2 枚。叶肉质，常圆柱形或卵形，似小石头，蓝绿色至银白色，无斑点，表皮硬而扁平，叶背凸起，中间有裂缝，叶交互对生，几对或多对形成一簇。花大，雏菊花状，白色、黄色、红色、粉红色或紫色，生于对生叶裂缝中。

种类分布：50 种以上。产于南非西部极干旱的沙漠或多石砾地区。

生长习性：喜排水良好的土壤，怕寒，喜光。

繁殖栽培：多年后可产生侧芽。分株或播种繁殖。

观赏配置：可盆栽观赏。

宝槌玉 *Argyroderma fissum* (Haw.) L. Bolus

金铃玉 *Argyroderma delaetii* C. A. Maass

京雏菊 *Argyroderma framesii* L. Bolus

银铃玉 *Argyroderma testiculare* (Aiton) N. E. Br.

银叶花属

559

菱鲛属 *Aloinopsis* Schwantes

菱鲛属与天女属（*Titanopsis*）和纳南突斯属（新拟）（*Nananthus*）近缘。

形态特征：小型多年生肉质草本。幼株单生，老株则密集丛生。有肉质根。茎短。叶小，叶丛莲座状。叶肉质，匙形，先端呈钝圆的三角形，叶基部连合成肉质鞘。花大，生于两叶间的中缝。每株常仅开 1 朵花。

种类分布：多数种类原产于南非西部、东部和北部边境冬季多降水的干旱地区。

生长习性：夏季高温休眠，喜温暖、干燥和阳光充足的环境，耐干旱和半阴，忌积水和酷热，不耐寒。夏季休眠或半休眠，生长慢或停滞，应遮阳和通风，勿施肥，适当遮光，控制浇水。冬季维持温度 10 ℃以上。生长季每月施肥 1 次，浇水应不干不浇，干则浇透。

繁殖栽培：扦插、分株或播种繁殖。比天女花属栽培容易。培养土可用腐叶土和蛭石以 2：1 比例混合。

观赏配置：小巧玲珑，叶大小和排列似天女属，易群生，群生时开花十分壮观，适宜家庭盆栽观赏。

花锦 *Aloinopsis rubrolineata* (N. E. Br.) Schwantes

菱鲛 *Aloinopsis rosulata* (Kensit) Schwantes

天女裳 *Aloinopsis luckhoffii* (L. Bolus) L. Bolus

天女云 *Aloinopsis malherbei* (L. Bolus) L. Bolus

番杏科

天女绫 *Aloinopsis lodewykii* L. Bolus

唐扇花期

唐扇 *Aloinopsis schooneesii* L. Bolus

菱鲛属

对叶花属（帝玉属，凤卵草属）*Pleiospilos* N. E. Br.

　　本属是番杏科植物的重要代表属之一，其代表种或变种有帝玉（*Pleiospilos nelii*）、红帝玉（*Pleiospilos neli* 'Royal Flush'）、青鸾（*Pleiospilos simulans*）和凤鸾（*Pleiospilos bolusii*）等。

　　形态特征：植株非常奇特，无茎。叶大，1～3对，交互对生，高度肉质化，卵形或元宝形，基部连合，顶端呈半卵圆形或线条流畅的三角形。叶表皮有石细胞群和大贮水细胞组成的斑点和小疣。新叶长出时，老叶逐渐枯干。花梗长，花大，黄色。

　　种类分布：约33种，产于南非大卡鲁高原和小卡鲁高原。

　　生长习性：喜温暖，较难栽培。

　　繁殖栽培：播种繁殖。

　　观赏配置：可温室或室内盆栽观赏。

帝玉 *Pleiospilos nelii* Schwantes

帝玉与生石花配置

红帝玉（紫帝玉）*Pleiospilos nelii* 'Royal Flush'

红帝玉 2

番杏科

亲鸾 *Pleiospilos magnipunutatus* (Haw.) Schwantes

二迭对叶花（新拟）*Pleiospilos dimidiatus* L. Bolus

凤翼 *Pleiospilos compactus* Schwantes subsp. *minor* H. E. K. Hartmann et Liede

长苞对叶花 *Pleiospilos longibracteus* L. Bolus

凤鸾（凤卵）*Pleiospilos bolusii* (Hook. f.) N. E. Br.

青鸾 *Pleiospilos simulans* N. E. Br.

对叶花属

仙宝属 *Trichodiadema* Schwantes

形态特征：中小型灌木。茎短，肉质，细长，灰色或绿色。叶肉质，对生，卵圆形或纺锤形，叶端簇生短刚毛，叶表皮布满微小透镜状的贮水细胞。花似雏菊花，花瓣红色或暗红色。

种类分布：约35种，原产于南非开普省。

生长习性：喜温暖。喜阳光充足的环境和排水良好的土壤。

繁殖栽培：播种繁殖。扦插繁殖很困难。

观赏配置：花常大而美，可盆栽观赏。

姬红小松（小松波）*Trichodiadema tuberosa* (Haw.) Schwantes

稀宝 *Trichodiadema stelligerum* (Haw.) Schwantes

番杏科

紫晃星（紫星光）*Trichodiadema densum* (Haw.) Schwantes

紫晃星花

天女属 *Titanopsis* Schwantes

本属拉丁文名称 *Titanopsis* 来自古希腊文 "titanos"（石灰石）和 "opsis"（像），意为本属植物看起来像石灰石，在野外很难被看见。

形态特征：小型多年生肉质草本。根肉质。短茎。叶丛莲座状，贴地而生，高达 10 cm。叶极肉质，伸展，匙形或棍棒形，长达 3 cm，轮状对生，叶先端宽而厚，近三角形或宽菱形，钝圆头，密被粗糙而凸起的疣粒，叶基部连合。花单生，雏菊状，黄色、金黄色、淡黄色或橙色，径 2 cm，花梗短，生于叶缝中。每株常开花 1 朵。白天太阳光照时开放，夜晚闭合。阴雨天或光线不足时则难以开花。单朵花的花期约 7 d。夏末至秋季开花。叶和疣粒在不同的光照强度下呈青灰色、蓝绿色、白灰绿色、淡绿色、粉绿色、白色、灰色、灰黄色、灰白色、淡红色、淡红褐色或褐色等，强光下叶顶端疣粒颜色妖艳。

种类分布：10 种。间断分布于夏季或冬季降水区，如南非开普省和奥兰治自由邦、纳米比亚南部和东南部干旱的石灰岩地区。

生长习性：冬型种。喜温暖、低湿、阳光充分环境和富含石灰质的排水良好的土壤。生长期适度浇水。

繁殖栽培：播种繁殖，易成活。仅少数种类可分株繁殖，大多数种类的根茎分枝和侧芽生长慢。易栽培。为异花授粉植物。

观赏配置：幼株单生，老株则密集群生，群生时开花非常壮观，黄色花，美丽可爱，可盆栽观赏。

天女冠 *Titanopsis schwantesii* (Dinter ex Schwantes) Schwantes

番杏科

天女影 *Titanopsis hugo-schlechteri* Tischer

天女影花

天女簪 *Titanopsis fulleri* Tischer

天女属

藻玲玉属（驼峰花属）*Gibbaeum* Haw. ex N. E. Br.

形态特征：多年生草本，幼株单生，老株则密集丛生。叶肉质，浅绿色至浅灰绿色，对生，呈卵形、卵圆形或近球形，基部连合成肉质鞘，叶表皮薄，表面光洁、圆凸，顶端有裂口但常偏斜，肉质叶轻微不对称。花黄色、粉红色、白色或紫色，生于两叶的中缝，花瓣微曲。每株常仅开一朵花，群生时开花非常壮观。花于阳光充足的下午开放，夜晚闭合。

种类分布：约 20 种，产于南非小卡鲁高原。

生长习性：喜温暖的环境。夏季休眠。

繁殖栽培：分株或播种繁殖。

观赏配置：十分有趣，可温室或室内盆栽观赏。

无比玉 *Gibbaeum dispar* N. E. Br.

无比玉花期

藻铃玉 *Gibbaeum cryptopodium* (Kensit) L. Bolus

银光玉 *Gibbaeum heathii* (N. E. Br.) L. Bolus

番杏科

露子花属（鳞菊属）*Delosperma* N. E. Br.

本属拉丁文名称 *Delosperma* 由古希腊文 "delos"（明显）和 "sperma"（种子）两部分组成。本属植物曾归于梅松属（*Mesembryanthemum*）。与番杏科其他植物一样，露子花属的蒴果吸湿后开裂，随湿度的变化蒴果张开或闭合。

形态特征：多年生蔓生草本，多分枝，有时为灌木状肉质植物，具块根。

种类分布：约 100 种。

生长习性：不耐寒，能耐最低温度 5 ℃。喜全光照和排水良好的土壤。

繁殖栽培：春季或夏季播种繁殖或茎插繁殖。

观赏配置：可温室或室内盆栽观赏。

雷童（刺叶露子花）*Delosperma pruinosum* (Thunb.) J. W. Ingram

雷童开花

雷童配置

露子花属

春桃玉属 *Dinteranthus* Schwantes

春桃玉属是番杏科中比较小却极具特色的一个属。

形态特征：多年生矮小多肉植物。叶成对而生。花黄色，生于叶缝中。其中，春桃玉 (*Dinteranthus inexpectatus*)，叶面无斑点，青绿色叶子，光强时会晒成桃粉色，开深黄色花，成株为寿桃形，幼株则呈圆饼状。奇凤玉 (*Dinteranthus microspermus*)，叶面有较分散的点状暗斑，叶青白色，光强时可晒成淡淡的粉紫色，开黄色花，成株为长桃形，幼株则呈圆饼状。

种类分布：6 种，产于南非北开普省西北干旱地区和纳米比亚东南部。

生长习性：典型的冬型种，生长期为 10 月至翌年 5 月，休眠期为 6～9 月。害怕高温高湿的环境，深秋到早春是生长旺季。

繁殖栽培：以播种繁殖为主。本属植物种子极其细小，播种难度高，发芽率低，成活率低，生长缓慢。播种需要较高湿度，播种温度 30 ℃以上时出芽率高、出苗速度快。出苗后应尽快降低湿度，否则会加快幼苗水化烂掉。

观赏配置：可温室或室内盆栽观赏。

春桃玉 *Dinteranthus inexpectatus* (Dinter) Schwantes

奇凤玉 *Dinteranthus microspermus* (Dinter et Derenb.) Schwantes

妖玉 *Dinteranthus puberulus* N. E. Br.

绫耀玉 *Dinteranthus vanzylii* (L. Bolus) Schwantes

番杏科

虾钳花属 *Cheiridopsis* N. E. Br.

本属的拉丁文名称 *Cheiridopsis* 来源于希腊文 "cheiris"，意思是 "袖子"。

形态特征：多年生植物。多数种类丛生，少数呈灌木状。叶对生，三角形，很少为扁平，表面或多或少具茸毛，这也是本属与银叶花属（*Argyroderma*）的区别点。新长出来的叶对在形状、大小和相对统一性上都与前一对有所不同。花单生，雏菊状，常黄色，很少为紫色或红色，夏季白天开放。

种类分布：约 100 种。原产于非洲南部的半干旱地区，它从南非西部的西开普省，经过纳马夸兰向北，进入纳米比亚西部。

生长习性：干旱或炎热夏季休眠时，幼叶外面形成纸质的保护鞘。适应非常干旱的冬季降水气候。温带地区，其幼苗需要在温室中栽培。

繁殖栽培：播种繁殖。

观赏配置：可温室或室内盆栽观赏。

虾钳花（冰岭）*Cheiridopsis denticulata* (Haw.) N. E. Br.

虾钳花 2

蟹钳 *Cheiridopsis* 'Crab's Claws'

蟹钳 2

虾钳花属

舌叶花属（舌叶草属）*Glottiphyllum* Haw.

本属的拉丁文名称 *Glottiphyllum* 来源于古希腊文的 "γλωττίς" (glottis = tongue，舌头) 和 "φύλλον" (phyllos = leave，叶子)。

形态特征：多年生肉质植物，丛生。叶半圆柱形，顶端常较宽。

种类分布：57 种，原产于南非，以开普省和卡鲁沙漠为多，本区降水量为 125 ~ 500 mm。

生长习性：不耐寒。耐最低 5 ℃。适生于全光照环境和瘠薄、排水良好的土壤。野生时生于岩石上或含有板岩、砂岩和石英的土壤中。

繁殖栽培：春、夏季播种繁殖或茎插繁殖。

观赏配置：可温室或室内盆栽观赏。

宝绿（舌叶花，佛手掌）*Glottiphyllum linguiforme* (L.) N. E. Br.

早乙女 *Glottiphyllum nelii* Schwantes

小舌叶花 *Glottiphyllum parvifolium* L. Bolus

番杏科

棒叶花属（窗玉属）*Fenestraria* N. E. Br.

本属的拉丁文名称 *Fenestraria*，意思是"似窗的小开口或小孔"，英文名称为 "Babies' Toes" 或 "Window Plant"。野生状态下的本属植物生于沙土中，仅露出透明的窗以进行光合作用，其所产生的结晶草酸像光纤一样将光发射至地下光合场所。

形态特征：多年生肉质植物，丛生。叶肉质，棍棒状，基生叶莲座状。每个叶圆形的顶端表皮有一个透明的窗形区域（透窗）。五十铃玉（窗玉）*Fenestraria aurantiaca*，多年生多浆类植物，丛生。叶丛莲座状，叶基生，光滑。花黄色，夏末和秋季开花。株高 5 cm，冠径 30 cm。棒叶花（群玉）[*Fenestraria rhopalophylla* (Schltr. et Diels) N. E. Br.]，多年生肉质植物，丛生。株高 5 cm，冠径 20 cm。叶直立，棒状，有光泽，淡灰绿色至中绿色，形成开张的垫状，叶尖平展。花雏菊状，白色，夏末和秋季开放。棒叶花与光玉（*Frithia pulchra*）形态非常相似，但光玉的花粉红色，叶形稍有不同。

种类分布：2 种，原产于非洲南部的纳马夸兰和纳米比亚，常生长于冬季降水量不足 100 mm 的沙质或含钙土壤中。

生长习性：不耐寒。耐最低温度 6 ℃。喜光照和排水非常好的土壤。冬季保持干燥。

繁殖栽培：春夏季节播种繁殖。

观赏配置：可温室或室内盆栽观赏。

五十铃玉 *Fenestraria aurantiaca* N. E. Br.

五十铃玉开花

五十铃玉花期配置

棒叶花 *Fenestraria rhopalophylla* (Schltr. et Diels) N. E. Br.

棒叶花属

573

群鸟玉属 *Meyerophytum* Schwantes

本属与碧光环属（莫尼拉属）（*Monilaria*）和奇鸟菊属（丝裂叶属）（*Mitrophyllum*）相似，本属植物的叶异型，以两种类型交替出现。在异常炎热的夏天，其叶在干燥的鞘中保持休眠。

形态特征：多肉小灌木。茎细而短。叶2枚，肉质，肥厚，半透明，绿色至红色，交叉对生，基部半联合成肉质鞘，叶片内侧平，背面为半圆弧状，先端尖圆弧状，生于茎顶端。花紫色或白色，生于两叶的中缝，一般每株只开1朵，群生时开花非常壮观。花期春季。

种类分布：2种，产于南非西北部的纳马夸兰和里希特费尔德冬季降水的干旱地区。其中，冰糕在纳马夸兰是比较常见的，但冰球自然生长范围小，并受到采矿和农业的威胁。

生长习性：在阳光充足的下午开放，夜晚闭合，如此昼开夜闭持续约7 d，若遇阴雨天或栽培场所光线不足则很难开放，通过人工灯光照射，会正常开放。

繁殖栽培：播种繁殖。植株异花授粉。

观赏配置：幼株单生，老株则密集丛生，可温室或室内盆栽观赏。

冰糕 *Meyerophytum meyeri* (Schwantes) Schwantes

冰球（新拟）*Meyerophytum globosum* (L. Bolus) Ihlenf.

番杏科

碧光环属 *Monilaria* (Schwantes) Schwantes

碧光环与枝干番杏形态相近。因叶生长初期像小兔子耳朵，因此又叫小兔子。

形态特征：落叶矮小灌木，常丛生。有枝干。叶绿色，阳光下可变成红色。叶半透明，具特殊贮水细胞组成的露珠状结构，径约 0.5 mm，富有颗粒感。春、秋季经常给水时叶保持竖立，缺水时下垂。花玫瑰红色等。

种类分布：原产于南非。

生长习性：喜温暖和阳光充足的环境，较耐寒，耐旱，忌强光暴晒。夏季高温时休眠，生长停滞并干枯，应遮阳、通风、断水。喜排水良好和透气的土壤。生长快。

繁殖栽培：扦插、分株或播种繁殖。

观赏配置：易群生，群生时开花非常壮观，十分可爱，可盆栽观赏或种植于岩石缝隙。

碧光环 *Monilaria obconica* Ihlenf. et S.Jörg.

果冻碧光环 *Monilaria obconica* 'Jelly Color'

碧光环幼时

碧光环长大后

露草属 *Aptenia* N. E. Br.

本属的拉丁文名称 *Aptenia* 来自希腊文 "a-"(not，不)和 "ptenos"(winged，具翅的)，指的是蒴果无翅。2007 年，该属曾被归并于日中花属(*Mesembryanthemum* L.)，两年后撤销了这个归并。

形态特征：肉质多浆类多年生草本至亚灌木。根肉质。茎基木本，茎绿色，蔓生，多分枝。叶扁平，无毛，有时表面具蜡质，常心形或矛状，对生或花序附近的叶互生。花径约 1 cm，常单生或轮生于叶腋，萼片两大两小。花瓣窄而多，粉红色、紫色、黄色或白色，具花瓣状的退化雄蕊，位于中心的多数雄蕊白色或黄色。蒴果，四室。

种类分布：为番杏科的一个小属，4 种，产于非洲南部。

生长习性：生长快，不耐寒，耐最低温度 7 ℃。喜全光照和排水极好的土壤。冬季应保持干燥。春季或夏季播种繁殖或茎插繁殖。

繁殖栽培：播种或茎插繁殖。

观赏配置：为适生地区的优良地被植物，也可用温室或室内盆栽观赏。

露草 *Aptenia cordifolia* (L. f.) Schwantes

黄金露草（金叶露草）*Aptenia cordifolia* 'Aurea'

露草锦（花叶露草）*Aptenia cordifolia* 'Variegata'

番杏科

鹿角海棠属 *Astridia* Dinter

本属拉命文名称以德国植物学家和考古学家 Gustav Schwantes（1881～1960）的妻子阿斯特丽德（Astrid）命名。

形态特征：多年生常绿肉质草本或灌木，植株矮小。分枝处有节。叶肥厚，绿色或粉绿色，交互对生，长半圆形、半月形或三棱状，先端稍窄，基部合生，叶背面龙骨状突起，无叶柄。叶表面光洁。花顶生，花梗短，单朵或数朵簇生。花白色或粉红色，冬季开花。

种类分布：原产于南非和纳米比亚。

生长习性：春秋型种喜温暖干燥和阳光充足。耐干旱，怕高温，喜肥沃和疏松的砂壤土。

繁殖栽培：砍头扦插或播种繁殖。

观赏配置：可温室或室内盆栽观赏。

鹿角海棠（熏波菊）*Astridia velutina* (L. Bolus) Dinter

丸叶鹿角海棠（鹿角海棠×夕波）*Astridia velutina* 'Round Leaf'

丸叶鹿角海棠花

丸叶鹿角海棠锦 *Astridia velutina* 'Variegata Round Leaf'

照波属 *Bergeranthus* Schwantes

照波的名字源于日本。其中黄花照波（*Bergeranthus artus*）因在日本午后 3 点左右开花，所以又叫三时草，而在我国一般午后 2 时开花。

形态特征：植株低矮，丛生。叶短，肉质肥厚，锥形。花大，黄色，夏季常午后开花。

种类分布：11 种，产于南非。

生长习性：春秋型种。喜温暖，但较耐寒。喜阳光，忌长时间烈日暴晒。冬夏休眠期节水、遮阳。春、秋季生长期干透时浇透。生长快，栽培容易。长期干旱或潮湿。

繁殖栽培：分株或播种繁殖。

观赏配置：叶别致，清新典雅，碧绿悦目，花朵金黄，灼灼耀目，惹人喜爱，可盆栽观赏，用于优质盆钵装饰，常置于茶几、博古架或窗台上等。栽培和管理较容易。

照波（仙女花，黄花照波）*Bergeranthus multiceps* (Salm-Dyck) Schwantes

番杏科

绘岛属（旭峰属）*Cephalophyllum* Haw.

Bolus 认为本属有 7 组 79 种。Herre（1971）认为本属有 63 种。哈特曼（1984）将本属的 4 个种归为另一个新属（*Jordaaniella*）。哈特曼（1988, 2001）曾先后两次对本属进行修订。本属可分为两个亚属，其中 *Cephalophyllum* 亚属有 10 种，*Homophyllum* 有 28 种。

形态特征：叶厚肉质，交互对生，常呈棒状。花生于两叶之间的中缝。

种类分布：分布于纳米比亚的利德利茨至南非西开普省的萨尔达哈海湾，并延伸至马尔梅斯伯里至卡鲁一带。

生长习性：生于沿海地区的沙土上。

繁殖栽培：播种繁殖。

观赏配置：可温室或室内盆栽观赏。

番龙菊（旭蜂，奔龙）*Cephalophyllum alstonii* Marloth ex L. Bolus

番龙菊花

银鱼 *Cephalophyllum loreum* (L.) Schwantes

绘岛属

菊波花属 *Carruanthus* (Schwantes) Schwantes

　　菊波花属又叫齿叶番杏属，为番杏科的一个小属，其形态与肉黄菊属和富士之峰相似，但本属植物叶缘具齿。菊波花属的齿叶番杏（樱波）（*Carruanthus ringens*）高 20 cm。叶较长，表面光滑，基部连合，先端三角形，叶缘和背面龙骨突表皮硬膜化，叶面无肉齿，叶缘有肉质细小肉刺。花大，瓣少，形状和颜色似蒲公英，无柄，常黄色。耐旱，在 pH 值 6～8 的土壤中生长最好。保持完全干燥时稍耐霜冻。产南非。日照充足时叶色艳丽，株形紧凑美观。日照不足则叶色绿，伸长，排列松散。

　　形态特征：低矮多肉植物，宜群生。叶交互对生，叶缘具齿。

　　种类分布：5 种，产于南非大卡鲁高原的石灰岩地区。

　　生长习性：喜温暖干燥和阳光充足环境，不耐寒，耐半阴和干旱，怕水湿和强光暴晒。

　　繁殖栽培：播种、砍头或侧芽扦插繁殖。异花授粉。

　　观赏配置：可温室或室内盆栽观赏。

齿叶番杏 *Carruanthus ringens* (L.) Boom

番杏科

灵石属（双花玉属）*Didymaotus* N. E. Br.

形态特征：矮生植物。植株常单生，老时可成小群生。叶对生，肥厚，肉质，蜡白色或淡灰色，叶对休眠季节叶对关闭。花习性独特，2朵双生，白色至深粉色，花香，径达4 cm，腋生，萼片6，大小不等，生于2片苞片中，有蜜腺，雄蕊直立。蒴果6室。10月开花，中午开放。

种类分布：1种。产于南非西开普省的坦夸-卡鲁盆地。

生长习性：喜温暖的环境。

繁殖栽培：播种繁殖。

观赏配置：可温室或室内盆栽观赏。

灵石 *Didymaotus lapidiformis* N. E. Br.

灵石属

弥生花属（枝干番杏属）*Drosanthemum* Schwantes

　　弥生花属又叫茎干番杏属，其拉丁文名称 *Drosanthemum* 来自希腊文，意思是 "dewflowers"（露水花），即其肉质的叶和花蕾上被有具光泽而半透明的乳头状突起（水滴状分泌物）。

　　形态特征：低矮而壮观的直立至匍匐灌木，肉质，常具粗糙的毛状突起。茎脆，纤细，常有毛或粗糙。叶线形或三棱柱形，等长，全缘，具光亮水滴状乳突，叶交互对生，无柄，稀基部合生；无托叶。花序生于侧枝顶端，有花梗；花单生或聚伞花序，直立，花径 3 cm 以上。花艳丽，管状，径 0.8 ~ 6 cm；萼片 5（6），绿色，锥形，具光亮水滴状乳突；花瓣离生，具各种深浅不同的白色、黄色、橙色、红色、粉红色或紫色，有时花具 2 种花色；蜜腺 5 个；雄蕊约 75 枚；雌蕊心皮 4 ~ 6 个；子房下位。蒴果具翅。种子多数。

　　种类分布：约 120 种，产于非洲南部、大洋洲和中太平洋地区等热带干旱的冬季降水地区。分布中心为非洲南部。

　　生长习性：喜充足的阳光。喜温暖，但 30 ℃以上进入休眠期。适应性很强，耐贫瘠土壤。花期春季或秋季。单花开放期约 1 周。

　　繁殖栽培：扦插或播种繁殖。

　　观赏配置：多数种类具有丰富的花色，叶排列形似兔耳朵，具观赏价值，为多肉植物中较流行的品种，大多数种类花色丰富。

枝干番杏（茎秆番杏）*Drosanthemum eburneum* L. Bolus

奇鸟菊属（丝裂叶属）*Mitrophyllum* (Marl.) Schwantes

与碧光环属（*Monilaria*）和冰糕属（新拟）（*Meyerophytum*）近缘。炎热夏季其叶在干燥鞘中保持不活动状态，当其融合成一个圆锥状小体时被称作"盔（Mitre）"，这也是该属拉丁文名称 *Mitrophyllum* 的来源。

形态特征：多年生肉质草本。幼株单生，老株则丛生。茎直立，稍肉质，表皮干燥。叶高度肉质，对生，绿色至浅灰绿色，生于茎顶端，叶中部联合成肉质鞘，形似钳状，叶鞘纸质，叶表皮薄，具多数半透明的细小点。叶有 2 种类型，生长期和休眠期交替出现。生长期炮弹状肉质体深裂成 2 个剑状叶、圆形三角状叶或舌状叶，左右张开，有时会向下弯曲。休眠前期其叶高度联合成炮弹状、圆锥状或圆柱状，其顶端有 2 个较小的耳状花药，休眠中期融合的叶在植物休眠期干涸，表面出现一层黄白色的干皮膜，最终成为新叶的纸质鞘。花生于两叶的中缝。不易开花。

种类分布：6 种，产于南非和纳米比亚边界的里氏干旱地区和小纳马兰。

生长习性：喜温暖。喜排水良好的砂质土壤和充足阳光。夏天耐干旱。晚秋和冬季为生长期。生长慢，可活数十年。夏季休眠。

繁殖栽培：播种繁殖，扦插繁殖困难。异花授粉。

观赏配置：番杏科中最奇特的种类之一，容易栽培，栽培中难见开花，可温室或室内盆栽观赏。

怪奇鸟 *Mitrophyllum mitratum* (Marloth) Schwantes

奇鸟菊 *Mitrophyllum clivorum* Schwantes

树形飞鸟 *Mitrophyllum dissitum* (N. E. Br.) Schwantes

枝干型飞鸟 *Mitrophyllum* sp.

番杏属 *Tetragonia* L.

番杏属（*Tetragonia*）常与蒺藜番杏属（*Tribulocarpus*）合并构成坚果番杏科（*Tetragoniaceae*）。

形态特征：肉质草本或半灌木，无毛、有毛或具白亮小颗粒状凸起（针晶体）。茎直立、斜升或平卧。叶肉质，互生，扁平，全缘或浅波状，无托叶。花两性，小形，花梗有或无，单生或数个簇生叶腋，绿色或淡黄绿色；花被3～5裂，常有角，花被筒和子房贴生；雄蕊4枚或更多，着生花被筒上，与花被裂片互生，单生或成束；子房下位，3～8室，每室具1粒下垂胚珠，花柱线形，与室同数。果实坚果状，陀螺形或倒卵球形，顶部常凸起或具小角；种子近肾形，胚弯曲。

种类分布：约85种，原产于南半球的温带和亚热带地区，如非洲、亚洲东部、澳大利亚、新西兰、南美洲温带地区。我国有1种。

生长习性：喜温暖环境。

繁殖栽培：播种繁殖。

观赏配置：可温室或室内盆栽观赏。

番杏 *Tetragonia tetragonioides* (Pall.) Kuntze

番杏科

光玉属（晃玉属）*Frithia* N. E. Br.

本属植物与它的几个近亲（如棒叶花属 *Fenestraria*）一样，其表皮具有透窗以适应干旱环境下的光合作用。

形态特征：植株矮小，非常肉质，叶形和棒叶花属种类很相似。肉质叶 6～9 枚，排成松散的莲座状，灰绿色，棍棒形，先端稍粗，顶部截形，上有透明的窗。花单生，通常无梗。顶部截形，上有透明或磨砂型的窗。光玉（*Frithia pulchra*），叶较粗，长短不一，上粗下细，翠绿色，顶端窗面稍心形，有颗粒；花玫瑰红色至紫红色。菊晃玉（菊光玉）（*Frithia humilis*），叶细长，常紫红色，形态较细，花白色至粉色。

种类分布：2 种。产于南非豪登省和姆普马兰加省附近的数个小的岩石区，是夏季降水地区为数不多的特有种。

生长习性：夏季生长型物种。喜排水良好的砂质土壤中，冬季应保持干燥的环境。

繁殖栽培：播种繁殖。

观赏配置：中小型品种，株形优雅，花朵漂亮，管理简单，尤其适合家庭和办公室种植。

光玉 *Frithia pulchra* N. E. Br.

光玉 2

菊晃玉（菊光玉）*Frithia humilis* Burgoyne

菊晃玉 2

光玉属

魔玉属
Lapidaria (Dinter et Schwantes) Schwantes ex N. E. Br.

魔玉外形与藻铃玉属白魔及春桃玉属幻玉相近。

形态特征：具短茎。叶 2 ~ 4 对，对生，长 1 ~ 2 cm，宽 1 cm，每两叶基部联生，前端分开，白色，两缘和叶背的龙骨较硬，线条显明。花黄色，径约 5 cm，开花时能完全遮住植株，花朵白天开放，夜晚闭合。异花授粉方可结实。

种类分布：1 种。原产于纳米比亚南部及南非北部平原峡谷地区的荒漠砂地或石缝中，常与生石花混生。

生长习性：喜光照、温暖和干燥。可耐 - 4 ℃的低温。温暖且水量丰沛时生长迅速。

繁殖栽培：播种繁殖。

观赏配置：冬夏休眠，春秋生长，春末或早冬开花，可温室或室内盆栽观赏。

魔玉 *Lapidaria margaretae* (Schwantes) Dinter et Schwantes

魔玉花蕾期

魔玉花期

魔玉群生

番杏科

梅厮木属（树菊属）*Mestoklema* N. E. Br. ex Glen

梅厮木属的拉丁文名称 *Mestoklema* 在其命名人 N. E. Brown 死后才以英文发表，但过去不被承认，直到 1981 年 H. F. Glen 增加了其拉丁文描述后才成为合法的属。拉丁文名称 *Mestoklema* 意思是许多小分枝。北开普省的树菊（木本梅斯菊）（*Mestoklema arboriforme*）具树状主干。

形态特征：灌木，分枝浓密，高 25 ~ 70 cm，其中开花梗宿存且硬化。叶对生，稍具小乳突，三棱或近圆柱状。花小，橙色或黄色，具离生的蜜腺；蒴果小，5 室。盛花期夏季。

种类分布：6种。本属分布范围较为特殊，即从小卡鲁高原向东到东伦敦，向北有一个从北开普省至自由州比较广阔的分布中心；分布于纳米比亚两个相互孤立的地区，但南非西部无分布。

生长习性：喜温暖。

繁殖栽培：播种繁殖。

观赏配置：可温室或室内盆栽观赏。

树菊（木本梅斯菊）*Mestoklema arboriforme* (Burch.) N. E. Br. ex Glen

梅厮木属

风铃玉属 *Ophthalmophyllum* Dinter et Schwantes

　　本属植物与肉锥花属植物相似，但植株较高；又与生石花属植物极相似，但本属植物中间裂缝浅，先端圆突或截形，叶顶部窗大而透明，表皮极薄。风铃玉属有时归入肉锥花属 (*Conophytum*)。

　　形态特征：植株高度肉质化。幼株单生，老株则丛生。叶2枚，肉质，对生，圆柱体，顶端圆凸，叶表皮薄，光滑，近透明状（称"窗"），光线由此进入植株体内进行光合作用。顶端两叶之间有一浅缝隙。花白色、粉红色或紫色等，生于两叶之间的中缝，花梗短。每株开花常1~3朵。秋季开花，花常在晴朗的中午或下午开放，傍晚闭合。

　　种类分布：约18种。产于非洲南部西海岸纳米比亚和南非西开普省西南部的沙漠地区。

　　生长习性：秋型种或冬型种。喜温暖。在原产地植株常埋在地下。

　　繁殖栽培：播种繁殖。

　　观赏配置：花美丽，粉色、紫色或白色，可温室或室内盆栽观赏。

白拍子 *Ophthalmophyllum herrei* Lavis

绿风铃（晓光玉）*Ophthalmophyllum longum* (N. E. Br.) Tischer

红风铃（圣铃玉）*Ophthalmophyllum friedrichiae* (Dinter) Dinter et Schwantes

番杏科

天赐木属（天使之吻属）*Phyllobolus* N. E. Br.

天赐木属又叫天使之玉属。

形态特征：多年生肉质草本，幼株单生，老株则密集丛生。叶截面圆，细长，绿色至粉绿色，簇生于枝顶端，表皮密布透明水泡状疣突。花黄白色，生于叶的中缝，径 3～5 cm，花葶稍高。每株常开花 1～2 朵。花在晚秋至初春阳光充足的下午开放，夜晚闭合，单杂花期约 7 d；遇阴雨天或光线不足时不易开花。

种类分布：1 种。原产于南非大卡鲁高原的石灰岩地带。

生长习性：不耐暴晒。喜透水透气的土壤。

繁殖栽培：播种或分株繁殖。植株异花授粉。

观赏配置：易群生，群生时开花非常壮观，可温室或室内盆栽观赏。

天赐 *Phyllobolus resurgens* (Kensit) Schwantes

天赐木属

快刀乱麻属 *Rhombophyllum* Schwantes

形态特征：肉质小灌木，丛生木。具短茎，茎具短节，多分枝。叶肉质，对生，侧扁呈刀形，细长而稍侧扁，集生于分枝顶端，叶背龙骨状，好似一把刀，叶基部连合，叶先端 2 裂或不分裂。花大，黄色。快刀乱麻（*Rhombophyllum nelii*）为肉质灌木状，高 20～30 cm，茎具短节，多分技。叶淡绿色至灰绿色，具粗糙而凸起的点，长 1.5～2 cm，集生于分枝顶端，对生，细长而侧扁，先端两裂，外侧圆弧状，外形似刀。花黄色，径约 4 cm。青崖（*Rhombophyllum rhomboideum*）为低矮的圆形灌木，顶部分枝，叶斧形，深绿色，具星点，长达 3 cm；花多数单生。产于南非奥尔巴尼和大卡鲁高原东部的风化砂岩地区。戴氏快刀乱麻（新拟）（*Rhombophyllum dyeri*）株形紧凑，高仅 7 cm。叶大小平等，龙骨上突起高达 5 cm，平滑或有突起的点，聚伞花序。

种类分布：5 种（Lartmann, 1998），其中 3 种 2 裂。分布于南非东开普省西部地区大卡鲁高原的石灰岩地带。

生长习性：秋型种或冬型种。喜阳光充足和温暖、干燥的环境，忌闷热潮湿，夏季高温时休眠。

繁殖栽培：早春扦插繁殖或播种繁殖。不易栽培。

观赏配置：叶形奇特，叶色较美，有一定的观赏价值，可温室或室内盆栽观赏。

快刀乱麻 *Rhombophyllum nelii* Schwantes

番杏科

覆盆花属（琴爪菊属）*Oscularia* Schwantes

本属植物因其果实和花的差异而从 *Lampranthus* 属分离出来。其拉丁文名称 *Oscularia* 意为"成群的小嘴"，指的是本属的一些种类的叶缘齿状。常见栽培种类有白凤菊（*Oscularia pedunculata*）、琴爪菊（*Oscularia deltoides*）、凤凰菊（*Oscularia* sp.）等。

形态特征：低矮小灌木，多分枝，茎常红色，强光照或干旱期间茎可变红色或紫红色。叶形奇特，很美，肉质，对生，3棱状、镰刀状、棒状或嘴状，灰绿色，长约2 cm，内弯，基部狭窄，叶缘和叶背具齿或全缘，被蜡质和灰白色粉，干旱期间叶可变红。花多，白色或粉红色，雏菊状，有微香。

种类分布：产于南非西开普省，栖息地常干旱，多石砾或较为湿润的地区。仅见开冬季降水地区。

生长习性：喜温暖干燥和阳光充足的环境，耐旱，怕水湿，无明显休眠期。

繁殖栽培：春秋季节扦插繁殖，或播种繁殖。

观赏配置：该属植物为灌木型番杏科种类的重要代表，适合室内盆栽或作地被栽培，在厦门可作露地绿化材料。夏天会散发浓郁的杏仁味。

白凤菊（姬鹿角）*Oscularia pedunculata* (N. E. Br.) Schwantes

覆盆花属

591

仙人掌科
Cactaceae

　　仙人掌科植物全部为多肉植物，分为五个亚科，即海麒麟亚科（Subfam. Leuenbergerioideae Mayta et Molinari）、木麒麟亚科（Subfam. Pereskioideae Engelm.）、仙人掌亚科（Subfam. Opuntioideae Burnett）、卧麒麟亚科（Subfam. Maihuenioideae P. Fearn）和仙人柱亚科（Subfam. Cactoideae Eaton）。本科大多数种类喜温暖，不耐寒，喜光，不耐水湿。白天开花的种类常花色艳丽，夜间开花的种类则花色洁白而芳香，此是对昆虫、鸟类或兽类等动物传粉的适应。仙人掌类植物外形奇特，花大美丽，大多数种类因观赏而栽培，在热带地区常植作围篱或庭院绿篱，温带地区盆栽观赏。

　　形态特征：多年生肉质草本、灌木或乔木，地生或附生。根系浅，有时具块根。茎直立、匍匐、悬垂或攀缘，圆柱状、球状、侧扁或叶状；节常缢缩，节间具棱、角、瘤突或平坦，具水汁，稀具乳汁，小窠螺旋状散生，或沿棱角或瘤突着生，常有腋芽或短枝变态形成的刺，稀无刺，分枝和花均从小窠发出。叶扁平，全缘或圆柱状、针状、钻形至圆锥状，互生，或完全退化，无托叶。花通常单生，无梗，稀具梗并组成总状、聚伞状或圆锥状花序，两性花，稀单性花，辐射对称或左右对称；花托通常与子房合生，稀分生，上部常延伸成花托筒，外面覆以鳞片（苞片）和小窠，稀裸露；花被片多数和无定数，螺旋状贴生于花托或花托筒上部，外轮萼片状，内轮花瓣状，或无明显分化；雄蕊多数，着生于花托或花托筒内面中部至口部，螺旋状或排成两列；花药基部着生，2 室，药室平行，纵裂。雄蕊基部至子房之间常有蜜腺或蜜腺腔。雌蕊由 3 至多数心皮合生而成；子房常下位，1 室，具 3 至多数侧膜胎座，或侧膜胎座简化为基底胎座状或悬垂胎座状；胚珠弯生至倒生；花柱 1 个，顶生；柱头 3 至多数。浆果肉质，常具黏液。种子多数，稀少数至单生；种皮坚硬；胚通常弯曲。

　　种类分布：本科 108 属，近 2 000 种，分布于美洲热带、亚热带至温带地区的荒漠或半荒漠区，以墨西哥等中美洲国家为分布中心，少数种类分布于北纬 53° 加拿大的和平河及海拔 3 000 m 积雪的高寒地区，仅 1 种（丝苇 *Rhipsalis baccifera*）间断分布于中美洲及南美洲北部、东非热带、马达加斯加、马斯克林群岛和斯里兰卡，通常认为该种在东半球的分布系早期鸟类携带所致。本科大部分种类被引种到东半球，其中约 10 属 40 余种在欧洲南部、非洲、大洋洲和亚洲热带地区逸为野生。我国引种栽培 60 余属 600 种以上，其中 4 属 7 种在南部及西南部归化。

乳突球属 *Mammillaria* Haw.

　　乳突球属是仙人掌科中的大属之一，其拉丁文名称 *Mammillaria* 来自拉丁文 "mammilla（乳头）"，意为具乳头状突起。与松球属（*Escobaria*）近缘。本属部分植物易混，如白鸟与银手指的区别在于：白鸟和银手指都同属于乳突球属，两者区别实际很明显。白鸟（*Mammillaria herrerae*）球型，周刺 50～60 枚，刺密集而且细致，开粉色花朵，花直径 2～3 cm，淡红色中带点紫色。银手指（*Mammillaria gracilis* var. *fragilis*）手指状长柱形，周刺 15～20 枚，刺中通常会有突出的尖刺，开黄色花朵，花径约 1 cm。在多肉市场上买到的白鸟几乎都是银手指。丰明丸和明丰丸的区别在于：①二者中刺的数量不一样，明丰丸胎仅有一根主刺，而丰明丸有多根主刺；②中刺的颜色不一样，明丰丸颜色偏黑，丰明丸颜色偏红；③中刺的软硬质感不一样，明丰丸坚硬质感强、层次分明，而丰明丸主刺柔软没有质感和层次感，打眼一看，模糊一片；④二者的观赏性差异很大，明丰丸整体非常美观，而丰明丸要逊色很多；⑤花开的颜色也不一样，一个是红色，一个是粉色。

　　形态特征：株体小型或中型，高 1～40 cm。单生，初球状，辐射对称，后圆柱状，丛生，可达 100 多"头"。茎无棱，径 1～20 cm，具疣，疣呈乳头状、圆锥状、圆柱状、锥状、球状、扁菱状等；疣突螺旋状排列，较密，无疣沟；多数种体伤后具白色乳汁，刺座位于疣突先端，具细针状、针状刺，其中有芒刺、羽毛状刺，或中刺；中刺直伸、弯曲，或具钩刺。顶部疣腋有茸毛、绵毛或长毛，稀无毛。刺座有花刺座和无花刺座。花小型，长和径 7～40 mm，顶生疣腋中，小型或大型，钟状、漏斗状、碟状，多数群开，白色、黄色、粉红色、红色、绿色或紫色；花被片中肋色浓；子房无刺、无毛，有鳞片。浆果光滑，球状或棒状，常红色，有时白色、紫红色、黄色或绿色。有些种类的果实嵌入到植物体内。种子黑色或棕色，径 1～3 mm。

　　种类分布：171 种，主产于墨西哥，部分种类产于美国西南部、加勒比海地区及哥伦比亚、委内瑞拉、危地马拉、洪都拉斯和西印度群岛。由于栖息地被破坏，数个类群有在野外灭绝的危险。

　　生长习性：喜阳光充足的环境，忌夏季光照，须疏松肥沃且排水良好的砂质土壤。

　　繁殖栽培：播种繁殖。除少数种类外，极易栽培。

　　观赏配置：刺形态多样，花朵漂亮，极具吸引力，可盆栽观赏。

G. 麦约明星 *Mammillaria* 'Ginno Myojo'

G. 麦约明星配置

百千鸟 *Mammillaria melanocentra* Poselg.

阿鲁帕 *Mammillaria albata* Repp.

阿鲁帕缀化 *Mammillaria albata* 'Cristata'

乳突球属

贝氏乳突 *Mammillaria bertholdii* Linzen

白蛇丸 *Mammillaria karwinskiana* Mart. subsp. *nejapensis*

白刺猩猩丸 *Mammillaria spinosissima* 'Alba'

白美人 *Mammillaria spinosissima* 'Pretiosa'

白龙球 *Mammillaria subangularis* P. DC.

白绢丸 *Mammillaria lenta* K. Brandegee

仙人掌科

白龙球锦 *Mammillaria subangularis* 'Variegata'

白龙球缀化 *Mammillaria subangularis* 'Cristata'

短刺白龙球 *Mammillaria subangularis* var. *brevispina*

白牡丹（白丽）*Mammillaria centricirrha* var. *inermis*

白牡丹 2

白牡丹花

白鸟 *Mammillaria herrerae* Werderm.

白鸟配置

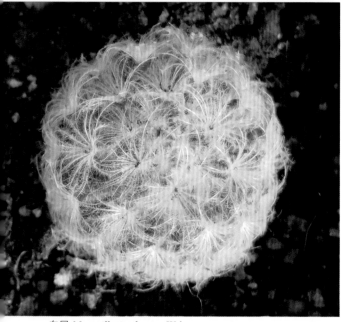

白星 *Mammillaria plumosa* Web.

白星花期

白玉兔 *Mammillaria geminispina* Haw.

白子法师（白法师，白小法师）*Mammillaria solisioides* Backeberg

仙人掌科

艳珠球 *Mammillaria spinosissima* 'Pico'

无刺艳珠球 *Mammillaria spinosissima* 'Inermis'

白珠丸 *Mammillaria geminispina* Haw. var. *nivea*

白珠丸缀化 *Mammillaria geminispina* 'Cristata'

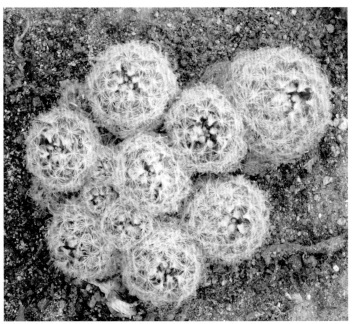

春星 *Mammillaria humboldtii* Ehrenb.

春星 2

乳突球属

春星冠 *Mammillaria humboldtii* 'Cristata'

姬春星（子吹春星）*Mammillaria humboldtii* var. *caespitosa*

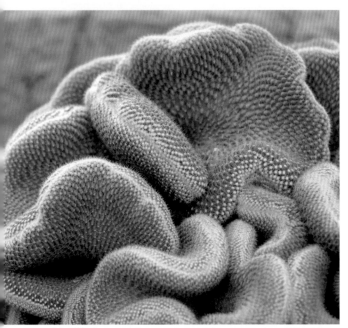

大福球缀化 *Mammillaria perbella* Hildm. ex K. Schum 'Cristata'

大福球缀化配置

帝王 *Mammillaria* 'Toluca'

富贵丸 *Mammillaria tetrancistra* Engelm.

仙人掌科

黄刺嘉文丸 *Mammillaria carmenae* 'Yellow'

断琴丸 *Mammillaria vagaspina* Craig

多毛高砂球 *Mammillaria bocasana* Poselg. 'Multilanata'

乳突球属

芳泉 *Mammillaria pilcayensis* Bravo

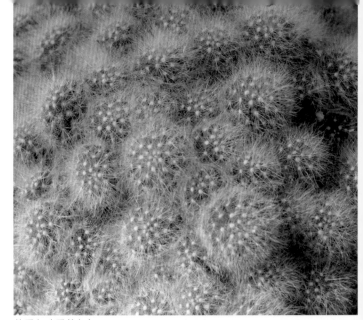

芳香丸（香花丸）*Mammillaria baumii* Boed.

丰明丸 *Mammillaria bombycina* Quehl

高砂石化 *Mammillaria bocasana* 'Fred'

富士雪 *Mammillaria elegans* DC.

康氏乳突球（咖氏乳突球）（新拟）*Mammillaria caui*

仙人掌科

怪神丸 *Mammillaria sempervivi* A. P. de Candolle

火焰丸锦（黄菠萝）*Mammillaria carnea* Zucc. ex Pfeiff. 'Variegata'

鹤裳丸 *Mammillaria mendeliana* H. Bravo

红高砂石化 *Mammillaria bocasana* 'Fred Red'

黄金童子 *Mammillaria rhodantha* Link. et Otto

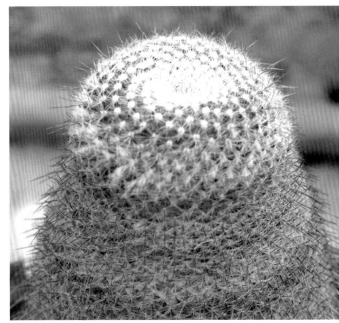

黄神丸 *Mammillaria celsiana* Britton et Rose

乳突球属

荒目丸 *Mammillaria alamensis* Crig

金洋丸 *Mammillaria marksiana* Krainz.

嘉文丸（卡尔梅娜）*Mammillaria carmenae* Castaneda et Nunez

嘉文丸（嘉纹丸，佳汶丸）群生

金刚球 *Mammillaria centricirrha* Lem.

酒仙丸 *Mammillaria zacatecasensis* Shurty.

仙人掌科

金手指 *Mammillaria elongata* DC.

金手指缀化 *Mammillaria elongata* 'Cristata'

红手指 *Mammillaria elongata* 'Red Finger'

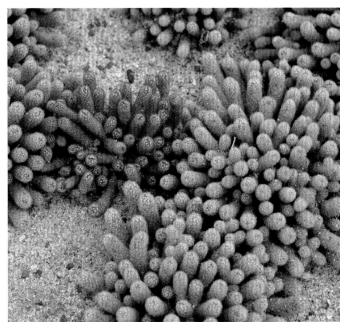

金手指与红手指

昆仑丸 *Mammillaria columbiana* Salm-Dyck

克氏丸 *Mammillaria hernandezii* Glass et R. Foster

乳突球属

劳氏乳突球缀化 *Mammillaria laui* D. R. Hunt 'Cristata'

丽光殿 *Mammillaria guelzowiana* Werderm.

乱樱 *Mammillaria phaeacantha* Lem.

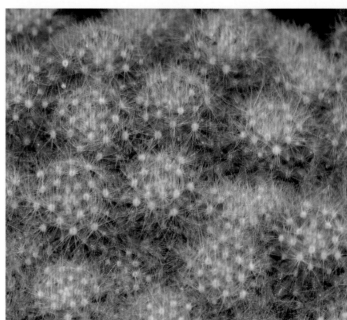

厘拉 *Mammillaria laui* subsp. *dasyacantha* D. R. Hunt 'Lila'

马图达 *Mammillaria matudae* Bravo

满月 *Mammillaria estanzuelensi* H. A. Möller ex A. Berger

仙人掌科

梦幻城 *Mammillaria magnlmamma* Haw.

明星 *Mammillaria schiedeana* Ehrbg.

明香姬 *Mammillaria gracilis* Pfeiff.

明日香姬 *Mammillaria gracilis* 'Arizona Snowcap'

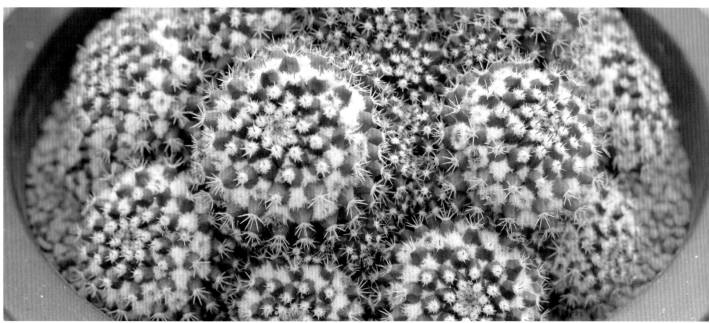

乔布丸 *Mammillaria collinsii* (Britton et Rose) Orcutt 'Chiopus'

乳突球属

607

青龙丸 *Mammillaria tolimensis* Y. Ito

琴丝丸 *Mammillaria decipiens* Scheidw. subsp. *camptotricha* (Dams) D.R. Hunt

青龙丸配置

松针牡丹 *Mammillaria luethyi* G. S. Hinton

松霞 *Mammillaria prolifera* (Mill.) Haw.

松霞（银松玉，果粒仙人球，银脑）果实

仙人掌科

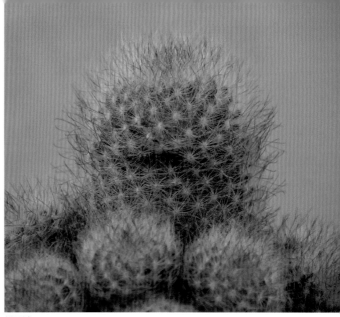

桃影丸 *Mammillaria zeilmanniana* Boed. var. *roseiflora*

金松霞（金脑）*Mammillaria prolifera* 'Aurea'

金松霞缀化 *Mammillaria prolifera* 'Cristata'

无刺多粒丸 *Mammillaria polythele* Mart. var. *nudum*

多粒丸 *Mammillaria polythele* Mart.

乳突球属

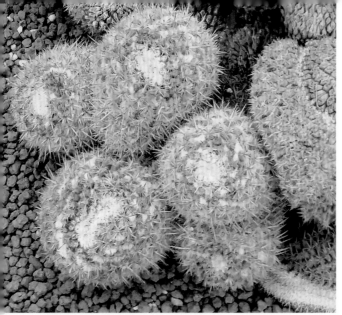

雾栖丸 *Mammillaria hahniana* subsp. *woodsii* (R. T. Craig) D. R. Hunt

雾栖丸缀化 *Mammillaria hahniana* subsp. *woodsii* 'Cristata'

希望丸 *Mammillaria albilanata* Backeberg

猩猩丸（猩丸）*Mammillaria spinosissima* Lem.

雪白丸 *Mammilloydia candida* (Scheidw.) Buxb

穴原玉翁殿（雪原玉翁）*Mammillaria hahniana* cv.

仙人掌科

望月 *Mammillaria candida* 'Ortiz Rubiana'

樱月 *Mammillaria candida* 'Roseispina'

雪头球 *Mammillaria chionocephala* J. A. Purpus

雪头球缀化（雪头冠）*Mammillaria chionocephala* 'Cristata'

银毛丸 *Mammillaria tenunicaulis* Y. Ito.

映雪丸 *Mammillaria bravoae* Graig

乳突球属

银手球（银手指）*Mammillaria gracilis* Pfeiff.

云裳丸 *Mammillaria pseudoperbella* Qnehl.

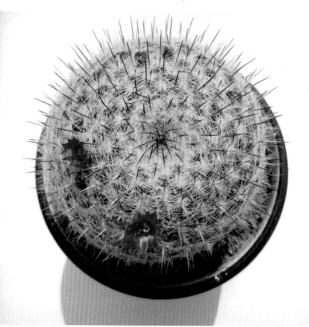

玉翁 *Mammillaria hahniana* Werd.

玉翁缀化 *Mammillaria hahniana* 'Cristata'

玉翁石化 *Mammillaria hahniana* 'Monst'

玉翁殿 *Mammillaria hahniana* 'Lanata'

仙人掌科

星球属（有星属）*Astrophytum* Lem.

本属拉丁文名称 *Astrophytum* 来源于希腊文 *"astron"*（星）和 *"phytum"*（植物）。英文中该属植物与番杏科的生石花都称为 "活化石"。

形态特征：株体单生，扁球状，后细长，呈圆柱状，有些种高约 1.5 m，具 4～10 个非常低的棱；棱缘钝形，上面锐形，表面密被散生鳞片状白点。刺座呈白色疣状排列，具多刺；刺针状、短锥状，扁平，具绵毛。花大型，漏斗状，黄色，有时喉部红色；花筒外和子房有鳞片，鳞腋间有绵毛及芒刺。浆果，球状，绿色，或红色。种子小，多少呈帽状、舟状，黑色或褐色。

种类分布：6 种，但变种及杂交种很多。原产于北美洲。

生长习性：喜光照，夏天通风并部分遮光，星点少或无星点的种类置于弱光处。保持温度在 2 ℃以上。冬季休眠。生长期保持花盆湿润，休眠期减少浇水次数。喜排水和保水良好的土壤，每年换土 1 次。宜浅植，可在培养土上面放粗沙粒以固定球身。花盆不宜太大，比球株稍大即可。

繁殖栽培：分株或播种繁殖。

观赏配置：本属植物为栽培历史悠久的经典种类，全株被白色星点，观赏价值极高，可盆栽观赏。

白云般若（云般若，白雪般若）*Astrophytum ornatum* var. *pubescente* Y. Itô

般若 *Astrophytum ornatum* (DC.) Britton et Rose

般若缀化 *Astrophytum ornatum* 'Cristata'

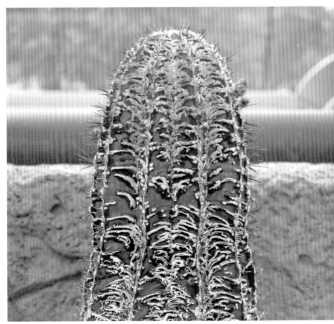

般若山 *Astrophytum ornatum* 'Monst'

星球属

超级般若 *Astrophytum ornatum* 'Super'

多棱般若 *Astrophytum ornatum* 'Multicostatum'

恩塚般若（恩冢般若）*Astrophytum ornatum* 'Onzuka'

褐刺般若 *Astrophytum ornatum* var. *rurispinus*

金刺般若 *Astrophytum ornatum* var. *mirbelii* (Lem.) Frič

螺旋般若 *Astrophytum ornatum* 'Spiral'

裸般若（碧琉璃般若）*Astrophytum ornatum* var. *nuda* Hort.

螺旋裸般若 *Astrophytum ornatum* var. *nuda* 'Spiral'

V 字斑兜 *Astrophytum asterias* 'V Pattern '

V 字斑兜缀化 *Astrophytum asterias* 'V Pattern Cristata '

白条兜 *Astrophytum asterias* 'Albamarginata'

超白穗花兜 *Astrophytum asterias* 'Super Kabuto'

星球属

超兜 *Astrophytum asterias* 'Super'

赤兜 *Astrophytum asterias* 'Variegata Red'

兜 *Astrophytum asterias* (Zucc.) Lem.

兜锦 *Astrophytum asterias* 'Variegata'

兜石化 *Astrophytum asterias* 'Monstrosus'

放射状兜锦（米字兜锦）*Astrophytum asterias* 'Variegata Radial'

仙人掌科

海星兜 *Astrophytum asterias* 'Star Shape'

花园兜 *Astrophytum asterias* 'Hanazono'

连星弯兜 *Astrophytum asterias* 'Rensei'

子球多棱兜 *Astrophytum asterias* var. *caespitosa*

碧琉璃兜（琉璃兜）*Astrophytum asterias* var. *nudum* Y.Itô

碧琉璃兜锦 *Astrophytum asterias* var. *nudum* 'Variegata'

星球属

碧琉璃兜锦缀化 *Astrophytum asterias* var. *nudum* 'Variegata Cristata'

碧琉璃兜缀化 *Astrophytum asterias* var. *nudum* 'Cristata'

碧琉璃兜石化 *Astrophytum asterias* var. *nudum* 'Monstrosum'

碧琉璃黄金兜（黄金兜，黄体兜）*Astrophytum asterias* var. *nudum* 'Aurea'

碧琉璃大疣兜 *Astrophytum asterias* var. *nudum* 'Ooibo Kabuto'

碧琉璃大疣兜锦 *Astrophytum asterias* var. *nudum* 'Ooibo Kabuto Variegata'

仙人掌科

碧琉璃六棱大疣兜 *Astrophytum asterias* var. *nudum* 'Ooibo Kabuto Hexagonal'

碧琉璃七棱大疣兜 *Astrophytum asterias* 'Ooibo Kabuto Septemcostatum'

碧琉璃七棱大疣兜锦 *A. a.* var. *nudum* 'Ooibo Kabuto Septemcostatum Variegata'

碧琉璃七棱大疣黄金兜 *A. a.* var. *n.* 'Ooibo Kabuto Septemcostatum Aurea'

连星碧鸾兜 *Astrophytum asterias* var. *nuda* 'Rensei'

七棱连星碧鸾兜 *Astrophytum asterias* var. *nuda* 'Rensei Septemcostatum'

星球属

八棱连星碧鸾兜 *Astrophytum asterias* var. *nuda* 'Rensei Octagonal'

三角鸾凤玉 *Astrophytum myriostigma* var. *tricostatum* Hort.

四角鸾凤玉 *A. myriostigma* var. *quadricostatum* (H. Moeller) Baum

四角连星鸾凤玉 *Astrophytum myriostigma* var. *quadricostatum* 'Joined Stars'

四角恩塚鸾凤玉 *A. myriostigma* var. *quadricostatum* 'Onzuka'

四角狭棱鸾凤玉 *Astrophytum myriostigma* var. *quadricostatum* 'Narrow Edges'

仙人掌科

四角浓白鸾凤玉 *Astrophytum myriostigma* var. *quadricostatum* 'Coahui Lense'

鸾凤玉 *Astrophytum myriostigma* Lem.

鸾凤玉锦 *Astrophytum myriostigma* 'Variegata'

鸾凤玉缀化 *Astrophytum myriostigma* 'Cristata'

鸾凤玉石化 *Astrophytum myriostigma* 'Monstrosum'

狭棱鸾凤玉 *Astrophytum myriostigma* var. *tamaulipense* Kanfer

星球属

恩塚鸾凤玉（恩冢鸾凤玉）Astrophytum myriostigma 'Onzuka'

恩塚鸾凤玉缀化（恩塚鸾凤玉冠）Astrophytum myriostigma 'Onzuka Cristata'

宽棱疏疣鸾凤玉 A. myriostigma var. potosinum (K. Kayser) Borg

宽棱疏疣鸾凤玉锦 A. myriostigma var. potosinum 'Variegata'

连星鸾凤玉 Astrophytum myriostigma 'Linealeole'

仙人掌科

连星肋骨弯凤玉 *Astrophytum myriostigma* 'Linealeole Costa'

七棱腹隆弯凤玉 *Astrophytum myriostigma* var. *hexacostatum* 'Fukuryu'

六棱宽棱疏疣弯凤玉 *A. myriostigma* var. *hexacostatum* 'Potosinum'

七棱弯凤玉 *Astrophytum myriostigma* var. *septemcostatum*

六棱浓白鸾凤玉 *Astrophytum myriostigma* var. *hexacostatum* 'Alba'

碧琉璃三角鸾凤玉 *Astrophytum myriostigma* var. *nudum* 'Tricostatum'

八棱鸾凤玉 *Astrophytum myriostigma* var. *octacostatum*

碧方玉（碧琉璃四角鸾凤玉）*A. m.* var. *nudum* 'Quaternary'

碧琉璃鸾凤玉 *Astrophytum myriostigma* var. *nudum* Frič

仙人掌科

碧琉璃鸾凤玉锦 A. myriostigma var. nudum (Rud. Mey.) Megata 'Variegata'

碧琉璃鸾凤玉缀化 Astrophytum myriostigma var. nudum 'Cristata'

碧琉璃核桃鸾凤玉 Astrophytum myriostigma var. nudum 'Juglans'

碧琉璃龟甲鸾凤玉 A. myriostigma var. nudum 'Kitsukou'

碧琉璃黄体碧鸾玉（黄金鸾凤玉） Astrophytum myriostigma var. nudum 'Aurea'

碧琉璃六棱龟甲鸾凤玉 A. myriostigma var. nudum 'Kitsukou Hexacostatum'

星球属

红叶（红叶鸾凤玉）*Astrophytum myriostigma* var. *mudum* 'Rubra'

红叶鸾（碧琉璃狭棱鸾凤玉）缀化 *Astrophytum myriostigma* var. *nudum* 'Cristata'

仔吹红叶鸾凤玉锦 *Astrophytum myriostigma* var. *nudum* 'Variegata'

碧琉璃龟甲鸾凤玉锦 *A. myriostigma* var. *nudum* 'Kitsukou Variegata'

碧琉璃六棱鸾凤玉锦 *Astrophytum myriostigma* var. *nudum* 'Hexagonal Variegata'

仙人掌科

碧琉璃腹隆六棱弯凤玉 *A. myriostigma* var. *nudum* 'Fukuryu Hexagonal'

碧琉璃七棱腹隆弯凤玉 *A. myriostigma* var. *nudum* 'Fukuryu Septemcostatum'

碧琉璃七棱龟甲弯凤玉 *Astrophytum myriostigma* var. *nudum* 'Kikko Septemcostatum'

碧琉璃龟甲八棱弯凤玉 *A. myriostigma* var. *nudum* 'Kikko Octacostatum'

碧琉璃八棱弯凤玉 *Astrophytum myriostigma* var. *nudum* 'Octacostatum'

碧琉璃八棱弯凤玉锦 *A. myriostigma* var. *nudum* 'Octacostatum Variegata'

星球属

碧琉璃八棱粉叶（金心粉体红叶） *A. myriostigma* var. *mudum* 'Pink '

碧琉璃八棱腹隆弯凤玉 *A. myriostigma* var. *nudum* 'Fukuryu Octacostatum'

大凤玉 *Astrophytum capricorne* var. *crassisplnum* (H. Moeller) Okum.

大凤玉锦 *Astrophytum capricorne* var. *crassisplnum* 'Variegata'

美杜莎（梅杜莎）*Astrophytum caput-medusae* D. R. Hunt

有星大凤玉 *Astrophytum capricorne* (A. Dietrich) Britton et Rose

仙人掌科

弯凤阁 *Astrophytum myriostigma* var. *columnare* Lem.

奇严弯凤阁 *Astrophytum myriostigma* var. *columnare* 'Kigan'

群凤玉 *Astrophytum copricorne* var. *senile*

瑞凤玉 *Astrophytum copricorne* var. *senile*

星球属

裸萼球属 *Gymnocalycium* Pfeiff. ex Mittler

裸萼球属又叫蛇龙球属，本属杂交品种较多。

形态特征：中小型种。中型种如新天地，小型种如牡丹玉。株体初单生，球状或扁球状，老时圆柱状，径4～15 cm。子球丛生。株体具低宽钝形棱，呈显著疣状突起，螺旋状排列，棱数少，棱脊圆。刺座下面有凹横线，具针状芒刺，几乎所有的刺座之间都会有横线。刺长短不一。花顶生，或侧生，细漏斗状、短漏斗状、钟状，花白天开放，白色、粉红色、红色、深红色、橙红色或橘色、黄色花较少；花筒外和子房无毛，具宽大于长的多数鳞片，鳞缘浅白色，鳞腋无毛。花常数朵同时开放，单朵花开放时间短。果实球状或纺锤状，红色，具鳞片。

种类分布：71种，主产于阿根廷，部分种类产于乌拉圭、巴拉圭、玻利维亚、美国和巴西。

生长习性：冬季气温不低于10 ℃。喜黏土和腐殖土的混合土，喜透气性好的酸性土壤。喜阳光或半遮阳，对于刺少的种类应注意遮挡正午的阳光。冬季休眠。充分光照后容易开花。

繁殖栽培：分株繁殖容易，或播种繁殖。易生根，易栽培，长势较好。栽培环境及养护条件依其原产地而定。

观赏配置：花朵硕大，刺形态各异，花色鲜艳，容易开花，形态仅少数种类色彩鲜艳，但很雅致，十分惹人喜爱，可盆栽观赏。

翠晃冠 *Gymnocalycium anisitsii* (K. Schum.) Britt. et Rose

白花瑞昌冠 *Gymnocalycium baldianum* var. *albiflorum* C. A. L. Bercht 'Cristata'

春秋之壶 *Gymnocalycium vatteri* Buining

绯花玉 *Gymnocalycium baldianum* (Spegazzini) Spegazzini

绯花玉缀化 *Gymnocalycium baldianum* 'Cristata'

绯花玉缀化锦 *Gymnocalycium baldianum* 'Cristata Variegata'

绯花玉锦 *Gymnocalycium baldianum* 'Variegata'

绯花玉石化 *Gymnocalycium baldianum* 'Monst'

凤头丸（绿牡丹）*Gymnocalycium asterium* Y. Ito

光琳玉 *Gymnocalycium cardenasianum* F. Ritter

裸萼球属

631

海王丸（裸萼球）*G. denudatum* var. *paraguayense* F. Haage ex Y. Itô

海王丸锦 *Gymnocalycium denudatum* var. *paraguayensii* 'Variegata'

海王丸缀化 *Gymnocalycium denudatum* 'Cristata'

黑刺凤头丸 *Gymnocalycium asterium* A. Cast.

狂刺天平 *Gymnocalycium spegazzinii* 'Long Spine'

黄子球胭脂牡丹 *Gymnocalycium mihanovichii* var. *friedrichii* 'Yellow Bulbil'

仙人掌科

丽蛇丸锦（蛇纹玉锦）*Gymnocalycium damsii* (K. Schum.) Br. et R. 'Variegata'

良宽 *Gymnocalycium chiquitanum* Cárdenas

轮环绯花玉 *Gymnocalycium baldianum* var. *vanturianum* 'Cylivar'

摩天龙（魔天龙）*Gymnocalycium mazanense* (Backeberg) Backeberg

瑞昌玉（龙头，针冠龙）*Gymnocalycium quehlianum* (Haage ex Quehl) Vaupel

瑞昌玉缀化 *Gymnocalycium quehlianum* 'Cristata'

裸萼球属

633

瑞云（瑞云牡丹）*Gymnocalycium mihanovichii* Britton et Rose

瑞云锦（瑞云丸锦）*Gymnocalycium mihanovichii* 'Variegata'

牡丹玉 *Gymnocalycium mihanovichii* var. *friedrichii* Werd.

牡丹玉锦（绯牡丹，红牡丹，红灯）*G. m.* var. *friedrichii* 'Hibotan Nishiki'

牡丹玉锦 2

牡丹玉锦 3

蛇龙球（天王丸）*Gymnocalycium denudatum* (Link. et Otto.) Pfeiff. ex Mittler

守殿玉 *Gymnocalycium stellatum* (Speg.) Speg.

圣王球锦 *Gymnocalycium buenekeri* Swales 'Variegata'

天平丸 *Gymnocalycium spegazzinii* Britton et Rose

无刺牡丹玉锦 *G. mihanovichii* var. *friedrichii* 'Hibotan Inermis Variegata'

新天地（新世界）*Gymnocalycium saglione* Britton et Rose

裸萼球属

635

新天地锦 *Gymnocalycium saglione* 'Variegata'

新天地缀化 *Gymnocalycium saglione* 'Cristata'

一本刺 *Gymnocalycium vatteri* 'Eindornig'

一本刺锦 *Gymnocalycium vatteri* 'Eindornig Variegata'

莺鸣玉（英明丸）*Gymnocalycium marquezii* Card.

勇将丸（永将丸）*Gymnocalycium eurypleurum* F. Ritter

胭脂牡丹 *Gymnocalycium mihanovichii* var. *friedrichii* 'Magentum Variegata'

紫牡丹（黑牡丹）*G. mihanovichii* var. *friedrichii* 'Purple'

朱红型绯牡丹 *Gymnocalycium mihanovichii* var. *friedrichii* 'Vermilion Variegat

裸萼球属

637

天轮柱属（仙人柱属）*Cereus* Mill.

本属拉丁文名称来源于希腊文和拉丁文，意为"蜡"或"火炬"。

形态特征：大型柱状仙人掌，高可达 15 m。植株直立或倾斜，单生或树木状，稀灌木状，匍匐，多分枝。枝具 3～14 个明显的棱。刺座多而小，具短柔毛和芒刺，刺少，有具花刺座和无花刺座 2 种，同形。花大，径 9～30 cm，单生，漏斗状或高脚碟状，常侧生；外部花被片质厚、绿色或深绿色；内部花被片薄，白色，略有红色晕；雄蕊很长，纤细；柱头裂片线形；花筒外和子房无毛，稀有鳞片或毛；花柱宿存。夜间开花。浆果肉质，红色，稀黄色，球状、卵球形至长圆形，长 3～13 cm，无毛，果肉白色、粉色或红色。种子大，黑色，具光泽，弯曲卵球形。

种类分布：34 种，原产于南美洲巴西。

生长习性：喜阳光充足和排水良好、有机质丰富的砂质壤土。生长季节适量浇水。

繁殖栽培：扦插繁殖或播种繁殖。扦插繁殖生根快，也可用作某些大型球类仙人掌的砧木。

观赏配置：株形高大，生长迅速，宜种于温室内，供观赏。幼苗或小型种类可盆栽观赏。

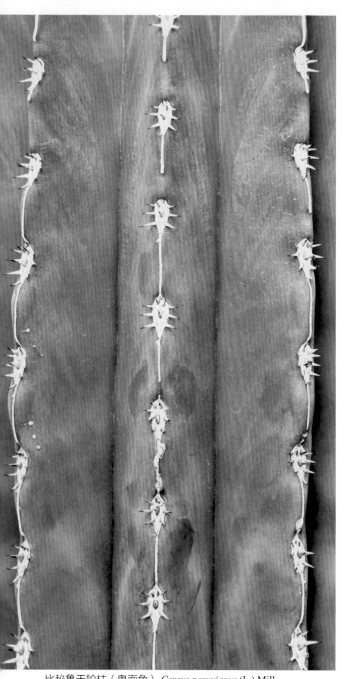

比秘鲁天轮柱（鬼面角）*Cereus peruvianus* (L.) Mill.

白毛太湖 *Cereus* 'White Hair Taihu'

红毛山 *Cereus* 'Red Hair Mount'

红狮子 *Cereus variabilis* Engelm. 'Rubraspinus Monst'

黄米毛太湖 *Cereus* 'Taihu Yellow Hair'

黄山影（白云山影锦）*Cereus pilajaya* 'Variegata'

黄云罗汉（罗汉影）*Cereus* 'Yellow Clouds'

姬狮子 *Cereus neopitahaja* 'Monst'

姬黄狮子（姬狮子锦）*Cereus neopitahaja* 'Monst Varegata'

天伦柱属

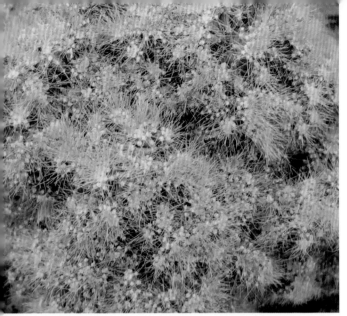

金毛山 Cereus 'Golden Hair Mount'

金狮子 Cereus variabilis 'Aureispinus Monst'

蓝天柱 Cereus azureus J. Parm. ex Pfeiff.

连城角 Cereus neotetragonus DC.

连城角锦 Cereus neotetragonus 'Variegata'

仙人掌科

六角天轮柱（六棱柱）*Cereus hexagonus* (L.) Mill.

螺旋富氏天轮柱（螺旋麒麟）*Cereus forbesii* Otto 'Spiralis'

绿山影 *Cereus* 'Monstrosus Green'

绿山影锦 *Cereus* 'Monstrosus Green Variegata'

山影拳（仙人山，山影）*Cereus jamacaru* 'Monst'

山影拳锦 *Cereus jamacaru* 'Monst Varegata'

天伦柱属

山影拳石化 *Cereus jamacaru* 'Monst'

泰国山影（青山影，核桃山，五指山）*Cereus peruvianus* 'Monstrosus'

万重山（神仙堡）*Cereus* 'Fairy Castle'

万重山锦 *Cereus* 'Fairy Castle Variegata'

万重山红锦 *Cereus* 'Fairy Castle Variegata Rubra'

万重山尖锦 *Cereus* 'Fairy Castle Variegata Top'

仙人掌科

雪山 Cereus 'Snow Mount'

岩石狮子 Cereus peruvianus 'Monstrosus'

牙买加天轮柱 Cereus jamacaru DC.

岩石狮子锦 Cereus peruvianus 'Monstrosus Variegata'

紫云罗汉 Cereus 'Purple Clouds'

天伦柱属

锦绣玉属（南国玉属，雪晃属）*Parodia* Speg.

锦绣玉属也叫南翁玉属或有毛玉属。

形态特征：株体小型，矮生。通常单生，或丛生，初扁球状、球状，后短圆柱状，基部生子球，具多数螺旋状低疣棱或几乎不分棱，其中有小疣状突起。径 1～1.5 cm，顶部具锥状叶，后脱落。刺座被白色绵毛，具芒刺和瘦针状、针状直刺；中刺弯曲，黄金色，先端钩状且有白色刺。花顶生，短漏斗状、宽漏斗状或钟状，黄色、白色、橙黄色、亮黄色，很少有红色，白天开放；柱头红色或紫色；花筒刺座被多绵毛及芒刺、鳞片，无针状刺。浆果，小，被毛。种子极小，尘土状，是仙人掌科植物种子中的微粒种子，具栓质种脐，有芒刺和沟。

种类分布：65 种，原产于南美洲的智利、玻利维亚、秘鲁和巴西等。

生长习性：喜温暖和阳光，夏季应遮阳，冬季保持盆土稍干燥。

繁殖栽培：嫁接或播种繁殖。

观赏配置：花色丰富、鲜艳，可盆栽观赏。

白乐天 *Parodia scopa* var. *candidus*

白小町 *Parodia scopa* (Spreng.) N. P. Taylor var. *albispinus*

彩金冠 *Parodia magnifica* 'Colorful'

赤花青王丸 *Parodia ottonis* (Lehm.) N. P. Taylor var. *vencluianus*

仙人掌科

绯秀玉 *Parodia herzogii* Rausch

红小町（黄小町）*Parodia scopa* var. *ruberrimus*

黄花雪晃（黄雪光）*Parodia graessneri* (K. Schumann) F. H. Brandt

黄花雪晃花

黄刺魔神 *Parodia maassii* 'Flavispina'

锦绣玉 *Parodia aureispina* Backeberg

锦绣玉属

金冠 *Parodia schumanniana* (Nicolai) F. H. Brandt

金冠花

金晃（金丝猴）*Parodia leninghausii* (K. Schum.) F. H. Brandt

金冠缀化 *Parodia schumanniana* 'Cristata'

金晃缀化（黄翁）*Parodia leninghausii* 'Cristata'

青王丸 *Parodia ottonis* Salm-Dyck

狮子王球 *Parodia pampeanus*

狮子王球锦 *Parodia pampeanus* 'Variegata'

眩美玉 *Parodia werneri* Hofacker

眩美玉花

锦绣玉属

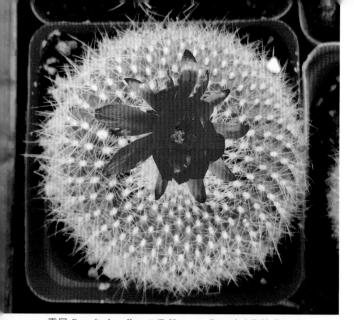

雪晃 *Parodia haselbergii* (F. Haage ex Rumpler) F. H. Brandt

雪晃（白雪光，雪光）橙色花

英冠玉（莺冠玉）*Parodia magnifica* (F. Ritter) F. H. Brandt

英冠玉花

英冠玉石化 *Parodia magnifica* 'Monstrosus'

英冠玉锦 *Parodia magnifica* 'Variegata'

锦绣玉属

金琥属（玉属）*Echinocactus* Link et Otto

本属拉丁文名称 *Echinocactus* 来源于古希腊文 "echinos"（多刺的）和 "cactus"（仙人掌）。

形态特征：株体大型，单生或丛生，扁球状或圆柱状，有时有子球。具 8～40 棱，棱直、钝形。球体顶部被多数毡毛。刺座具密集、垫状、黄色（稀粉红色）毡毛及针状大刺、短锥状刺，有时扁平，刺硬而直，色彩鲜艳。球顶部常有大块毡毛。花顶生，短漏斗状或钟状，黄色、粉红色或红色；花筒外被多数鳞片，其腋部有绵毛；子房鳞片很小，有茸毛。果实卵球状，密被白绵毛，为本属与强刺球属（*Ferocactus*）的主要区别。种子大，黑色或深褐色。

种类分布：6 种，原产于墨西哥和美国西南部。本属植物（如金琥 *Echinocactus grusonii*）的野外栖息地越来越小。

生长习性：喜温暖和阳光充足，忌夏季强光。喜排水良好且含石灰质的砂质壤土。生长季节盆土可略湿润，夏季遮阳，冬季应光线充足，盆土干燥，温度维持 8 ℃以上。盆土可用腐叶土、炉渣和园土以 1：1：1 混合，再加入少量石灰和腐熟的马粪。

繁殖栽培：以播种繁殖为主。

观赏配置：本属多为经典种类，可植物园温室栽培或盆栽观赏。

白刺金琥（白琥）*Echinocactus grusonii* 'Albispinus'

白刺狂琥 *Echinocactus grusonii* 'Intertextus Albus'

弁庆 *Echinocactus grandis* Rose

大龙冠（龙冠，太平球）*Echinocactus polycephalus* Engelmann et Bigelow

仙人掌科

短刺金琥（王金琥）*Echinocactus grusonii* 'Tansi Kinshachi'

短刺凌波 *Echinocactus texensis* 'Brevispina'

大佛殿 *Echinocactus subinermis*

鬼头 *Echinocactus visnaga* Hook.

红琥 *Echinocactus grusonii* 'Rubra'

金琥属

金琥（金虎）*Echinocactus grusonii* Hildm.

金琥花

金琥配置

仙人掌科

金琥缀化 *Echinocactus grusonii* 'Cristata'

金琥泉 *Echinocactus grusonii* 'Monstrosus'

狂琥（狂刺美琥）*Echinocactus grusonii* var. *intertextus* Y. Itô

凌波（棱波）*Echinocactus texensis* Hopffer

鹭金琥 *Echinocactus grusonii* var. *xiamenlidong*

美国金琥（美琥）*Echinocactus grusonii* 'America'

金琥属

653

裸琥（无刺金琥）*Echinocactus grusonii* 'Inermis'

怒琥 *Echinocactus grusonii* var. *horridus* Y. Itô

曲刺凌波 *Echinocactus texensis* 'Curvispina'

仙人掌科

强刺球属 *Ferocactus* Britton et Rose

强刺球属拉丁文名称 *Ferocactus* 意为凶猛的仙人球，因为本属的植物大多具有凶猛强壮的刺。

形态特征：株体大型，单生，圆柱状，或丛生，高约 3 m，具多数、厚钝棱、疣状棱；疣腋无绵毛。刺座大，常条状，上部刺座具腺体及毡毛，中刺、外刺常无区别，偶尔中刺、外刺有区别（外刺麻状，中刺粗大，短锥状、舌状，常有环纹，且内弯，或先端钩状，红色，有黄色）。花大，顶生，漏斗状或钟状，粉红色、红色、黄色或紫色，花瓣有时有一条深色的条纹；花筒外和子房无毛，有多数宽鳞片，而花筒与雄蕊间具环状毛。浆果，卵球状，红色或黄色。

种类分布：30 种，原产于美国西南部、墨西哥北部和危地马拉。原产地海拔高，降水少，气温年较差不大，多雾，湿度大。

生长习性：典型的沙漠植物，耐酷热和极干旱。喜充足的阳光和疏松透气的土壤，需水量少。稍耐寒，但长时间低温会使植株发黄至死亡。根系浅。

繁殖栽培：分株或播种繁殖。

观赏配置：强刺球属多肉植物为非常受欢迎的室内观赏品种，也可盆栽观赏或作温室多肉景观栽培。

白刺红洋锦 *Ferocactus fordii* (Orcutt) Britton et Rose 'Albispinus Variegata'

赤刺金冠龙 *Ferocactus chrysacanthus* 'Rubrispinus'

赤凤 *Ferocactus tainesli* (Salm-Dyck) Werderm.

强刺球属

655

赤诚 *Ferocactus macrodiscus* Britton et Rose

赤诚花

琥头 *Ferocactus cylindraceus* (Engelm.) Orcutt

荒鹫玉缀化 *Ferocactus guirocobensis* 'Cristata'

黄彩玉 *Ferocactus schwarzii* G. E. Lindsey

江守玉 *Ferocactus emoryi* (Engelm.) Orcutt

金鸱玉 *F. latispinus* var. *flavispinus* (Haage ex C. F. Först.) Backeb. et F. M. Knuth

金冠龙 *Ferocactus chrysacanthus* Britton et Rose

巨鹫玉（半岛玉，火剑峰）*Ferocactus peninsulae* (A. A. Weber) Britton et Rose

巨鹫玉锦 *Ferocactus peninsulae* 'Variegata'

强刺球属

657

巨鹫玉花

琉璃丸 *Ferocactus alamosanus* Britton et Rose

烈刺玉 *Ferocactus rectispinus* Britton et Rose

仙人掌科

龙虎 *Ferocactus echidne* (DC.) Britton et Rose var. *victoriensis* (Rose) G. E. Linds.

龙鹏玉缀化 *Ferocactus gatesii* G. E. Linds 'Cristata'

日出之球 *Ferocactus latispinus* (Haw.) Britton et Rose

日出之球锦 *Ferocactus latispinus* 'Variegata'

日出之球缀化 *Ferocactus latispinus* 'Cristata'

王冠龙 *Ferocactus glaucescens* (DC.) Britton et Rose

强刺球属

神仙玉 *Ferocactus gracilis* subsp. *coloratus* (H.E. Gates) N.P. Taylor

神仙玉锦 *F. gracilis* subsp. *coloratus* (H. E. Gates) N. P. Taylor 'Variegata'

伟冠龙 *F. peninsulae* var. *viscainensis* (H. E. Gates) F. Wolf et R. Wolf

文鸟 *Ferocactus histrix* (DC.) Lindsay

刈穗玉 *Ferocactus gracilis* Gat.

勇状丸 *Ferocactus robustus* (Pfeiffer) Britton et Rose

仙人掌科

裸玉属 *Gymnocactus* Backeberg

形态特征：植株小型。刺细弱，刺色多样。花朵大而艳美。

种类分布：约 13 种，原产于墨西哥炎热干旱的荒漠地区。

生长习性：喜温暖环境。

繁殖栽培：播种繁殖。

观赏配置：适合家庭盆栽，点缀居室效果颇佳。

黑枪丸 *Gymnocactus gielsdorfianus* (Werderm.) Backeberg

裸玉属

乌羽玉属 *Lophophora* J. M. Coult.

本属拉丁文名称来源于古希腊文 "lophos"（山顶或头盔）和 "phoreo"（携带）。

形态特征：株体低矮，初单生，扁球状，后圆柱状，有时呈匍匐状。球体柔软灰色，具有 8～10 个明显扁球状疣突，老时疣突数增多，疣腋无刺，但具柔软的茸毛，并具极大的肉质根。幼株蓝绿色，被细毛，球顶刺座被多数绵毛，或短刺，后脱落。花蕾期埋于茸毛中；花小，花数朵簇生于球体顶部（有记载为单生），短漏斗状、钟状、白色、粉红色；花筒外和子房无毛，有鳞片。果实棒形，光滑，红色。

种类分布：4 种，原产于美国和墨西哥。野生种类由于繁殖率低和过度采集而受到威胁。

生长习性：冬季休眠。生长极慢，有时 30 年后才能开花。喜疏松和保水土壤。栽培种生长快，3～10 年开花。具粗大肉质根，宜深盆种植。干燥时应预防红蜘蛛和根粉蚧等病虫害。

繁殖栽培：可用草球、朝雾阁和龙神木嫁接繁殖，或 5～9 月播种繁殖。

观赏配置：形体似纽扣，刺少或无刺，在国内认知度极高，可盆栽观赏。

白肌银冠玉 *Lophophora fricii* 'White Skin'

子吹白肌银冠玉 *Lophophora fricii* 'White Skin Caespitosa'

白肌银冠玉缀化 *Lophophora fricii* 'White Skin Cristata'

白肌疣银冠玉 *Lophophora fricii* 'Ooibo Kabuto'

仙人掌科

白花白肌银冠玉 Lophophora fricii var. albiflora

翠冠玉 Lophophora diffusa (Croiz) Bravo.

白花白肌银冠玉（幼时）

长毛翠冠玉（多毛翠冠玉）Lophophora diffusa 'Longivillosa'

大型乌羽玉 Lophophora williamsii var. solitalia

乌羽玉属

多棱乌羽玉（肋骨乌羽玉）*L. williamsii* var. *pluricstata* Croizat

龟甲乌羽玉 *Lophophora williansii* 'Kitsuko'

桃冠玉（乔丹乌羽玉，有刺乌羽玉）*Lophophora jourdaniana* Habermann

乌羽玉 *Lophophora williamsii* (Lem. ex Salm-Dyck) J. M. Coult.

乌羽玉锦 *Lophophora williamsii* 'Variegata'

乌羽玉缀化 *Lophophora williamsii* 'Cristata'

乌羽玉属

显疣乌羽玉石化 *Lophophora koehresii* 'Monstrosus'

显疣乌羽玉锦 *Lophophora koehresii* (Říha) Bohata, Myšák et Šnicer 'Variegata'

银冠玉 *Lophophora fricii* Haberm.

银冠玉锦 *Lophophora fricii* 'Variegata'

子吹长毛翠冠玉 *Lophophora diffusa* var. *caespitosa* 'Longivillosa'

子吹乌羽玉（仔吹乌羽玉）*Lophophora williamsii* var. *caespitosa* Y. Itô

666

仙人掌科

仙人掌属（团扇属）*Opuntia* Mill.

本属拉丁文名称 *Opuntia* 来自古希腊的城市名 "Opus"（奥普斯）。仙人掌被墨西哥人誉为 "仙桃"，是墨西哥的国花。果实可生食，嫩茎可作蔬菜。

形态特征：植株灌木状或乔木状，大小悬殊，多分枝。茎节扁平，圆形、椭圆形或长椭圆形，中部茎节圆柱状，细长，稀具棱或疣状，稀具棒状或球状茎节。幼枝刺座具圆锥状、肉质叶，后脱落。刺座分布均匀，具多数芒刺、针状刺以及绵毛，有些种无刺。花单生茎节顶部刺座，横向生长，钟状，轮生，白色、黄色或红色，夜间开放；花筒外和子房被绵毛、鳞片和刺；花被片与雄蕊间具显著环状毛，果实球状、梨状或椭球状。种子无翅，具白色角质假种皮。

种类分布：191 种（包括 10 个杂交种），是仙人掌科最大的属，原产于美洲热带至温带地区，已被引入世界各地。墨西哥分布种类最多，被称为 "仙人掌王国"。

生长习性：喜温暖，耐寒，耐干旱。

繁殖栽培：用叶扦插繁殖，或播种繁殖。

观赏配置：生命力顽强，可盆栽观赏或作刺篱。

白毛扇 *Opuntia leucotricha* P. DC.

白毛掌（白桃扇，白乌帽子）*Opuntia microdasys* var. *albispina* Fobe

初日之出（龙舌掌，招财手）*Opuntia monacantha* 'Variegata'

大绿扇仙人掌 *Opuntia elata* Link et Otto ex Salm-Dyck

单刺团扇（单刺仙人掌）*Opuntia monacantha* (Willd.) Haw.

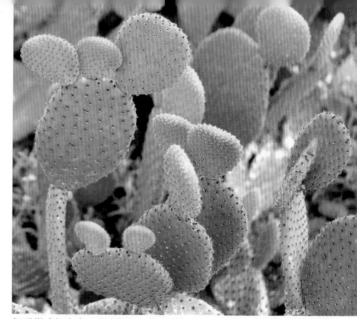

红毛掌（红太古，赤乌帽子，红小判）*Opuntia microdasys* var. *rubra*

黄毛掌（金乌帽子，金小判）*Opuntia microdasys* (Lehm.) Pfeiff.

黄毛掌缀化（还乐城）*Opuntia microdasys* 'Cristata'

火焰团扇 *Opuntia engelmannii* Salm-Dyck ex Engelm.

仙人掌科

姬初日之出 *Opuntia monacantha* 'Variagata Monstrosa'

交野 *Opuntia pilifera* F. A. C. Weber

金武扇仙人掌（平安刺，金武团扇）*Opuntia tuna* (L.) Miller

巨人团扇 *Opuntia grandis* Pferff.

梨果仙人掌（无刺仙人掌，大型宝剑）*Opuntia ficus-indica* (L.) Miller

琉璃镜（太阳神）*Opuntia lindheimeri* Eng.

仙人掌属

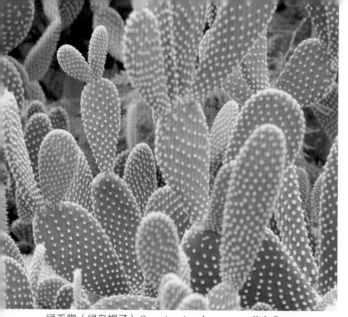

绿毛掌（绿乌帽子）*Opuntia microdasys* var. *pallida* Borg

日轮（军配团扇，刺梨仙人掌，圆武扇）*Opuntia compressa* (Sal.) Macby

缩刺仙人掌（无刺团扇）*Opuntia stricta* (Haw.) Haw.

松笠团扇 *Opuntia weberi* Speg.

土人团扇 *O. phaeacantha* Engelm. var. *camanchica* (Engelm. et J.M.Bigelow) Borg

仙人掌科

西纳黄毛掌 *Opuntia microdasys* 'Sinamonbany'

仙人镜 *Opuntia robusta* H. Wendland ex Pfeiffer

仙人掌 *Opuntia dillenii* Haw.

胭脂掌 *Opuntia cochinellifera* (L.) Mill.

鱼鳞仙人掌（仙巴掌，仙人扇，霸王树，火焰，火掌，玉芙蓉）*Opuntia* sp.

圆武扇（赤武扇，耐寒团扇，刺缩团扇）*Opuntia humifusa* (Raf.) Raf.

仙人球属（海胆属）*Echinopsis Zucc.*

本属为仙人掌科的大属之一。本属与金琥属（*Echinocactus*）的区别在于花筒的长度不同，与天轮柱属（*Cereus*）的区别在于茎的形态与大小不同，与两属的区别在于花在茎上着生的位置不同。

形态特征：株体小，灌木或乔木状。茎节初扁球状，后圆柱状，高约 1 m，基部多分枝，丛生，具高锐形棱或钝棱，呈斧状突起。刺座大，刺座间具横沟，具刺猬状刺及针状、短锥状刺，先端钩状。花侧生，大型，钟状、喇叭状或长漏斗状，白色、粉红色（夜间开花）或黄色、紫红色（白天开花）；花筒外被狭长鳞片与长毛；子房被多数细鳞片（伊藤芳夫记载，花筒外和子房被绵毛）。果实大，球状。

种类分布：130 种，原产于南美洲的阿根廷、智利、玻利维亚、秘鲁、巴西、厄瓜多尔、巴拉圭和乌拉圭。

生长习性：喜高温和干燥，喜砂质和砾质土，或生长于岩石山坡的石缝中。冬天忌潮湿。生长和休眠季节同金琥属。

繁殖栽培：扦插、嫁接或播种繁殖。

观赏配置：花美丽，花筒长，可盆栽观赏。

橙花短毛丸 *Echinopsis eyriesii* 'Orange Flower'

北斗阁 *Echinopsis terscheckii* (Parm. ex Pfeiff.) Friedrich et G. D. Rowley

仙人掌科

大毫丸锦 *Echinopsis subdenudata* Cárdenas

短毛丸（海胆，短毛玉，短毛球）*Echinopsis eyriesii* (Turpin) Pfeiff. et Otto

短毛丸变异 *Echinopsis eyriesii* 'Variation'

短毛丸缀化 *Echinopsis eyriesii* 'Cristata'

光虹球缀化锦 *Echinopsis ancistrophora* subsp. *arachnacantha* 'Cristata Variegata'

黄鹰 *E. atacamensis* (Phil.) Fried. et Row. ssp. *pasacana* (Web. ex Rümp.) Nav.

仙人球属

673

金盛丸（金刺草球，金盛球）*Echinopsis calochlora* K. Schum.

青绿柱（多闻柱，圣佩德罗）*Echinopsis pachanoi* (Br. et R.) Fried. et Row.

仁王丸 *Echinopsis rhodotricha* K. Sch.

仁王丸缀化锦 *Echinopsis rhodotricha* 'Cristata Variegata'

仙人掌科

世界图（短毛丸锦，世界地图）*Echinopsis eyriesii* 'Variegata'

仙人球（花盛球，草球）*Echinopsis tubiflora* (Pfeiff.) Zucc. ex K.Schum

仙人球花期

仙人球锦 *Echinopsis tubiflora* 'Variegata'

子吹短毛球 *Echinopsis tubiflora* 'Caespitosa'

仙人球属

花座球属（云属）*Melocactus* Link et Otto

本属与圆盘玉属 *Discocactus* 形态相似，但圆盘玉属只有很薄一层的花座。英文名称为 "cap cactus"，因其花座似土耳其男性公民的非斯帽（Fez hat）。本属植物多数适宜山地气候，如碧云、层云、蓝云、蓝云冠、华云、黄金云、凉云、紫云、姬云、姬云锦、丽云、白云、桃云、蓝灰云、赏云、赏云锦、短刺赏云、龙云、飞云、段云、丰云、丛云、晓云、卷云、乱云和沙云等；少数种类适宜海岛气候，如魔云、赫云、彩云、闲云、郎云、荒云、黑云、光云等。

形态特征：株体单生，色彩鲜艳，球状或扁球状，后长球状，群生，具 8 ~ 27 条直锐棱。刺座具针状，短锥状刺 3 ~ 12 枚，或更多。刺长短不一，多数种类刺非常强大。台状花座（起云）位于球体顶部中央，可不断生长，高可达 1.5 m，由绵毛及芒刺组成，有些种类花座高度可超过球体高度。花小，钟状，粉红色，生于花座上，白天开放；花筒外和子房无毛，具鳞片，通常埋藏于花座中。果实棒状或长卵圆形，鲜红色、珊瑚红色或白色。

种类分布：分属 33 种，原产于加勒比海地区、墨西哥西部至中美洲和南美洲北部，部分种类分布至秘鲁南部和巴西东北部。

生长习性：花座形成后球体本身不再生长。喜阳光、肥沃的砂壤土和湿润空气，不耐寒，5 ℃以上保持盆土干燥和阳光充足。

繁殖栽培：播种或嫁接繁殖。

观赏配置：花座的新生部分常色彩鲜艳，特别美丽，果实醒目，可盆栽观赏。

层云 *Melocactus amoelnus* (Hoffmanns.) Pfeiff

仙人掌科

层云 2

层云果实

碧云 *Melocactus salvadorensis* Werderm.

彩云 *Melocactus intortus* (P. Miller) Urban

赤刺云 *Melocactus levitestatus* Buining et Brederoo var. *rubrispinus*

花座球属

翠云 *Melocactus violaceus* Pfeiff.

翠云果期

飞云 *Melocactus curvispinus* Pfeiff.

黄金云锦 *Melocactus broadwayi* (Br. et R.) A. Berger 'Variegata'

赫云 *Melocactus macracanthos* (Salm-Dyck) Link et Otto

黄金云 *Melocactus broadwayi* (Britton et Rose) A. Berger

仙人掌科

锦云 *Melocactus peruvianus* Vpl. var. *canetensis* Rauh. et Backeberg

蓝云 *Melocactus azureus* Buining et Brederoo

莺梅云 *Melocactus azureus* Buining et Brederoo var. *greggii*

良云 *Melocactus bahiensis* (Britton et Rose) Luetzelb

魔云 *Melocactus matanzanus* Leon.

铁云 *Melocactus* sp.

花座球属

老乐柱属 *Espostoa* Britton et Rose

形态特征：株体乔木状，高 2 ～ 4 m，单干，在一定高度多分枝。干圆柱状，具 20 ～ 25 条低钝棱。刺座大，密生，密生白色、长绵毛及褐色毛刺，稀具中刺。花前茎顶部出现多绵毛及假花座。花座位于上部腋沟中；花顶生，棒状、漏斗状或钟状，白色、粉红色或红色；花筒外和子房密被白色绵毛。浆果，球状，绿色或胭脂红色。

种类分布：15 种，原产于秘鲁、玻利维亚。

生长习性：性强健，生长快速。喜阳光充足的生长环境，盆栽用土要求排水良好、中等肥沃的砂壤土。

繁殖栽培：播种繁殖。

观赏配置：花朵夜间开放，可盆栽观赏。

幻乐柱 *Espostoa melanostele* (Vaupel) Borg

　　　　　　　　　　　　　　　　　　　　　　　　　　　　　　仙人掌科

幻乐柱配置

老乐柱 *Espostoa lanata* (Kunth) Britton et Rose

老乐柱配置

老乐柱属

清凉殿 *Espostoa senilis* (F. Ritter) N. P. Taylor

白裳 *Espostoa sericata* Backgb.

白宫殿 *Espostoa nana* F. Ritter

长寿乐缀化 *Pseudoespostoa nana* Ritt. 'Cristata'

仙人掌科

月丰柱 *Espostoa mirabilis* F. Ritter

月丰柱基部

月丰柱上部

银河乐 *Espostoa huanucensis* Ritt.

老乐柱属

鹿角柱属（虾属）*Echinocereus* Engelm.

本属拉丁文名称 *Echinocereus* 来源于古希腊文 "echinos"（刺猬）和拉丁文 "cereus"（蜡烛）。

形态特征：中小型种。株体球形或圆柱形，具锐棱，常丛生。刺座附毡毛，尤其在球顶部常有大块毡毛。刺硬而直，密集，常扁平，色彩丰富。花常大，钟状，顶生，黄色或粉红色。花期较其他仙人掌植物稍长。果实被稠毛。

种类分布：约 70 种。原产于美国南部和墨西哥。生于向阳的多岩石处。

生长习性：喜轻质土壤、阳光和干燥。冬季开花。比仙人掌科其他种类更容易培养。比其他仙人掌科植物需肥更少。数个野外种类在干燥环境中可耐 - 23 ℃ 的低温。

繁殖栽培：播种繁殖。

观赏配置：本属种类多为经典种类，被广泛收集栽培，可盆栽观赏。

孔雀 *Echinocereus pectinatus* Engelm.

大洋虾 *Echinocereus polyacanthus* Engelm. var. *pacificus* (Engelm.) N. P. Taylor

华尔兹 *Echinocereus websterianus* G.E. Linds.

海神虾（榜名，海虾）*Echinocereus maritimus* (M. E. Jones) K. Schum.

鹿角柱 Echinocereus reichenbachii (Terscheck ex Walp.) Haage

少刺虾 Echinocereus triglochidiatus Engelm.

太阳（彩虹仙人掌，黄太阳）Echinocereus rigldissimus (Engelm.) Haage f.

玄武 Echinocereus blanckii (Poselger) Palmer

宇宙殿 Echinocereus knippelianus Liebner.

紫太阳 Echinocereus rigldissimus var. rubispinus (G. Frank) N. P. Taylor

鹿角柱属

纸刺属（达摩团扇属，球形节仙人掌属，武士掌属）
Tephrocactus Lem.

本属为一个小属，其拉丁文名称 *Tephrocactus* 来自希腊文 "tephra"（灰色）和 "cactus"（仙人掌），意为茎灰色。

形态特征：小型种。茎节短圆柱形、蛋形或球形。茎稍呈 "之" 字形，灰色、灰绿色或蓝色，有时阳光充足时会变色。刺或长，密集，针状、薄纸质，或无刺。花多为白色或粉红色，有时黄色，仅 1 种花红色。栽培时常不开花。本属植物的特点是钩毛下陷于刺座中。

种类分布：原产于阿根廷和玻利维亚。

生长习性：夏型种。生长慢。喜温暖，喜阳光充足，夏季适当遮阳，冬季保持干燥，保持 5 ℃以上温度。

繁殖栽培：分株或播种繁殖。

观赏配置：部分种类因具独特的茎和引人注目的刺而受欢迎，可盆栽观赏。

多棱纸刺 *Tephrocactus* sp.

黑弥撒 *Tephrocactus* sp.

仙人掌科

长刺武藏野 *T. articulatus* (Pfeiff.) Backeberg var. *diadematus* (Lem.) Backeberg

芒刺团扇 *Tephrocactus subinermis* (Backeberg) Backeberg

玥暗城锦 *Tephrocactus alexanderii* (Britton et Rose) Backeberg 'Variegata'

青罗汉 *Tephrocactus ovallei* Backeberg

习志野 *Tephrocactus geometricus* (A. Cast.) Backeberg

指纸刺 *Tephrocactus dactylifer* (Vaupel) Backeberg

纸刺属

687

摩天柱属 *Pachycereus* (A. Berger) Britton et Rose

本属拉丁文名称 *Pachycereus* 来自古希腊文 "*pakhus*"（厚）和拉丁文 "*cereus*"（仙人掌）。

形态特征：株体呈大灌木或小乔木状，单干，高 5～11 m（或 15 m 以上），径约 60 cm（或 1 m 以上），主干圆柱状，肥大，高 2 m 以上，多分枝。稀低矮，几乎平卧，或丛状。枝粗大，具 79 条低棱，棱缘钝形。刺座分为有花刺座和无花刺座 2 种。刺座大，生于棱脊，具多刺及多数褐色毡毛。上部刺座无刺，或几乎无刺，或一些簇状刺。花前刺座具多数褐绵毛。花侧生于顶部，壶状、钟状或漏斗状，白色、红色或粉红色；白天开放，稀夜间开放；花筒外和子房有小锐形鳞片、绵毛、芒刺，其腋间具绵毛与芒刺鳞片腋内被多数绵毛及芒刺；子房有些疣状突起。果实球状，具芒刺，或无刺，密被长绵毛。种子大，盔帽状，黑色。

种类分布：12 种，原产于墨西哥至美国亚利桑那州南部。

生长习性：喜温暖。

繁殖栽培：播种繁殖。

观赏配置：适于植物园栽培，幼苗可盆栽观赏。

上帝阁 *Pachycereus schottii* (Engelm.) D.R. Hunt

仙人掌科

白云阁 *Pachycereus marginatus* (DC.) Britton et Rose

武轮柱 *Pachycereus pringlei* (S. Watson) Britton et Rose

上帝阁配置

摩天柱属

土人之栉柱之刺

幸福柱 *Pachycereus* sp.

土人之栉柱 *Pachycereus pecten-aboriginum* (Engelm. ex S. Watson) Britton et R

仙人掌科

岩牡丹属 *Ariocarpus* Scheidw.

本属拉丁文名称 *Ariocarpus* 来源于古希腊文的 "aria"（一种橡树）和 "carpos"（果实）。植物体含有味苦、有毒性的生物碱如苯酚，可以避免被食草动物所食。

形态特征：植株小型，扁球状，径 6～20 cm，多单生，不分枝，成年株偶尔从基蘖生子球，具肥大直根。植株具 1 球状、扁平、呈螺旋状的茎。球体顶部扁平，疣腋密被绵毛，被白粉。植株地上部分呈莲座状，具三角状、扁平疣突，呈螺旋状排列，常龟裂，疣先端尖。刺座无刺。花顶生，短漏斗状，白色、红色、粉红色、紫色或黄色，夜间开放；花筒（短）外面和子房无毛，有鳞片。浆果棒状、绿色，埋在球体顶部绵毛内。花期在夏季。

种类分布：8 种，原产于墨西哥北部和美国南部的亚热带地区。由于原产地干旱和气候炎热，该属整个植株几乎全埋在地下。

生长习性：喜温暖，较耐寒。喜阳光充足、空气流通和排水性好的砂质和土层深的土壤。生长季节需充足水分。冬季喜冷凉和盆土干燥。仅在生长期浇水适量，一般为干透浇透，不耐积水。冬季应保持最低温度 12 ℃ 和完全干燥环境。生长极慢。

繁殖栽培：播种繁殖，或嫁接于麒麟团扇属（*Pereskiopsis*）、仙人球属（*Echinopsis*）、卧龙柱属（*Harrisia*）和仙人掌属（*Opuntia*）植物。结实率极低，果实成熟时间极长。

观赏配置：濒危物种，野外极稀有，易种植，可盆栽观赏。

菜花牡丹（菜花龟甲牡丹）*Ariocarpus fissuratus* 'Caihua'

岩牡丹属

勃氏牡丹（博士牡丹）A. bravoanus H. M. Hern. et E. F. Anderson

龟甲牡丹 Ariocarpus fissuratus (Engelm.) K. SSch.

花牡丹 Ariocarpus furfuraceus Thomson

黑牡丹 Ariocarpus kotschoubeyanus Lemaire ex K. Schumann

龙舌兰牡丹 Ariocarpus agavoides (Castaneda) E.F.Anderson

姬牡丹 Ariocarpus kotschoubeyanus (Lem.) K.Schum. var. elephantidens Skarupke

仙人掌科

怒涛花牡丹（怒涛牡丹）*Ariocarpus furfuraceus* 'Billows'

三角岩牡丹（司牡丹）*A. retusus* ssp. *trigonus* (Weber) Anderson et Fitz Maur.

沙漠岩牡丹 *Ariocarpus retusus* cv.

玉牡丹 *Ariocarpus retusus* Scheidw. var. *major* Y. Itetocirc

岩牡丹 *Ariocarpus retusus* Scheidw.

岩牡丹 *Ariocarpus retusus* 'Cristata'

岩牡丹属

多棱球属 *Echinofossulocactus* Britton et Rose

形态特征：株体小型，径不足 10 cm，初单生，扁球状，后细长而呈圆筒状。棱极薄，棱数为 30～60 条，甚至多达 120 条，除龙剑丸（*Echinofossulocactus coptonogonus*）外；棱缘呈波状弯曲。其中，仅 1 种具非常多的凸凹不平的棱。幼茎刺座有 1～2 枚毡毛。刺座排列稀，具针状刺，刺无定数；中刺大而长，纸质，扁平，大多向上。花小或大，顶生，漏斗状或钟状，常具暗绿色斑点，粉红色或黄色，呈半开状；花被表面中脉凹入，具深色中条纹；花筒外和子房无毛、无刺，具纸质鳞片。果球状或短长球状，具纸质鳞片。常春季开花。花期约 1 周。

种类分布：10 种，原产于墨西哥。

生长习性：喜温暖和阳光充足环境。夏季宜半阴和通风良好，冬季保持盆土干燥。

繁殖栽培：播种、嫁接或扦插繁殖。

观赏配置：棱多且薄，刺长且宽，形态奇特，球体圆整，开花美丽，可盆栽观赏。

缩玉 *Echinofossulocactus zacatecasensis* Britton et Rose

长刺雪溪 *E. albatus* (A. Dietr.) Britton et Rose var. *longspinus*

五刺玉（枪穗玉）*Echinofossulocactus pentacanthus* (Lem.) Britton et Rose

694

多棱玉（千波万波，多棱球）*Echinofossulocactus multicostatus* Britton et Rose

多棱玉群生

绀碧玉锦 *Echinofossulocactus albatus* var. *nigrispinus* 'Variegata'

振武玉 *Echinofosstulocactus* Britt et Rose

龙剑丸 *Echinofossulocactus coptonogonus* (Lem.) Lawr.

龙剑丸花

多棱球属

695

管花柱属 *Cleistocactus* Lem.

管花柱属拉丁文名称来自希腊文 "kleistos"，意为花蕾不易开放。

形态特征：株体初直立，后倒伏，单生，圆柱状，高达 2 m。茎部具分枝，或平卧；枝干细，具 6 ~ 9 条棱，棱呈疣状突起。刺座密，具细针状、芒状刺。花侧生于顶部附近，小型；花筒直立或弯曲，细管状；花冠斜截形；花被片细小，不开展，红色或黄色，一些种白色；白天开花；花筒外和子房密被狭披针形鳞片及白色长绵毛，腋部具长毛。果实小，球状，无毛。

种类分布：49 种，原产于秘鲁、阿根廷、乌拉圭和玻利维亚等。分布海拔可达 3 000 m。

生长习性：喜阳光充足的环境和凉爽气候，生长期宜充分浇水。花蕾期适当追施磷、钾肥可促使花大色艳。喜肥沃、疏松和含有适量灰质的土壤。多数品种都较耐寒，冬季保持 0 ℃以上温度和盆土干燥。

繁殖栽培：常切顶促生新分枝，再取新分枝嫁接繁殖，或播种，或扦插繁殖。

观赏配置：全株被毛，富有光泽，极其美观，可盆栽观赏。

吹雪柱（白芒柱）*Cleistocactus strausii* (Heese) Backeberg

吹雪柱配置

彩舞柱 *Cleistocactus samaipatanus* (Cárdenas) D. R. Hunt

彩舞柱配置

仙人掌科

吹雪柱配置 *Cleistocactus tarijensis* Cardenas

红吹雪 *Cleistocactus tupizensis* Backeberg

猴尾柱 *Cleistocactus colademononis* Mottram

管花柱属

丽花球属（丽花属）*Lobivia* Britton et Rose

　　形态特征：植株中型至矮小，生长紧凑。单生或群生。茎初扁球状、球状，后短圆柱状，单生或丛生，具低棱，棱缘锐形，呈斧状突起，或钝形，旱疣状突起。刺座具芒刺状、细针状、粗针状直刺，或合曲刺。花侧生，小型，丛生，短漏斗状或钟状，红色、黄色、白色、紫色、洋红色、堇粉色或橘黄色等，花通常白天开放；花筒短，外面及子房密被鳞片与毛；雄蕊花丝基部膨大形成膜。果实小，球状，多毛。种子黑色。

　　种类分布：原产于秘鲁南部、玻利维亚北部与阿根廷。

　　生长习性：容易开花。

　　繁殖栽培：播种繁殖。

　　观赏配置：开花较多，花形雅致，花色繁多而艳丽，可温室或室内盆栽观赏。

白丽 *Lobivia haematantha* Britton et Rose var. *densispina* Werderm.

黄刺丽花球 *Lobivia* sp.

丽花球 *Lobivia haematantha* (Speg.) Britton et Rose

丽花球属 *Lobivia* sp.

仙人掌科

丽花球属 *Lobivia* sp.

密刺丽花球 *Lobivia* sp.

艳姿丸 *Lobivia* × *enshi-maru* Y. Ito. Hybt.

阳春丸 *Lobivia tiegeliana* Wessner var. *pusilla*

脂粉丸 *Lobivia peclardiana* Krinz.

朱丽丸 *Lobivia hermanniana* Backeberg

丽花球属

菠萝球属（顶花球属）*Coryphantha* (Engelm.) Lem.

本属为大型属，拉丁文名称 *Coryphantha* 来自希腊文 "flowering on the top"。

形态特征：株体初扁球状，后较长，呈圆柱状，单生或群生，具大的低疣状棱。棱上具圆筒状、凸圆状、扁菱状或圆锥状的疣突；疣表面有纵浅沟，有毛；疣间有红色或黄色腺体；疣腋被绵毛。刺座具灰色刺 16～17 枚，刺，长 1～1.2 cm，刺针状、短锥状的直或弯曲；中刺 1 枚，粗壮，直立或近内弯，淡红色或黑色，长 1.4～3.5 cm。花顶生于新疣突腹面沟基部，或疣突腋部，漏斗状、钟状、黄色、白色，稀粉红色，径约 7 cm；花筒外和子房无毛，被鳞片。

种类分布：57 种和 20 亚种，原产于中美洲干旱地区的墨西哥至美国的亚利桑那州、新墨西哥州、得克萨斯州西部，北至蒙大拿的中部、西南部和东南部。

生长习性：耐干旱。喜温暖、阳光充足的环境，忌夏季强光直射。喜阳光充足及通风良好的环境，喜稍肥沃和排水良好的砂壤土。冬季保持盆土干燥和 10 ℃以上温度。配土可用 2 份粗砂与园土、腐叶土、碎砖（或石砾）各 1 份混合而成。

繁殖栽培：播种繁殖，侧芽子球扦插或嫁接繁殖。

观赏配置：可盆栽观赏。

金环蚀 *Coryphantha pallida* Britton et Rose

魔象丸锦（黑象锦）*Coryphantha maiz-tablasensis* 'Variegata'

巨象 *Coryphantha andreae* Purpus et Bodeker

巨象 *Coryphantha andreae* 'Variegata'

仙人掌科

天司丸 *Coryphantha bumamma* (Ehrenbg.) Britt. et Rose

无刺象牙球（蜘蛛眼睛）*Coryphantha elephantidens* 'Inermis'

短豪刺象牙丸 *Coryphantha elephantidens* 'Tanshi Zuogemaru'

象牙宫杂 *Coryphantha elephantidens* 'Hybrida'

象牙球（象牙丸，大疣象牙球）*Coryphantha elephantidens* Lem.

象牙球锦 *Coryphantha elephantidens* 'Variegata'

菠萝球属

圆筒仙人掌属（南美圆筒团扇属）
Austrocylindropuntia Backeberg

形态特征：植株矮小，灌木状，多分枝。主干圆柱状，具疣状突起，或有微突起的棱。幼茎节圆柱状，先端锐尖。叶小，锥状，后脱落。刺座位于疣顶，具芒刺、针状刺，其中密被白色毛。花轮状侧生，黄色、红色或橙色；花筒外和子房无毛，具鳞片、芒刺。浆果红色。种子大，扁平。夏季开花，部分冬季开花。

种类分布：11 种，原产于南美洲热带地区。

生长习性：春秋型种。喜温暖和阳光充足的环境。耐湿润，但应适当浇水。耐强光，夏季应通风。耐寒性强，但冬季应保温。栽培容易，生长慢。

繁殖栽培：扦插或播种繁殖。

观赏配置：形态各异，可温室或室内盆栽观赏。

大蛇（筒形扇，群雀）缀化 *A. cylindrica* (Lam.) Backeb. 'Cristata'

鬼子角（锁链掌，匍松团扇，木团扇，瓦团扇）*C. imbricata* (Haw.) F.M.Knuth

姬将军柱（月月掌）*Austrocylindropuntia subulata* 'Minor'

将军柱 *Austrocylindropuntia subulata* (Muehlenp f.) Backeberg

仙人掌科

将军柱配置

将军柱缀化 *Austrocylindropuntia subulata* 'Cristata'

鹿角梅 *Austrocylindropuntia salmiana* (Parm. ex Pfeiff.) Backeberg

珊瑚树（姬珊瑚）*Austrocylindropuntia salmiana* (J. Parm. ex Pfeiff.) Backeb.

珊瑚树锦 *Austrocylindropuntia salmiana* 'Variegata'

圆筒柱仙人掌属

叶仙人掌属（木麒麟属）*Pereskia* Mill.

本属的特点是有大量叶子，茎细。

形态特征：落叶灌木状、乔木状，或攀缘、匍匐状，多分枝。高 2 ~ 7(~ 10)m。茎细长，圆柱状；老茎木质化，有密集硬刺。叶宽，肉质，互生，扁平、椭圆形、卵圆形或披针形，长 2 ~ 20 cm，先端锐尖；具短柄。刺座小，刺小，无芒刺。花单生或 2 ~ 15 朵形成伞形花序或圆锥花序；花碗状，常单生、顶生或腋生，粉红色、玫瑰色、紫色，有时白色、橙色、黄色、奶油色或橘黄色，具花梗；花筒外无毛或具刺；子房极短。果实大，单生或簇生，肉质，球状、长圆形或梨状，成熟时常绿色或黄绿色，有时橙色、红色或带褐色，长 2 ~ 7(~ 10) cm。种子大，倒卵状肾形，黑色，有光泽，无假种皮。

种类分布：17 种，原产于北美洲至南美洲热带地区和西印度群岛等。

生长习性：喜温暖和湿润的环境，田园土栽培时枝繁叶茂。生长期可充分浇水，冬季休眠。

繁殖栽培：播种繁殖。

观赏配置：性强健，易栽培，易开花，效果极佳，可作墙垣绿化或盆栽观赏。可作砧木用以嫁接某些附生类及小型仙人掌。

大叶木麒麟 *Pereskia grandifolia* Haw.

大叶木麒麟花

大叶木麒麟配置

美叶麒麟（叶仙人掌锦）*Pereskia aculeata* 'Godseffliana'

仙人掌科

叶仙人掌 *Pereskia aculeata* Mill.

玫瑰麒麟（樱麒麟）*Pereskia bleo* (Kunth) DC.

叶仙人掌配置

子孙球属（宝山属）*Rebutia* K. Schum.

形态特征：株体小型，常形成大型群生。初单生，后扁球状或圆柱状，后基部多分枝，丛生。茎节扁球状或球状，绿色，棱不明显，呈长疣状突起，螺旋状排列，其边缘具 2 或 3 齿状缺刻。有些种具长沟，并有绵毛。刺座密，位于疣的顶端，具芒刺，刺细而短，白色、灰白色或褐色。花大而多，侧生于球茎中下部的疣沟中，漏斗状或狭漏斗状，长约 6 cm，紫红色、粉红色、鲜红色、黄色或胭脂红色等；花筒外和子房无毛，有鳞片。果实很小，红色，无刺。花期 3～5 月。

种类分布：41 种，原产于玻利维亚和阿根廷。

生长习性：容易栽培。性强健，适应能力强。喜通风、喜阳光充足的环境，不耐强光。喜排水良好的石灰质土壤。忌土壤过湿，高温季节注意通风和适当遮阳，冬季保持温度 5 ℃以上。

繁殖栽培：种子多，脱落后可在母体植株旁发芽。球体基部极易分生子球，可用子球分株繁殖。也可扦插或嫁接繁殖。

观赏配置：植株五颜六色，可盆栽观赏。

宝山（子孙球）*Rebutia minuscula* K. Sch.

宝山群生

宝山锦 *Rebutia minuscula* 'Variegata'

仙人掌科

红宝山（红花宝山）*Rebutia minuscula* cv.

橙宝山（城宝山，橙花宝山）*Rebutia heliosa* Rausch

新玉 *Rebutia fiebrigii* (Gürke) Britton et Rose

子孙球属

龙神柱属（浆果柱属）*Myrtillocactus* Console

本属拉丁文名称 *Myrtillocactus*r 的意思是蓝色浆果仙人掌，英文名称为 "blueberry cactus"。

形态特征：株体灌木丛状，主干短，后从基部丛生，多分枝。高达 5 m。枝粗，圆柱状或棱柱状，有白霜，具 5～6（～8）棱，棱锐形；刺座稀，具针状刺；老枝上刺座具短锥状刺，刺黑色。花侧生，每刺座上有 2 朵花或多朵花，有时数朵开放；花小型、短漏斗状，白色，白天开放；花筒（很短）外面和子房有鳞片，鳞片腋部有毡毛刺座，无芒刺状刺。花期夏季。浆果紫色。

种类分布：4 种，原产于墨西哥和危地马拉。

生长习性：喜温暖、干燥和阳光充足的环境，不耐寒，忌阴湿，耐干旱和半阴。冬季应保暖，少浇水。

繁殖栽培：温度较高时扦插，否则不易生根。也可播种繁殖。

观赏配置：株形挺拔，观赏价值高，浆果可食，可布置宾馆厅堂、商场橱窗等处，也可地栽布置多肉植物温室，幼株则可作家庭盆栽，点缀客厅、阳台、卧室等处。

龙神木（龙神柱，蓝爱神木）*Myrtillocactus geometrizans* Cons.

龙神木 2

龙神木锦 *Myrtillocactus geometrizans* 'Variegata'

仙人掌科

龙神木缀化 *Myrtillocactus geometrizans* 'Cristata'

仙人阁 *Myrtillocactus schenkii* Britton et Rose

仙人阁缀化 *Myrtillocactus schenchii* 'Cristata'

仙人阁花蕾

乌沙树 *Myrtillocactus cochal* (Orcutt) Britton et Rose

龙神柱属

大凤龙属 *Neobuxbaumia* Backeberg

形态特征：株体粗大，单干，圆柱状，直立，高 10～13 m，具 15～30 条棱，棱缘锐形。刺座小而密，具白色绵毛及针状刺。花小，横斜生长，圆筒状、钟状、棒状，多为红褐色，或浅红色，或深红色，夜间开花。花筒外与子房被多数鳞片，鳞片长、下延且肉质，呈花被片状，先端具腺体。果实卵球状，具棱，成熟后星状开裂。种子肾状。

种类分布：9 种，原产于墨西哥。

生长习性：春秋种型。喜温暖。

繁殖栽培：播种繁殖。

观赏配置：可盆栽观赏。

大凤龙（龙凤柱）*Neobuxbaumia polylopha* (DC.) Backeberg

仙人掌科

大凤龙配置

大凤龙锦 *Neobuxbaumia polylopha* 'Variegata'

勇凤柱 *Neobuxbaumia euphorbioides* (Haw.) Backeberg

刺翁柱属 *Oreocereus* (A. Berger) Riccob.

本属拉丁文名称 *Oreocereus* 来自希腊文 *"oreo-"*（山）和新拉丁文 *"cereus"*（仙人掌）

形态特征：株体低矮，灌木状，初单生，直立，后多分枝，丛生或横卧，具多数低棱，棱缘钝形。刺座大，具针状、短锥状刺及密生毛发状白色绵毛。花前呈现花座。花生于球体顶部，筒状，淡红褐色；花筒外和子房被毛，有鳞片。果实为干果，球状，或扁球状。种子黑色。

种类分布：8 种，原产于玻利维亚、秘鲁、智利和阿根廷的安第斯山脉的高海拔地区。

生长习性：生长快。性强健，喜阳光充足、通风良好的环境，夏季无须遮阳。喜排水良好、富含腐殖质和适量石灰质的土壤。较耐寒，冬季保持盆土稍干燥和 0 ℃ 以上温度，嫁接株保持在 6 ℃ 以上温度。

繁殖栽培：常切顶促生新分枝后嫁接于量天尺。播种繁殖，出苗容易，苗期管理简单。

观赏配置：植株被白色茸毛，可盆栽观赏或栽培于玻璃橱窗或透明薄膜内，以确保植株毛刺干净整洁。

武烈丸（武烈柱）*Oreocereus celsianus* (Lem. ex Salm-Dyck) Riccob. var. *bruennowii* (Haage ex Rumpler) Borg

仙人掌科

武烈丸配置

巨大龙 *Oreocereus giganteus* Knize.

荒狮子 *Oreocereus celsianus* var. *ruficeps* Y. Itô

赛尔西刺翁柱 *Oreocereus celsianus* (Lem. ex Salm-Dyck) Riccob.

刺翁柱属

713

瘤玉属 *Thelocactus* (K. Schum.) Britton et Rose

瘤玉属又叫疣玉属。

　　形态特征：中小型种，3～38 cm×4～20 cm。植株球形或短圆柱形，常单生，老株呈球柱状或圆柱状，直立，不分枝或分枝而群生。茎不分节，淡绿色，或至淡灰蓝色，球状或平顶至短圆筒状，无毛。棱明显，7～13（～25）条，棱缘锐形，有较大瘤状突起，有时呈螺旋状，幼苗和一些墨西哥种类无棱。刺座上端有多毛的沟。刺多达 20 个，细针状或针状，长 1.3～1.5 cm，刺先端钩状，呈辐射状排列。中刺可超过 6 枚，多粗糙，与植株表面垂直，长 2.5～7.5 cm，小球无中刺。刺的颜色丰富，白色、灰色、金黄色或红棕色。花大或巨大，簇生于顶端刺座的沟内，宽漏斗状。花生于植株顶端多毛的疣内，漏斗状或钟状，径 2.5～7.5 cm，白色、黄色、粉红色、红色或紫色。白天开花。花筒外和子房无毛。果小，球形或扁平，成熟后开裂。种子黑色或深棕色。

　　种类分布：约 11 种，原产于墨西哥中部、北部和美国西南部的干旱地区。

　　生长习性：喜温暖。

　　繁殖栽培：播种和嫁接繁殖。部分品种可截顶后取子球扦插繁殖。实生苗生长快，3～5 年后开花。

大统领 *Thelocactus bicolor* (Galeotti) Britton et Rose

大瘤玉 *Thelocactus* sp.

狮子头 *Thelocactus lophothele* (Salm-Dyck) Britton et Rose

鹤巢丸（凛冽丸）*Thelocactus nidulans* (Quehl) Britton et Rose

　　　　　　　　　　　　　　　　　　　　　　　　　　仙人掌科

红鹰 *Thelocactus heterochromus* Van

瘤玉属

巨人柱属 *Carnegiea* Britton et Rose

本属拉丁文名称 *Carnegiea* 是为了纪念安德鲁·卡内基（Andrew Carnegie）。它是世界最高的仙人掌之一。巨人柱属平均年龄可达 85 年，极少数甚至超过 200 年。

形态特征：株体乔木状，很大，主干圆柱状，高 10～15 m，主干中部具直立分枝。枝圆柱状，径 30～65 cm，具 12～30 条低钝棱。刺座位于棱脊上，多且密，具毡毛和多数针状刺。刺座分有花刺座与无花刺座，两者形状不同。开花前刺座内出现黄褐色绵毛及多数毛刺；每具花刺座具 1 花；花顶生于茎顶部，大型，漏斗状、钟状、白色；花筒外和子房上刺座具绵毛、芒刺，被多数鳞片；鳞片腋内被细毛与芒刺。果实具少量刺；果肉红色。花期 5～6 月。花在日落后约 2 h 后开放，可开到翌日中午。

种类分布：1 种，原产于美国西南部和墨西哥东北部的索诺拉沙漠。

生长习性：喜温暖和向阳的环境，耐干旱，宜于深厚砂壤土中生长。生长慢，10 年生巨人柱仅 4～10 cm。2～8 m 高时每年可生长 10～15 cm，此后生长速度又降低。

繁殖栽培：播种繁殖。

观赏配置：可种植于植物园温室观赏。

巨人柱缀化（巨人柱冠，冠状巨人柱）*Carnegiea gigantea* 'Cristata'

仙人掌科

巨人柱 *Carnegiea gigantea* (Engelm.) Britton et Rose

瓣庆柱 *Carnegiea qiqautea* Britton et Rose

巨人柱属

小花柱属
Micranthocereus Backeb.

形态特征：株体圆柱状，多分枝，丛生，高 1 ~ 1.5 m，顶部具白色绵毛及刺。特别是开花前有白色绵毛的花座出现。花小，侧生，白色；多花同时开放；花筒及花被片极短；花筒外和子房具鳞片与绵毛。果实小型。夏季开花。

种类分布：10 种，原产于巴西。

生长习性：喜温暖和阳光充足的环境。稍耐湿润，适当控制浇水量，稍耐寒。

繁殖栽培：播种繁殖。

观赏配置：可盆栽观赏。

南美翁茎先端

南美翁 *Micranthocereus estevesii* (Buining et Brederoo) F. Ritter

福老人 *Micranthocereus flaviflorus* Buining et Brederoo

仙人掌科

智利球属 *Neoporteria* Britton et Rose

形态特征：球状或短圆筒状，常单生，有时群生。根粗大，根和茎之间有一段细脖子状的上胚轴。茎表皮深褐色或灰绿色，棱通常被瘤块分割。刺大多硬而直。花红色、玫瑰红色或黄色，生于茎顶端，漏斗状或铃状，色极艳丽。

种类分布：20～30种。原产于智利的海岸地区，少数种类在秘鲁南部和阿根廷的高海拔地带。

生长习性：喜光，喜排水良好、中等肥沃的砂壤土。由于本属多产于高海拔地带，较能忍耐低温。

繁殖栽培：播种或嫁接繁殖。

观赏配置：开花容易，从春至秋开花不断，常数朵花同时开放，花大醒目，可温室或室内盆栽观赏。

豹头 *Neoporteria napina* Backeberg

银翁玉 *Neoporteria nidus* (Soehrens) Britton et Rose

黑斜子属（佛头玉属）
Reicheocactus Backeberg

形态特征：植物体球状或短圆筒状，易群生。大型植株开花容易，花期长，花量大，5～10月为盛花期。

种类分布：3种。原产于南美洲。

生长习性：性强健，喜充足光照和中性略偏碱性的砂质土壤，耐瘠薄，耐干旱，忌积水和阴湿；适生温度20～35℃，低于20℃时生长较慢，10℃以下基本停止生长。冬季保持干燥，0℃以上几乎可安全越冬，少数种类抗霜冻。

繁殖栽培：播种或嫁接繁殖。

观赏配置：花美丽，可温室或室内盆栽观赏。

黑斜子（阳盛丸）*Reicheocactus pseudoreicheanus* Backeb.

假昙花属
Rhipsalidopsis Britton et Rose

本属茎节似仙人指，但花辐射对称和无花托筒这两点和仙人指不同，所以分类学家认为它更接近于丝苇属。

形态特征：矮生的附生类型，灌木。分枝多，茎节状，2～4棱。刺座侧生和顶生，仅有刚毛但无刺。花着生末节茎的顶端，中等大，短漏斗状，花冠辐射对称，无花托筒，红色或粉红色，很艳丽。

种类分布：2种，产于巴西。

生长习性：喜温暖湿润的环境，耐半阴，耐高温，抗干旱能力较差，喜疏松、排水良好的砂壤土。

繁殖栽培：扦插或嫁接繁殖。

观赏配置：可温室或室内盆栽观赏。

假昙花 *Rhipsalidopsis gaertneri* (Regel) Vaupel.

假昙花（复活节仙人掌）品种 1

假昙花品种 2

假昙花品种 3

假昙花品种 4

仙人掌科

光山属（光山玉属）*Leuchtenbergia* Hook.

形态特征：植株高约 70 cm。直根大，肉质。初单生，初生茎圆柱状，呈束状，具多数三棱状长疣突，疣突长达 12 cm；疣突先端尖，尖上有刺座。刺座上有长的白色纸质刺。花刺座有 2 枚锥状刺；花顶生于顶部刺座上，大型，漏斗状，鲜黄色，径 5 ~ 6 cm。果实光滑，黄绿色。花期 7 ~ 9 月。

种类分布：1 种，原产于墨西哥中北部的圣路易斯波托西（San Luis Potosi）和奇瓦瓦（Chihuahua）。

生长习性：喜温暖和阳光充足的环境。冬季休眠。

繁殖栽培：分株或播种繁殖。

观赏配置：单生或基部产生不定芽而形成群生，看起来像龙舌兰，宜盆栽观赏。

光山 *Leuchtenbergla principis* Hook.

光山属

矮疣球属（王龙玉属）*Ortegocactus* Alex.

形态特征：植物体单生，扁球状或短柱形，表皮灰色，老株易群生。具小块根或无块根，须根发达。茎部老化时成深玫红色。棱 7～8 条，呈扁菱状疣突。刺座具外刺 7～8 枚，刺直伸，长 5～10 mm；中刺 1 枚，长 45 mm，黑褐色。花小，黄色，漏斗形，径 2～3 cm，碟状，长约 3 cm。种子近球形，黄褐色。单朵花可开放数日。春季至夏初开花。

种类分布：1 种，原产于墨西哥瓦哈卡地区。

生长习性：喜光，夏季高温时适当遮阳和通风。

繁殖栽培：分株或播种繁殖，实生苗生长极慢。

观赏配置：价格昂贵，可盆栽观赏。

帝王龙（帝王丸）*Ortegocactus macdougalii* Alexander

仙人掌科

龙爪球属 *Copiapoa* Britton et Rose

本属拉丁文名称 *Copiapoa* 为智利北部城市名 —— 科皮亚波。17 世纪欧洲人开始种植该属植物，变种较多。

形态特征：株体小型，初单生，球状，后圆柱状，丛生，稀高达 1 m。老时顶部密被绵毛，具多数棱；棱呈颚状突起。茎棕绿色到蓝绿色。刺座具大针、锥状、直或弯曲刺。花顶生，小型，生于球体顶部；花漏斗状、碗状、黄色，白天开放；花筒极短，通常深棕紫色，或具有白色的蜡质，花筒外面和子房无毛，有鳞片。果实为干果，小型，具萼状鳞片。

种类分布：26 种，原产于智利的阿塔卡马沿海沙漠。

生长习性：耐干旱。生长慢。

繁殖栽培：播种繁殖。

观赏配置：可盆栽观赏。

黑土冠 *Copiapoa dealbata* F. Ritter

雷血丸 *Copiapoa krainziana* F. Ritter

雷血丸侧面

疣仙人 *Copiapoa hypogaea* F. Ritter

毛柱属 *Pilosocereus* Byles et G. D. Rowley

毛柱属又叫毛刺柱属，其拉丁文名称 *Pilosocereus* 来自拉丁文 "pilosus"（毛茸茸的）和 "cereus"（仙人掌）。该名称的建立取代了该属较早应用的非法名字 "pilocereus"。

形态特征：乔木或灌木，直立或斜升，基部常分枝。茎柱状，分节，蓝绿色，高 0.5～10 m，径 2.8～8 cm，无毛；棱低，3～30 条，圆形，或具波状纹；刺窝常密，常在开花区域会合，圆形至椭圆形，具绵状毛；毛常白色或黄褐色，8～50 mm。刺直，褐色或黑色，后变灰色，针状，圆柱状，平滑。花生于茎一侧，漏斗状至狭钟状；花管直或稍弯曲；外花被片淡蓝色或紫红色，边缘全缘或稍具小齿；内部花被片白色带粉红色至红色，边缘全缘；子房光滑，无刺；柱头裂片 8～12 枚。花夜间或黄昏开放。果实为红色或蓝紫色的球形、卵球形或长圆形，肉质；果肉颜色丰富。种子黑色或深褐色，螺旋形，长 1.2～2.6 mm，平滑，有光泽。

种类分布：约 40 种，原产于美国佛罗里达州、墨西哥、西印度群岛、中美洲其他地区和南美洲。

生长习性：喜温暖。

繁殖栽培：播种繁殖。

观赏配置：可盆栽观赏。

春衣 *Pilosocereus leucocephalus* (Poselg.) Byles et G. D. Rowley

蓝柱（金青阁）*Pilosocereus pachycladus* F. Ritter

仙人掌科

蓝柱 2

夏衣柱 *Pilosocereus fulvilanatus* (Buining et Brederoo) F. Ritter

皱棱球属 *Aztekium* Boed.

由于皱棱球属植物与阿兹特克人（Aztec）的雕塑形态相近，因此本属的拉丁文名称被命名为 *Aztekium*。

形态特征：株体小型，扁球状，稀匍匐状，灰绿色，具粗大肉质根。单生，径 4~5 cm，具 9~11 条高钝皱棱，棱具粗横皱褶，棱与棱间有副棱。副棱上无刺座，都具横沟。刺座于棱上密生，具毡毛及 1~3 枚小纸刺，刺后脱落，稀茎端刺座有刺。花顶生，极小，狭漏斗状，白色至粉红色；花筒外和子房无毛、无刺，有鳞片或无鳞片。果实小，瓶状，埋于球顶茸毛中。

种类分布：3 种，原产于墨西哥的新莱昂州，其栖息地已遭到破坏。

生长习性：生长极慢，两年生直径为 3 mm。

繁殖栽培：播种繁殖。

观赏配置：可盆栽观赏。

花笼 *Aztekium ritteri* (Boad.) Boad. ex A. Berger

欣顿花笼（信氏花笼）*Aztekium hintonii* Glass et W. A. Fitz Maurice

仙人指属（蟹爪兰属）*Schlumbergera* Lem.

与昙丝苇属（*Hatiora*）近缘。著名植物圣诞仙人掌（Christmas cactus）和感恩节仙人掌（Thanksgiving cactus）即本属植物。和蟹爪兰和假昙花等形态相似。

形态特征：株体附生植物，小灌木状，初直立，后下垂，基部多分枝，常下垂。多分枝，枝丛下垂。茎节扁平，长椭圆形或倒卵圆形，边缘具深浅不一的齿状缺刻，特别是两端内侧弯曲似蟹爪状，末端茎节先端刺座上着生混合芽，表面具星状散生斑点。刺座小，具芒刺及绵毛。花顶生，大，左右对称；花筒短，漏斗状，紫色、红色或胭脂红色、白色，具 2 层花被片；花被片直，或反卷；花筒外和子房无毛、刺，有鳞片；子房 5 条棱，有鳞片。

种类分布：9 种，原产于巴西东南部的海岸山脉。附生于树上或岩石上。

生长习性：喜阴凉和潮湿的环境，盆土保持微潮。

繁殖栽培：分株或播种繁殖。

观赏配置：形态各异，花色绚丽，是深受人们喜爱的室内盆栽花卉。

仙人指 *Schlumbergera bridgesii* (Lem.) Loefgr.

仙人指花

仙人指锦 *Schlumbergera bridgesii* 'Variegata'

蟹爪兰 *Schlumbergera truncata* (Haw.) Moran

仙人掌科

蟹爪兰品种 1

蟹爪兰品种 2

尤伯球属 *Uebelmannia* Buining

　　本属拉丁文名称 *Uebelmannia* 是为了纪念瑞士收藏家 Werner J. Uebelmann（1921～2014）。它是仙人掌科中发现最晚的属之一，非常珍稀，属中所有植物都是濒危保护植物。

　　形态特征：株体小型，单生，球状，后圆柱状，高达 75 cm，黑色、黑褐色、深紫色或绿色，有白色蜡质小鳞片，有时具银色的鳞片，具多棱，棱直，棱钝形或锐形，也有呈疣状突起。刺座密，位于棱脊上，具白色毡毛（有些种）及针状刺，刺白色、黄色或棕褐色，成篦齿状排列。花着生于球顶部刺座上。花极小，顶生，漏斗状，黄色。果实长球状，红黄色或黄绿色。种子帽状，皮皱。

　　种类分布：3 种，原产于巴西，濒危种。

　　生长习性：喜阳光充足，夏季稍遮阳，喜温暖，冬季保持 15 ℃以上，盆土干燥时可耐较低温度。喜腐殖质丰富的培养土，并附加点石灰质土壤。

　　繁殖栽培：播种繁殖。

　　观赏配置：表皮颜色会随光线强弱而变化，可盆栽观赏。

尤伯球 *Uebelmannia* sp.

栉刺尤伯球（栉刺尤柏球）*Uebelmannia pectinifera* Buining

长疣球属 *Dolichothele* (K. Schum.) Britton et Rose

形态特征：多年生植物。植株初单生，易从基部产生子球，后随子球数增多，逐渐呈群生状。根粗大，肉质，呈不规则形。疣突长，棒状，肉质，色泽碧绿。疣突顶端生刺座。花生于疣突的叶腋间，漏斗形，黄色。果实长圆形，成熟后黄绿色，表皮光滑。种子深褐色。花期春季至秋季。

种类分布：8 种，分布于南美洲。

生长习性：喜温暖和半阴环境，散射光处生长良好。耐干旱，忌强阳光直射。冬季休眠，保持温度 5 ℃以上。

繁殖栽培：用子球扦插繁殖或播种繁殖，易出苗。

观赏配置：易开花，球体群生时数十朵花同时开放，十分壮观，花色鲜美，观赏价值高，可盆栽观赏，是绿化装饰书桌、几架等的良好材料。

金星 *Dolichothele longimamma* (DC.) Britton et Rose

金星（长疣八卦掌）花

小金星 *Dolichothele longimamma* 'Mini'

小金星配置

仙人掌科

海王星 *Dolichothele uberiformis* Britton et Rose

海王星配置

蛇鞭柱属 *Selenicereus* (A. Berger) Britton et Rose

形态特征：植株小型，攀缘状，具下垂气生根。茎节细，圆柱状，匍匐，具棱 7 ~ 13 条，棱矮，缘钝形，有时具小瘤。刺座密。花大，喇叭状或漏斗状，白色或粉红色，花筒长；内部花被片很窄，白色全缘；花丝长，多数；花柱长。果大，卵球状，微红色。

种类分布：28 种，原产于中美洲、加勒比海和南美洲北部的热带地区。

生长习性：为附生仙人掌。

繁殖栽培：播种繁殖。

观赏配置：花多，芳香，果实累累，可盆栽观赏。

鱼骨令箭 *Selenicereus anthonyanus* (Alexander) D. Hunt

金煌柱属 *Haageocereus* Backeberg

形态特征：株体灌木状，基部多分枝。枝直立或弯曲，圆柱状，径 6～7 cm，具多数低直棱，棱呈疣状突起。刺座大而密，具芒刺、针状外刺约 20 枚，刺黄金色、白色或黑色。顶部刺座具中刺约 4 枚，刺长 1.4 cm，其中 1 枚长约 7 cm。花座具白色长绵毛和芒刺。花横斜生于顶部，漏斗状、钟状，白色、红色或绿色，长约 10 cm；花筒外和子房被绵毛。花夜晚开放。果实为浆果，卵球状。

种类分布：20 种。特产于秘鲁和智利北部海岸极干旱沙漠的低海拔地区。

生长习性：冬季保持盆土干燥和 0 ℃以上温度。

繁殖栽培：播种繁殖。

观赏配置：果实漂亮，可盆栽观赏。

彩华阁 *Haageocereus versicolor* (Werderm. et Backeberg) Backeberg

金焰柱 *Haageocereus chosicensis* (Werderm. et Backeberg) Backeberg

仙人掌科

鸡冠柱属
Lophocereus Britton et Rose

形态特征：大型柱状种类，易基部分枝群生。表皮光滑。花常数朵同生于一个刺座，花 3～4 cm 长，白色，夜晚开放。果实球形，红色或白色。

种类分布：原产于北美洲。

生长习性：喜温暖、耐半阴、耐干旱，忌水渍。稍耐寒，冬季保持 5 ℃以上温度。生长快。

繁殖栽培：分株繁殖或播种繁殖。

观赏配置：株形大，易群生，色彩淡雅，形态奇特。

阳物（成人柱，程诚柱）*Lophocereus schottii* 'Big Penis'

上帝阁 *Lophocereus schottii* Britton et Rose

上帝阁缀化 *Lophocereus schotti* 'Cristata'

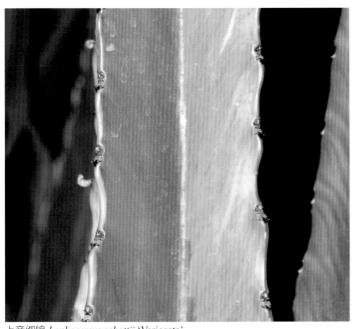

上帝阁锦 *Lophocereus schottii* 'Variegata'

福禄寿 *Lophocereus schottii* var. *monstrosus* H. E. Gates

鸡冠柱属

731

有沟宝山属（宝珠球属）*Sulcorebutia* Backeberg

形态特征：植株小型，多数种易群生，主根肉质，粗大。花生于球体侧部，花色丰富，有红色、紫色、黄色和白色，且有复色花。

种类分布：常见栽培种7种，原产于南美洲玻利维亚的安第斯山脉（海拔2 400～3 600 m）。

生长习性：易徒长，管理上需控水和较强的长日照。喜多颗粒的矿物质土壤。不耐寒，0～10 ℃时保持土壤干燥可安全越冬。部分种能忍耐短期的霜冻，经过休眠期花开得更为繁茂。

繁殖栽培：播种繁殖。

观赏配置：花繁茂，可温室或室内盆栽观赏。

阿鲁比斯匹那 *Sulcorebutia verticillacantha* F. Ritter 'Albispina'

尤氏子孙球 *Sulcorebutia tiraquensis* (Cárdenas) F. Ritter

紫丽丸（青蛙王子，籽粒丸）*Sulcorebutia rauschii* G. Frank

紫丽丸2

仙人掌科

龙凤牡丹属 *Hylocalycium* G. D. Rowl.

本属植物龙凤牡丹为仙人掌科的量天尺与绯牡丹的属间嫁接嵌合体：即量天尺＋绯牡丹（*Gymnocabycium mihanovichii* Britton et Rose var. *friedrichii* Werd. 'Hibotan'）。

形态特征：株体球状，小型，丛生，具棱，鲜红色。刺座小，具多枚短的红色刺。**种类分布**：园艺品种。
生长习性：喜温暖干燥和阳光充足的环境。不耐寒，怕强光直射，较耐干旱。
繁殖栽培：嫁接繁殖。
观赏配置：整个植株呈不规则扭曲，从杂色变态茎上长出圆圆小红球，又似游龙戏凤，十分奇特。

龙凤牡丹 *Hylocalycium singulare* G. D. Rowl.

圆柱仙人掌属（圆柱掌属）
Cylindropuntia (Engelm.) F. M. Knuth

圆柱仙人掌属又叫圆筒团扇属。

形态特征：植株矮小，灌木状，多分枝。主干圆柱状，具疣状突起，或有微突起的棱。幼茎节圆柱状，先端锐尖，叶小，锥状，后脱落。刺座位于疣顶，具芒刺、针状刺，密被白色毛，花轮状侧生，黄色或红色；花筒外和子房无毛，具鳞片、芒。果实为浆果或干果，红色。种子大，扁平。

种类分布：约 35 种。原产于墨西哥（北部）、美国（西南部和中南部）和西印度群岛。

生长习性：喜温暖。

繁殖栽培：播种繁殖。

观赏配置：可盆栽观赏。

松岚（武者团扇）*Cylindropuntia bigelovii* (Engelm.) F. M. Knuth

着衣团扇 *Cylindropuntia tunicata tunicata* (Lehm.) F. M. Knuth

拳骨柱 *C. fulgida* (Engelm.) F. M. Knuth var. *mamillata* (Schott ex Engelm.) Backeb.

拳骨柱缀化 *C. fulgida* var. *mamillata* 'Cristata'

昙花属 *Epiphyllum* Haw.

　　本属拉丁文名称来自希腊文 "epi"（在 …… 上面）和 "phyllum"（叶）。英文名为 "climbing cacti"，"orchid cacti" 和 "leaf cacti"，最后一个也指木麒麟属（*Pereskia*）植物。果可食，本属与量天尺属（*Hylocereus*）形态相似。

　　形态特征：株体小型，灌木状，具气生根。茎具分枝，茎长达 1 m 以上。茎节宽，扁平，肉质，海带状（叶状），长 20 ～ 30 cm（或以上），宽（3 ～）10 ～ 12 cm，厚 3 ～ 5 mm，两缘钝状波形，中部边缘具大锯齿状深切，稀 3 棱。刺座小，通常无刺。花大，生于新枝顶，漏斗状，长 8.0 ～ 30 cm，淡黄色、白色、红色或深红色等；花筒较长，外面被鳞片，无毛。花瓣多。浆果，卵球状。

　　种类分布：19 种，原产于中美洲的墨西哥和西印度群岛等。

　　生长习性：附生植物。喜温暖湿润和半阴环境，不耐霜冻，忌强光暴晒。喜排水良好的砂质壤土。冬季温度不低于 5 ℃。

　　繁殖栽培：枝扦插时极易成活，或播种繁殖。

　　观赏配置：花大，杂种花更大，花色丰富，被广泛种植，夜间开花，花开放时间短，可盆栽观赏。

锯齿昙花 *Epiphyllum anguliger* (Lem.) G.Don

昙花（琼花，月下美人，叶下莲）*Epiphyllum oxypetalum* (DC.) Haw.

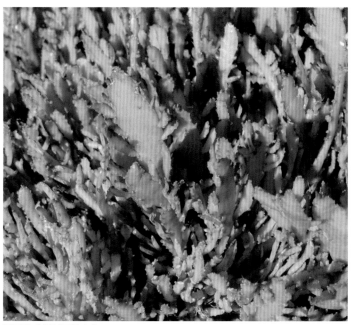

姬昙花（姬月下美人）*Epiphyllum pumilum* (Vaupel) Britton et Rose

姬昙花配置

月世界属 *Epithelantha* F. A. C. Weber ex Britton et Rose

月世界属又叫清影球属，其拉丁文名称 *Epithelantha* 的意思是指花生于疣突的近顶端。

形态特征：株体矮小，球状、小圆柱状，径 3 ~ 6 cm，初单生，后丛生。疣突细小，螺旋状排列。刺座着生于疣顶，刺短，细小，密生，细针状，白色，几乎完全覆盖球体。花极小，顶生，漏斗状，白色或淡粉红色；花筒外和子房有鳞片。浆果棍棒状，鲜红色。

种类分布：3 种，变种较多，原产于墨西哥东北部和美国得克萨斯州西部至亚利桑那州地区。

生长习性：喜阳光。冬季保持温度在 0 ℃以上，低于 0 ℃时休眠，此时断水可防止冻伤和烂根，可耐 - 5 ℃低温。

繁殖栽培：播种繁殖。

观赏配置：很萌的品种，果实非常艳丽，可盆栽观赏。

姬世界（乌月丸）*Epithelantha unguispina* Bodeker

小人之帽 *Epithelantha bokei* L. D. Benson

月世界 *Epithelantha micromeris* (Eng.) F. A. C. Weber

月世界群生侧面

仙人掌科

顶花麒麟掌属 *Quiabentia* Britton et Rose

顶花麒麟掌属又叫多刺团扇属。

形态特征：植株小型，灌木状丛生或乔木状，多分枝，枝多轮生，圆柱状。叶扁平、硬肉质。刺座大，具绵毛、芒刺和刺。花顶生，大型，鲜红色或粉红色；花筒外无毛；子房具纺锤状鳞片。种子白色，扁平，具骨质假种皮，无毛。夏季开花。

种类分布：2 种，原产于美洲。

生长习性：喜温暖和阳光充足的环境，不耐强光。

繁殖栽培：播种繁殖。

观赏配置：可盆栽观赏。

舟乘团扇 *Quiabentia verticillata* (Vaupel) Borg

顶花麒麟掌属

须玉属（髯玉属）*Oroya* Britton et Rose

本属拉丁文名称 *Oroya* 为秘鲁的一个小镇的名称 —— 拉奥罗，在这里首次发现了本属的第一种植物。

形态特征：植物体球形或扁球形，单生。高达 32 cm，径 22 cm。棱多，常具密集的梳状的刺。花小，黄色，径达 1 cm，生于茎顶端，花梗粉红色或红色。

种类分布：原产于秘鲁。

生长习性：喜光照充足和通风良好的环境。冬季保持盆土干燥，较耐寒。

繁殖栽培：嫁接或播种繁殖。

观赏配置：可盆栽观赏。

红刺金钱豹 *Oroya* sp.

美须玉（彩须玉，金钱豹）*Oroya peruviana* (K. Schum.) Britton et Rose

黑刺曛装球 *Oroya sp.*

黑刺曛装球花

仙人掌科

白仙玉属（黄仙属）*Matucana* Britton et Rose

　　白仙玉属拉丁文名称 *Matucana* 来自地名马图卡纳，这是由于本属的第一个物种在此地发现。一些物种由于专业市场的收集而处于濒临灭绝的状态。

　　形态特征：株体矮小，单生或丛生，球状、扁球状，后短圆柱状，具多数棱，棱缘锐形，呈疣状突起。刺座密，具针状刺，白色、黄色。花近顶生，常稍左右对称，花筒细管状，红色、黄色或粉红色；花筒外和子房被鳞片。

　　种类分布：约 20 种，原产于秘鲁玛拉侬河流域。

　　生长习性：喜温暖。生长季节土壤干燥时浇水，忌水分过多。实生苗生长极快。

　　繁殖栽培：播种繁殖。

　　观赏配置：可盆栽观赏。

白仙玉 *Matucana haynei* (Otto) Britton et Rose

奇仙玉 *Matucana madisoniorum* (Hutchison) G. D. Rowley

魄岚紫 *Matucana polzii* L. Diers, Donald et E. Zecher

魄岚紫锦 *Matucana polzii* 'Variegata'

白仙玉属

斧突球属 *Pelecyphora* C. Ehrenb.

全属种类均为濒危种，为珍稀多肉植物。

形态特征：株体小型，生长缓慢，球状，单生，后圆柱状，丛生。球体全被斧状或叶状疣突包围；斧状疣突先端三角状，先端具长篦齿状刺座；疣腋有绵毛。刺座具纤细、多数、篦齿状刺及绵毛，后无刺。花顶生，单生或簇生于球体顶部，小型，钟状或漏斗状，胭脂色、紫红色，花被片具紫色的斑点；花筒下部与花柱基部合生；子房无毛。

种类分布：2种，原产于墨西哥。

生长习性：喜温暖和阳光充足的环境。不耐寒，冬季温度不低于8℃，春、夏季适度浇水，其余时间保持干燥。

繁殖栽培：初夏取子球嫁接繁殖，或春季播种繁殖。

观赏配置：可盆栽观赏。

精巧丸 *Pelecyphora aselliformis* Ehrenb.

仙人掌科

银牡丹 *Pelecyphora strobiliformis* (Werderm.) Frič et Schelle ex Kreuz.

飞鸟阁属（大织冠属）
Neoraimondia Britton et Rose

　　形态特征：植株灌木状或树状，基部多分枝，丛生。枝圆柱状，径 10.0～15.0 cm，具 4～8 条高棱，棱缘锐形。刺座大，具褐色毡毛和针状刺。花前花座具多数绵毛，具 2 朵花，或单花。花侧生，钟状，或漏斗状；花被片长圆形，白色；花筒外和子房具棕色茸毛、芒刺。果实球状，或长椭圆体状，具棕色茸毛和芒刺。

　　种类分布：2 种，原产于秘鲁和玻利维亚。

　　生长习性：喜温暖和阳光充足的环境，耐强光照射。耐湿润，但应当适当控制浇水量。耐寒性一般，温度低时应注意保暖御寒。

　　繁殖栽培：播种繁殖。

　　观赏配置：可温室或室内盆栽观赏。

飞鸟阁 *Neoraimondia herzogiana* (Backeberg) Buxb. et Krainz

丝苇属（苇仙人掌属，丝带属）*Rhipsalis* Gartn.

本属植物为热带雨林的附生仙人掌，其拉丁文名称 *Rhipsalis* 的意思是枝编工艺（wickerwork），是指本属植物的形态。

形态特征：株体茎多分枝，具气生根。枝圆柱状，或扁平、叶状，常悬垂，其长短不等，具翅和棱，线形与肉质长椭圆体棱，棱缘钝锯齿。刺座小，具极短毡毛和 1 枚芒刺；稀有顶端刺座。花小而多，径约 1 cm，顶生或侧生，单生或丛生于刺座上，轮状或漏斗状，多为白色或乳白色，有时黄色、红色或淡粉红色；无花被片；雄蕊、花柱通常少数；花筒外和子房有鳞片。春秋季开花。浆果小，球状，光滑，白色、粉红色、红色或黄色。

种类分布：35 种，原产于拉丁美洲、西印度群岛；有 1 种（丝苇）产于非洲和斯里兰卡。

生长习性：喜温暖、湿润和荫蔽环境，生长适温为 25 ~ 30 ℃。喜透水性良好的微酸性土壤。

繁殖栽培：播种或扦插繁殖。

观赏配置：茎形态可变，直立或蔓生，可温室或室内盆栽观赏。

赤苇（朝之霜，霜之朝）*Rhipsalis pilocarpa* Loefgr.

手纲绞（手钢绞）*Rhipsalis pentaptera* N. E. Br.

青柳（木偶人）*Rhipsalis cereuscula* Haw.

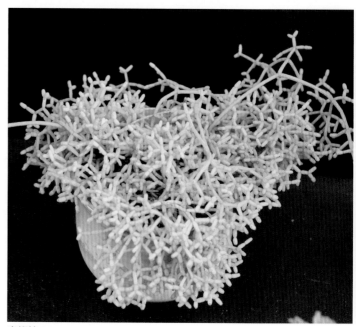

青柳锦 *Rhipsalis cereuscula* 'Variegata'

仙人掌科

松风 *Rhipsalis capilliformis* F. A. C. Weber

丝苇锦（唯丝苇锦）*Rhipsalis baccifera* (Soland. ex J. Mill.) Stearn 'Variegata'

诹访绿（趣访绿）*Rhipsalis sulcata* F. A. C. Weber

武临柱属 *Isolatocereus* Backeb.

　　形态特征：植物体乔木状，初单生，圆柱状，多分枝，后丛生，高 6 ~ 15 m，主干粗短，径 20 ~ 30 cm。分枝圆柱状，具 5 ~ 7 条高锐棱。刺座具针状刺 9 ~ 11 枚，刺长 8 ~ 12 mm；中刺 1 ~ 4 枚，长 2 ~ 3 cm，白色，后褐色，先端黑褐色。花侧生，小型，漏斗状，白色，长约 5 cm。

　　种类分布：1 种，原产于墨西哥。

　　生长习性：喜温暖环境。

　　繁殖栽培：播种繁殖。

　　观赏配置：可温室或室内盆栽观赏。

碧塔（碧塔角柱）*Isolatocereus dumortieri* (Scheidw.) Backeberg

新绿柱属 *Stenocereus* (A. Berger) Riccob.

本属拉丁文名称 *Stenocereus* 来自希腊文 "*stenos*"（狭窄）和拉丁文 "*cereus*"（蜡烛）。

形态特征：株体灌木丛状或乔木状，基部多分枝，丛生，直立或匍匐。茎和分枝圆柱状，具 8～10 条低棱，棱钝形。刺座密，具白色毡毛及针状刺，刺直；中刺基部球状。花前出现假花座。花横斜，单生茎的近顶端，常漏斗状或钟状，红色、淡红色；花筒外和子房具毡毛和芒刺，以及多数鳞片。果实具刺。夜间开花。

种类分布：23 种，原产于美国加利福尼亚州和亚利桑那州，墨西哥，哥伦比亚，哥斯达黎加，危地马拉，委内瑞拉和加勒比海荷属 ABC 群岛。

生长习性：喜温暖。栽培容易。生长慢。

繁殖栽培：播种繁殖。

观赏配置：非常受欢迎的种类，异常美丽，原产地常作绿篱栽培，可作植物园温室栽培或盆栽观赏。

新绿柱 *Stenocereus stellatus* Riccob.

茶柱 *Stenocereus thurberi* (Engelm.) Buxb.

朝雾阁锦 *Stenocereus pruinosus* 'Variegata'

仙人掌科

朝雾阁 *Stenocereus pruinosus* (Otto ex Pfeiff.) Buxb.

卧龙柱属 *Harrisia* Britton

  形态特征：株体灌木状，枝直立或匍匐，多分枝。刺座具多种刺，新刺红色。花侧生，大型，漏斗状，白色，黄昏时开放；花筒外和子房被叶状鳞片、绵毛；外部花被片粉红色或微绿色，线形或披针形；内部花被片白色或粉红色。果实大，球状。夏季夜间开花。

  种类分布：20种，原产于阿根廷、巴拉圭、巴西、玻利维亚、乌拉圭、大安的列斯群岛、巴哈马和美国佛罗里达州。

  生长习性：喜阳光充足的环境，生长季节可充足浇水，不择土壤。

  繁殖栽培：扦插繁殖易生根，或将幼嫩茎部切成小段嫁接在量天尺上，生长快。也可播种繁殖。

  观赏配置：花色晶莹，清香扑鼻，每株开花6～8朵，夜晚开放，清晨即谢，是很好的植物园夜游观赏植物，可盆栽观赏。

新桥 *Harrisia martinii* (Labouret) Britton

毛花柱属 *Trichocereus* (A. Berger) Riccob.

形态特征：株体乔木状或灌木状，多分枝，丛生，高 1～3 m。茎绿色或蓝绿色，圆柱状，具 3～30 条直棱，偶有侧生头状茎。刺座具毡毛及多数绵毛，毛长达 5 cm，顶部密被白色绵毛及刺。刺变化大，直立或弯曲。花侧生，管状或球状，长 2.5～9 cm，光滑。

种类分布：35 种，原产于南美洲秘鲁和巴西等的高山地带。

生长习性：喜温暖、阳光充足、疏松和排水良好的石灰质土壤。夏季避免强光，冬季减少浇水。

繁殖栽培：扦插或播种繁殖。

观赏配置：可在植物园栽培或盆栽观赏。

金鳌龙 *Trichocereus tortorensis* Ritt.

湘南丸 *Trichocereus huascha* (F. A. C. Weber) Britton et Rose

钝角毛花柱 *Trichocereus macrogonus* (Salm-Dyck) Riccob.

钝角毛花柱缀化 *Trichocereus macrogonus* 'Cristata'

仙人掌科

月之童子属 *Sclerocactus* Britton et Rose

　　本属的拉丁文名称 *Sclerocactus* 来源于希腊文，意思是其果实坚硬且干燥。英文名称为 "fishhook cactus"（鱼钩仙人掌）或 "little barrels"（小桶）。本属许多种类是世界一级保护濒危物种。

　　形态特征：植物体卵形至圆筒状，茎坚硬，刺座连合成肋骨。中刺带钩，花粉色、黄色或白色。

　　种类分布：约 18 种。多数原产于美国。

　　生长习性：极耐旱。夏季栽培困难，不耐闷热潮湿。其中，月之童子产于美国亚利桑那州和新墨西哥州海拔 1 500 ~ 2 300 m 的地区，生长地区为砂质土壤，渗透性很强。

　　繁殖栽培：播种繁殖，种子发芽率低，为 2% ~ 3%。

　　观赏配置：可温室或室内盆栽观赏。

月之童子 *Sclerocactus papyracanthus* (Engelm.) N. P. Taylor

斑丝苇属（鳞苇属）*Lepismium* Pfeiff.

　　形态特征：株体寄生，多分枝，常悬垂。枝扁平、叶状，常具 3 翅棱，棱缘锯齿紫色。刺座小，凹入，具绵毛和芒刺，刺座周围有紫色鳞片。花侧生，小型，轮状或漏斗状，白色、淡粉红色；花筒外和子房有鳞片。果实球状，紫色。　　仙人掌科

　　种类分布：1 种，原产于墨西哥。

　　生长习性：喜温暖环境。

　　繁殖栽培：播种繁殖。

　　观赏配置：可温室或室内盆栽观赏。

花柳 *Lepismium houlletianum* (Lem.) Barthlott

白檀属 *Chamaecereus* Britton et Rose

形态特征：植株肉质。茎细，柱状，淡绿色，多分枝。初始直立，后匍匐丛生。棱低浅，6~9条。刺毛状，白色，辐射刺 10~15 枚，无中刺。花蕾被褐色丝状毛，花漏斗状，鲜红色，径 3.5~5 cm，侧生；雄蕊多数，黄色，雌蕊 1 枚。春末夏初开花，白天开放夜晚闭合，单朵花期 3~4 d。

种类分布：1 种。原产于阿根廷西部山地。

生长习性：性强健，栽培容易，喜阳光充足和通风良好的环境。冬季休眠时保持盆土干燥。耐半阴和干旱，怕水湿、高温和强光。生长季节需充足水分，盛夏高温时节需适当遮阳并注意通风，以预防红蜘蛛为害。

繁殖栽培：极易滋生子球，可摘取子球扦插繁殖，成活率高，也可将子球嫁接在量天尺上，生长良好，另外，也可播种繁殖。

观赏配置：有许多斑锦品种，花色艳丽，可盆栽观赏。

白檀（仙人指）*Chamaecereus silvestrii* (Speg.) Britton et Rose

白檀（仙人指，仙人枝，圣烛节仙人掌）花

鲜丽玉锦（红山吹）*Chamaecereus × Senrei-Gyoku* 'Variegata'

山吹 *Chamaecereus silvestri* 'Aurea'

绯筒球属 *Denmoza* Britton et Rose

形态特征：株体小型，单生，初球状，后圆柱状，高 30 ～ 100 cm，径 10 ～ 30 cm，表皮暗绿色，无分枝，具多数低棱，棱缘呈疣状突起。刺座较大而密，具多数弯曲黄色或红色刺，有灰色短绵毛，周刺 8 ～ 10 枚，长 3 cm，粗针状，新刺茜红色；中刺 1 枚，先端内弯。花顶生，管状，花筒细长 7 cm，花瓣窄，红色；腋部具长绵毛。果实球状，果脐深凹。种子大，盔帽状。植株体圆筒状，通常很长，多数，平行的肋具波状；果实球形；种子黑色，具斑点。

种类分布：2 种，原产于阿根廷门多萨省。

生长习性：性强健，病虫害少，喜阳光和通风的环境。

繁殖栽培：播种繁殖。

观赏配置：本属植物的特点是新刺很美，在栽培中另有黄色斑锦品种，观赏性强，是爱好者热衷收集栽培的对象。

茜丸（绯筒球，强刺火焰龙，火焰龙，茜球）*Denmoza rhodacantha* (Salm-Dyck) Britton et Rosa

仙人掌科

残雪柱属 *Monvillea* Britton et Rose

形态特征：株体乔木状或灌木状，多分枝，高达 6 m。枝细长，圆柱状，初直立，后匍匐或攀缘，具 7 条棱，棱缘锐形、钝形。刺座密，具瘦针状刺或短针状刺。花侧生；花筒细长，喇叭状或漏斗状，白色或黄色，有时粉红色；花筒外具肉质圆形鳞片；花被片胭脂红色、淡粉红色。浆果红色，宿存干枯花被片。

种类分布：2 种，原产于玻利维亚、秘鲁等。

生长习性：喜半阴。春夏生长季节时需充足水分。冬季休眠时维持盆土稍湿。可耐 5 ℃ 低温。喜排水良好和肥沃的砂质土壤。提供支架时也可攀缘生长。

繁殖栽培：扦插繁殖，成活率高，或嫁接在量天尺上，长势良好。也可播种繁殖。

观赏配置：可温室或室内盆栽观赏。

残雪 *Monvillea spegazzinii* (F. A. C. Weber) Britton et Rose

残雪之峰（残雪缀化）*Monvillea spegazzinii* 'Cristata'

残雪之峰锦 *Monvillea spegazzinii* 'Cristata Variegata'

鼠尾掌属 *Aporocactus* Lem.

形态特征：株体附生植物，具气生根，多分枝，常丛生，匍匐。茎圆柱状，细长达 2 m，下垂，具多棱，边缘锐形，呈小疣状突起。刺座小，具多数细短刺。花侧生，小型；花筒狭漏斗状，呈 S 形弯曲或钟状，红色或粉红色；花白天开放；花筒外和子房有绵毛，被鳞片和芒刺。果实卵球状或球状，红色，具疣突。

种类分布：9 种，原产于墨西哥和美国。

生长习性：热带雨林附生型种类。喜阳光充足的环境和排水、透气良好的肥沃土壤。

繁殖栽培：播种繁殖。

观赏配置：为仙人掌植物中最早观赏栽培的种类之一，花大而多，极其艳丽，昼开夜闭，可在岩石或大树上悬垂生长，或盆栽观赏。

鼠尾掌 *Aporocactus flagelliformis* (L.) Lem.

南美翁柱属 *Austrocephalocereus* Backeberg

南美翁柱属又叫端丽柱属，本属植物以其美丽的刺而著称。

形态特征：花黄色，生于真正的花座，黄昏开放。

种类分布：常见栽培 4 种，即白丽翁 [*Austrocephalocereus dybowskii* (Rol.- Goss.) Backeberg]，爱氏丽翁 (*Austrocephalocereus estevesii* Buining et Brederoo)，青衣翁 [*Austrocephalocereus lehmannianus* (Werd.) Backeberg] 和端丽翁 [*Austrocephalocereus purpureus* (Gürke) Backeberg] 等。

生长习性：喜温暖和阳光充足的环境。

繁殖栽培：播种繁殖。

观赏配置：花似镶嵌在一个棉花球里，局部生长的厚厚的毛状覆盖物更增添了刺的观赏性，可温室或室内盆栽观赏。

白丽翁 *Austrocephalocereus dybowskii* (Rol.-Goss.) Backeberg

青衣翁 *Austrocephalocereus lehmannianus* (Werd.) Backeberg

松露玉属 *Blossfeldia* Werd.

形态特征：株体矮生，小型，单生，初球形，后丛生，具块茎状根，无棱，无突起。刺座螺旋状排列，具簇状短柔毛，无刺。花小，单朵，或数朵簇生顶端，钟状，白色，白天开放；花筒外和子房被绵毛及芒刺。果实球状，或梨状。种子具海绵状种阜。松露玉（*Blossfeldia liliputana* Werderm.）是仙人掌科植物中株体最小的 1 种，具粗大肉质根，高小于 1.5 cm，丛生，扁球状，灰绿色，无光泽，棱低，不明显，无疣状突起。刺座小，呈不规则螺旋状排列，无刺，具灰白色茸毛、短绵毛。花顶生，小型，钟状，着生于项部毛丛中，花被片少，约 6 枚，披针形，白色或淡黄色，中肋具紫色条纹。

种类分布：1 种，原产于阿根廷北部的安第斯山东坡与玻利维亚，生长在草丛或石缝中、峭壁上。

生长习性：喜温暖、干燥与阳光充足的环境，不耐寒，忌高温、积水，耐干旱。早春、晚秋是松露玉生长期，宜放在光照充足处养护。夏季高温时，松露玉处于休眠或半休眠状态，球体虽萎缩，但肉质根却膨大变相，以减少水分消耗。

繁殖栽培：播种繁殖。

观赏配置：可温室或室内盆栽观赏。

松露玉 *Blossfeldia liliputana* Werderm.

花冠柱属 *Borzicactus* Riccob.

形态特征：多为矮小的仙人掌，部分呈匍匐状。具 6 ~ 21 条棱。花白天开放，红色，两侧对称，具长花筒，外有鳞片、刚毛或茸毛，中空。

种类分布：约 10 种。原产于厄瓜多尔、秘鲁及玻利维亚。

生长习性：喜温暖环境。

繁殖栽培：播种繁殖。

观赏配置：可温室或室内盆栽观赏。

醉翁丸（醉翁玉）*Borzicactus leucotrichus* (Phil.) Kimnach

花冠柱属

姬孔雀属（令箭荷花属）*Disocactus* Lindl.

　　姬孔雀属也叫红尾令箭属，其拉丁文名称易与圆盘玉属（*Discocactus*）混淆，其实这是两个不同的属。姬孔雀属与其他属之间有许多杂交种。

　　形态特征：株体附生植物，多分枝，常丛生。茎节基部细，圆柱状，中上部扁平，或呈带状，具 3 条翅状棱，边缘锐形、具缺刻。刺座有刺。花顶生，大型，短漏斗状或钟状，红色、粉红色；花白天开放；花筒外和子房无毛，被鳞片；花筒短于花被片。果实卵球状，红色。

　　种类分布：9 种，原产于中美洲、加勒比海地区和南美洲的热带地区，附生于树木或岩石上。

　　生长习性：喜光照和通风良好，炎热高温时适当遮阳。喜肥沃、疏松和排水良好的土壤，稍耐旱，忌积水。

　　繁殖栽培：播种繁殖。

　　观赏配置：品种繁多，花色艳丽，盛夏时节开花，是窗前、阳台和门厅点缀的佳品。

令箭荷花 *Disocactus ackermannii* (Haw.) Barthlott

令箭荷花品种 1

令箭荷花品种 2

令箭荷花配置

雷神阁属（雷神角柱属）*Polaskia* Backeberg

本属拉丁文名称 *Polaskia* 是为了纪念美国业余植物爱好者查尔斯·波拉斯基（Charles Polaski）。

形态特征：植株乔木状，单生，主干明显，高 4～5 m，径 0.8～1 m，一定高度多分枝，草绿色，具 9～12 条棱，棱锐形。刺座具针状刺。花横斜生，小型，漏斗状；花筒外和子房具绵毛和芒刺。果实具刺。

种类分布：2 种，原产于墨西哥（普埃布拉州和瓦哈卡州）和巴西。

生长习性：喜温暖。

繁殖栽培：播种繁殖。

观赏配置：可温室或室内盆栽观赏。

雷神阁 *Polaskia chichipe* (Gosselin) Backeberg

雷神阁属

薮蛇柱属 *Rathbunia* Britton et Rose

薮蛇柱属又叫拉施布尼亚属。

形态特征：乔木状或灌木状。棱4～8条。花侧生，花筒较长，外有鳞片。刺毡毛状。花红色，长4～12 cm，对称，花蕊较长，夜间开放。

种类分布：2种，原产于墨西哥。

生长习性：喜温暖环境。

繁殖栽培：播种繁殖。

观赏配置：可温室或室内盆栽观赏。

红笔缀化 *Rathbunia alamosensis* (J. M. Coult.) Britton et Rose 'Cristata'

仙人掌科

娇丽球属（升龙球属）
Turbinicarpus Buxb. et Backeb.

娇丽球属也叫陀螺果球属或独乐果属。

形态特征：株体矮生，小型，初单生，球状、椭球状，基部稀具子球，丛生。根极肥大。刺座具扁平、纸质、弯曲刺。花小，顶生，漏斗状，白色、粉红色或黄色；花丝与柱头绿色。浆果球形，无毛和鳞片。

种类分布：25 种。分布在墨西哥东北部。多数野生种类生于石灰岩裂缝或石砾中。

生长习性：耐干旱。喜排水良好的土壤。

繁殖栽培：播种繁殖。

观赏配置：花瓣色彩淡雅，柱头裂片粉红色，可盆栽观赏。

赤花娇丽 *Turbinicarpus alonsoi* Glass et S. Arias

长城丸石化 *Turbinicarpus pseudomacrochela* 'Monstrosus'

迷你牧师（迷你长城丸，小人树）*T. pseudomacrochela* subsp. *minimus*

蔷薇丸 *Turbinicarpus valdezianus* (H. Moeller) Glass et R. C. Foster

梳刺殿 *Turbinicarpus* × *mombergeri* Říha

近卫柱属 *Stetsonia* Britton et Rose

形态特征：株体乔木状，直立，高 5 ～ 8 m，基部多分枝。枝具 8 或 9 棱。刺座上具毡毛及大针状刺。花大型，侧生，漏斗状、长筒状，白色；花筒外被多数宽而大的鳞片，鳞片边缘具缘毛；子房无毛，具鳞片。特别是花筒基部具有重叠的鳞片，很容易识别；外部花被片很宽，绿色，先端钝，内部花被片长圆形或倒披针形，先端急尖；雄蕊多数，花药很大，长球状；花柱相当粗壮；柱头裂片很多，线形。

种类分布：1 种，原产于巴拉圭和玻利维亚。

生长习性：喜温暖及阳光充足的环境，耐干旱。

繁殖栽培：播种繁殖。

观赏配置：可温室或室内盆栽观赏。

近卫柱 *Stetsonia coryne* (Salm-Dyck) Britton et Rose

仙人掌科

量天尺属 *Hylocereus* (A. Berger) Britton et Rose

量天尺属又叫火龙果属。

形态特征：植株小型，耐阴，为生长茂盛的攀缘植物，灌木状或乔木状，多分枝，高达 5 m，具气生根。茎节很长，通常可达几数米，长短不一，呈 3（~5）条棱状，硬肉质，棱缘具圆齿。刺座小，具毡毛与短刺，其中有些种无刺。花侧生，夜间开放或白天开放，漏斗状，白色或粉红色、紫红色，夜间开放；花被片很窄，先端急尖或渐尖，白色，稀红色；花筒明显超过子房，花筒外面及子房有宽的、重叠的叶状长鳞片，具芒刺、被绵毛；雄蕊很多，排成 2 列，与花柱近等长，内轮雄蕊基部不结合成环；花柱圆柱状，粗壮，柱头裂片多数。果实大型，浆果，球状或卵球状，无刺，被鳞片，红色或黄色。

种类分布：18 种，原产于中美洲、西印度群岛、委内瑞拉、圭亚那、哥伦比亚及秘鲁北部。

生长习性：喜温暖，耐干旱。喜疏松、肥沃、富含腐殖质的土壤。

繁殖栽培：扦插或播种繁殖。

观赏配置：花大，芳香，可庭植、盆栽或作为篱垣植物。

火龙果 *Hylocereus undatus* 'Foo-Lon'

火龙果花

量天尺 *Hylocereus undatus* (Haw.) Britton et Rose

量天尺锦 *Hylocereus undatus* 'Variegata'

士童属 *Frailea* Br. et Rose

士童属的拉丁文名称 *Frailea* 是为了纪念仙人掌类植物收集家 M. fraile 而得名。

形态特征：株体小，初单生，扁球状，后圆柱状，丛生；株体具少数疣状棱，棱不显著，稀呈疣块。刺座小，具芒刺。花顶生，黄色；花筒大，钟状或漏斗状，黄色；无中刺。种子大，壶状，具喙。

种类分布：17 种，原产于阿根廷、智利、玻利维亚。

生长习性：不需强光，喜偏潮湿土壤，耐较高气温。

繁殖栽培：播种繁殖。

观赏配置：士童属植物小巧可爱，不占地方，强悍而易繁殖，受到不少球类爱好者的喜爱。

猿恋苇属 *Hatiora* Br. et Rose

本属又叫昙苇属或昙丝苇属，仙人柱亚科（Cactoideae）的一个小属。

形态特征：株体乔木状。悬垂或直立。枝细，肉质，圆柱状，先端常具 2 或 3 分枝。刺座小，具芒刺，栽培时 无刺。叶退化。花小，径约 1 cm，着生于枝先端，轮状或漏斗状，白色、黄色、橙色或淡粉红色。浆果，球状，白色。

种类分布：5 种，原产于巴西东南部的热带雨林。

生长习性：附生仙人掌。喜欢肥沃的土壤。

繁殖栽培：分株易成活，枝插容易生根或播种繁殖。

观赏配置：形态奇特，明艳可爱，可盆栽观赏。

小狮丸 *Frailea schilinzkyana* (F. Haage ex K. Schum.) Britton et Rose

猿恋苇 *Hatiora salicornioides* Britton et Rose

士童 *Frailea asterioides* Werderm.

艳肌士童（士童锦）*Frailea asterioides* 'Variegata'

果冻猿恋苇 *Hatiora salicornioides* 'Jelly Color'

仙人掌科

黄金纽属 *Hildewintera* F. Ritter

　　该属 1958 年由 Ritter 发现。因其花内瓣形成明显的圈环，也可归放花冠柱属（*Borgicactus*）。它能与仙人球属、丽花球属以及毛花属杂交培育出有趣的新品种。它们若均以本属作为母体杂交的话，培育出的品种则均有由短小内瓣组成的圈环。

　　形态特征：植物体长柱状，攀附生长，具分枝，茎绿色，长 1.5 cm，径 2.5 cm，刺座间生有 16 ~ 17 条低棱。刺略弯，约 50 根，金黄色，长 0.4 ~ 1 cm。开花的植株略长些。花长 4 ~ 6 cm，5 cm 宽。外瓣橘黄色，中纹朱砂红或鲜红色。内瓣略短，白色或浅粉红色。

　　种类分布：1 种，原产于玻利维亚。

　　生长习性：喜温暖环境。

　　繁殖栽培：播种繁殖。

　　观赏配置：美丽的植物，可温室或室内盆栽观赏。

黄金纽 *Hildewintera aureispina* (F. Ritter) F. Ritter

黄金纽配置

黄金纽缀化 *Hildewintera aureispina* 'Cristata'

长钩玉属 *Hamatocactus* Britton et Rose

长钩玉属又叫长钩球属或钩球属。

形态特征：球状或短圆柱状。以中刺长且具钩为最显著的特征。棱锐而突出。刺座大，着生在棱缘的瘤突上，中刺有钩，开花刺座延伸出一条狭沟，上有腺体分泌黏液。花鲜艳。果圆形，深红色。

种类分布：约4种，原产于墨西哥及美国西南部。

生长习性：喜阳光充足的环境，夏季要注意通风并适当遮阳，冬季保持土壤干燥，温度维持0℃以上。

繁殖栽培：扦插或播种繁殖，自根苗生长很好。

观赏配置：本属植物栽培不难，多用于盆栽观赏，大型种类如大虹、红鹤球等也可用于温室地栽布景。

帝冠属 *Obregonia* Frič ex A. Berger

形态特征：株体扁球状或陀螺形，径8～12 cm，常单生。肉质根粗大，倒圆锥状；疣突呈三角状，排列成莲花状，疣突背面呈龙骨状突起。刺座位于疣突顶端；新刺座有短绵毛及具细针状刺24枚，刺长1～1.5 cm，稍弯曲，灰褐色至黄白色；老时无刺。球体下部的疣突易枯萎，或脱落。花生于球体顶部疣腋间，短漏斗状，白色，微有淡粉红色晕；花筒外和子房无毛、无鳞片及刺。果实棒状，白色，初埋于顶部茸毛中，成熟时突然外露。种子黑色。

种类分布：1种，原产于墨西哥维多利亚城附近的山上。

生长习性：喜充分和柔和的阳光。生长极慢。

繁殖栽培：播种繁殖。

观赏配置：可温室或室内盆栽观赏。

大虹 *Hamatocactus hamatacanthus* Knuth

帝冠 *Obregonia denegrii* Frič.

龙王球（左右旋，网刺球）*Hamatocactus setispinus* Britton et Rose

帝冠锦 *Obregonia denegrii* 'Variegata'

雄叫武者属（类奋迅柱属）*Maihueniopsis* Speg.

本属拉丁文名称来自希腊文的 "opsis"（看似）和 "maihuenia"（拟叶仙人掌属）。本属与普纳属（*Puna*）亲缘相近。

形态特征：植株灌木状，丛生，平卧，多分枝。茎节球状、卵球状，长 2 ~ 20 cm。叶小，锥状，后脱落。刺座密，具毛、芒刺和针状刺；刺扁平。花端生，轮状，宽漏斗状，黄色；花筒外和子房周围具 30 枚刺座。果实淡黄色、褐色，具刺。

种类分布：18 种，原产于美洲秘鲁、智利和阿根廷等。

生长习性：耐旱。

繁殖栽培：播种繁殖。

观赏配置：可温室或室内盆栽观赏。

白鸡冠 *Maihueniopsis clavarioides* (Pfeiff.) E. F. Anderson

足球团扇（南美团扇）*Maihueniopsis bonnieae* (Ferguson et Kiesling) Anderso

雄叫武者属

765

巴西团扇属 *Brasiliopuntia* (K. Schum.) A. Berger

形态特征：灌木状丛生或乔木状，多分枝，枝多轮生，圆柱状。为最高的仙人掌，达 20 m，树干直径达 35 cm。树干和树枝圆布满刺。叶扁平，硬肉质，亮绿色。刺座大，白色，具绵毛、芒刺和刺。刺 1～2 枚，直立，褐色。花顶生，大型，鲜红色、粉红色或淡褐色。种子白色，扁平。

种类分布：1 种，由多个物种合并而来，原产于美洲的巴西、巴拉圭、玻利维亚东部、秘鲁和阿根廷北部。

生长习性：喜温暖。

繁殖栽培：播种繁殖。

观赏配置：可温室或室内盆栽观赏。

菊水属 *Strombocactus* Britton et Rose

形态特征：株体极小，单生，扁球状，灰色，具 9～13 条棱；棱扁平，呈菱状疣突起，螺旋状排列。刺座生于疣突，刺通常纸状或篦齿状，稀无刺，或具少数芒刺。顶端被白色绵毛。花顶生于刺座上侧边缘，短漏斗状，白色、黄色；花筒外和子房无毛，被纸质鳞片。果实干果，果皮厚。种子极小，红棕色。

种类分布：1 种，原产于墨西哥。

生长习性：适宜疏松的培养土，深盆种植，喜充足而柔和的光线。

繁殖栽培：播种繁殖。

观赏配置：可温室或室内盆栽观赏。

巴西团扇 *Brasiliopuntia brasiliensis* Berger

菊水 *Strombocactus disciformis* (DC.) Britton et Rose

巴西团扇锦 *Brasiliopuntia brasiliensis* 'Variegata'

菊水缀化 *Strombocactus disciformis* 'Cristata'

仙人掌科

翁柱属 *Cephalocereus* Pfeiff.

形态特征：植株高达 15 m，径达 40 cm，初单生，后丛生。干茎圆柱状，多不分枝；具多数低棱。刺座接近，密被长发状白毛。花在刺座上单生，有花刺座与无花刺座形状不同。花顶生，小型，棒状或漏斗状，粉红色。花筒外和子房被鳞片与绵毛。

种类分布：5 种，原产于墨西哥。

生长习性：喜光，耐旱，耐高温。

繁殖栽培：播种繁殖。

观赏配置：生长缓慢，可温室或室内盆栽观赏。

壶花柱属 *Eulychnia* Phil.

形态特征：植株灌木状，多分枝。茎圆柱状，初直立或横卧，具多数棱，棱钝形。刺座大而密，具白色绵毛和针状、短锥状刺；中刺很长，长约 20 cm。花顶生于顶部刺座内，小型，壶状，白天晚上都开花；花被片白色，或粉红色；花筒外和子房密被小鳞片、芒刺及绵毛。

种类分布：5 种，原产于智利和秘鲁的阿塔卡马沙漠。

生长习性：极耐干旱和高温。

繁殖栽培：播种繁殖。

观赏配置：可温室或室内盆栽观赏。

翁柱（翁丸，白头翁）*Cephalocereus senilis* (Haw.) Schum.

银城 *Eulychnia saint-pieana* F. Ritter

翁柱属/壶花柱属

极光球属 *Eriosyce* Phil.

本属拉丁文名称 *Eriosyce* 来自希腊文，意思是"羊毛果"。

形态特征：株体灌木状，具粗大肉质根。茎初单生或丛生，球状，后圆柱状，高 0.3 ~ 1 m，不分节，径 20 ~ 40 cm，黄绿色、暗绿色，具 21 ~ 37 条低锐棱，棱呈颚状突起，或棱不明显。刺座大，具毡毛，密生芒刺和大针状、短锥状刺，其中有毛发状刺，且具外刺 8 ~ 12 枚，刺长 2 ~ 4 cm，黄色；中刺 2 ~ 7 枚，稍内弯。新刺深灰色，或黄褐色，先端黑色。花侧生于新生刺座内，或从腋部长出，腋部有毛，小型，钟状、狭漏斗状或铃状，长 3 ~ 3.5 cm，径 3 ~ 5 cm，紫红色、鲜红色、红橙色；花筒外和子房有绵毛及芒刺；外面花被片外曲，内面花被片直立，粉红色；花筒与子房间有"缢痕"。果实长球状。种子黑色，基生种脐小，种皮有小疣和皱纹。

种类分布：35 种，原产于智利、秘鲁和阿根廷等。

生长习性：常单棵生长。生长缓慢，开花不易，水多容易腐烂，比较耐寒。

繁殖栽培：播种繁殖。

观赏配置：可温室或室内盆栽观赏。

极光球 *Eriosyce ceratistes* (Otto) Britton et Rose

五百津玉 *Eriosyce ihotzkyanae* F. Ritter

刺团扇属
Cumulopuntia F. Ritter

形态特征：植株垫状。茎节短，具小疣状突起，长约 4 cm，径约 3 cm。刺座伸长，具绒毛和刺约 12 枚，刺很短，针状，开展，直伸，绿褐色，长 5 ~ 10 cm，或更长。花淡黄色，紫色，长约 5 cm。果实长约 3 cm，具长刺。

种类分布：20 种，原产于美洲秘鲁、智利、玻利维亚和阿根廷。

生长习性：喜温暖环境。

繁殖栽培：播种繁殖。

观赏配置：可温室或室内盆栽观赏。

金铃团扇 *Cumulopuntia sphaerica* (Foerster) E.F.Anderson

圆盘玉属 *Discocactus* Pfeiff.

  本属为热带植物，其拉丁文名称 *Discocactus* 来源于古希腊文 "diskos"（盘子）和 "cactus"（仙人掌）。在仙人掌科植物中只有本属和花座球属具有花座。由于拉丁文名称相近，常有人把圆盘玉属 (*Discocactus*) 和姬孔雀属 (*Disocactus*) 混淆。

  形态特征：株体附生植物，多分枝，常丛生。其球体初为球状，其后扁平如盘，棱平缓不明显。茎节基部细，圆柱状，中、上部扁平，具 3 条翅状棱，边缘锐形、具缺刻。刺座有刺。刺短，角质。成年时球体顶部出现垫状毛和刚毛组成的花座。花顶生，大型，短漏斗状或钟状，白色、红色或粉红色；花白天开放；花筒外和子房无毛，被鳞片；花筒短于花被片。果实卵球状，粉红色或红色。种子黑色。

  种类分布：9 种，特产于巴西南部、玻利维亚东部和巴拉圭北部。本属植物在野外有灭绝的危险。

  生长习性：不耐寒，冬季应保持 8 ℃以上。浇水过多易烂根。喜全日照，夏季中午适当遮阳。

  繁殖栽培：播种繁殖。

  观赏配置：本属为非常漂亮的仙人掌，可盆栽观赏。

丙丁玉 *Discocactus heptacanthus* (Barb.-Rodr.) Britton et Rose

圆盘玉 *Discocactus hartmannii* (K. Schum.) Britton et Rose

罗纱锦属（短钩玉属）
Ancistrocactus Britton et Rose

  罗纱锦属又叫短钩玉属。

  形态特征：植株小型，常单生，球状或短圆柱状，后基部具子球，高达 45 cm，具低直棱或螺旋状棱，枝缘呈疣状突起，绿色或青绿色。刺座具针状外刺 2～11 枚，白色，或褐色，长达 6 cm；中刺 1～6 枚，扁平、弯曲，先端钩状。花顶生。花小型，钟状或漏斗状，黄色、粉绿色、粉红色、紫色、黄绿色或红褐色。果实小，绿色。

  种类分布：14 种，原产于美国、墨西哥。

  生长习性：喜温暖环境。

  繁殖栽培：播种繁殖。

  观赏配置：可温室或室内盆栽观赏。

金罗纱 *Ancistrocactus megarhizus* (Rose) Britton et Rose

大戟科
Euphorbiaceae

　　本科植物可盆栽观赏。有些供庭园观赏用。对土壤适应性强，喜排水良好的肥沃砂壤土。多数种类夏眠，容易栽培，5 ℃以上可安全越冬。播种、扦插或嫁接繁殖。

　　形态特征：草本、灌木或乔木，常有乳状汁液；叶互生，单叶，稀为复叶，有托叶，基部有时有腺体；花单性同株或异株，花序多种多样，花被常单层，萼状，有时缺，有时内轮的为花瓣，花盘常具存或退化为腺体；雄蕊少数至多数，分离或合生；子房上位，3 室，每室有胚珠 1 ~ 2 颗生于中轴胎座上；蒴果、浆果状或核果状。

　　种类分布：约 300 属，8 000 种以上，广布于全球，我国有 66 属，约 864 种，各地都产，但主产地为西南地区至台湾省。本科多肉植物约 8 属。

大戟属 *Euphorbia* L.

　　本属为大戟科多肉植物种类最多的属，共约 350 种，其茎形态各异，呈球形、圆筒形、柱形、块根形或章鱼形等。

　　形态特征：草本或亚灌木，有白色有毒乳汁；茎草质或木质成肉质而无叶；叶互生或对生，或有时轮生，全缘或有锯齿；花无花被，组成杯状聚伞花序，又称大戟花序（此花序由 1 朵雌花居中，周围环绕以仅有 1 枚雄蕊的数朵或多朵雄花所组成），总苞萼状，辐射对称，通常 4 ~ 5 裂，裂片弯缺处常有大的腺体，常具花瓣状附片；雄花多数生于一总苞内，每一花由单一的雄蕊组成；雌花单生于总苞的中央，具长的子房柄伸出总苞之外；子房 3 室，每室 1 胚珠，花柱 3 个，离生或多少合生，顶常 2 裂或不裂；蒴果成熟时开裂为 3 个 2 瓣裂的分果爿。

　　种类分布：约 2 000 种，为被子植物特大属之一，遍布世界各地，以非洲和中南美洲分布较多；我国原产约 66 种，南北均产，以西南的横断山区和西北的干旱地区较多。

　　生长习性：生长慢，容易栽培，春季和秋季生长期，夏季应通风，冬季应保温。有的可在冬季开花。

　　繁殖栽培：扦插、分株、嫁接或播种繁殖。

　　观赏配置：可盆栽观赏或庭园栽培观赏。

阿福大戟（新似）*Euphorbia alfredii* Rauh

安博温贝大戟（安波沃本大戟）*Euphorbia ambovombensis* Rauh et A. Razaf.

安卡喷火龙（安加惑结麒麟）*E.viguieri* Denis var. *ankarafantsiensis* Ur. et Lean.

茎与分枝具5-7棱

霸王鞭 *Euphorbia royleana* Boiss.

白桦麒麟 *Euphorbia mammillaria* 'Variegata'

大戟属

白衣魁伟玉 *Euphorbia horrida* 'White Skin'

布拉大戟 *Euphorbia buruana* Pax

贝信麒麟（泊松麒麟）*Euphorbia poissonii* Pax

邦戈大戟（新拟）*Euphorbia bongolavensis* Rauh

邦戈大戟叶形

扁枝麒麟 *Euphorbia platyclada* Rauh.

布莱克丹大戟 *Euphorbia brakdamensis* N. E. Br.

布纹球（晃玉）*Euphorbia obesa* Riddle

布纹球群生

冲天阁 *Euphorbia ingens* E. Mey. ex Boiss.

冲天阁缀化 *Euphorbia ingens* 'Cristata'

彩云阁（龙骨，巴西龙骨，三角霸王鞭）*Euphorbia trigona* Haw.

粗茎彩叶麒麟*Euphorbia francoisii* var. *crassicaulis* Rauh

彩叶麒麟（潘朗麒麟，费氏大戟）*Euphorbia francoisii* Leandri

春驹（朝驹）*Euphorbia pseudocactus* A. Berger

春驹冠（春驹缀化）*Euphorbia pseudocactus* 'Cristata'

大戟科

春峰（三角兰）*Euphorbia lactea* Haw.

春峰锦（帝锦）*Euphorbia lactea* 'Variegata'

春峰缀化（春峰之辉，春峰冠，帝锦冠）*Euphorbia lactea* 'Cristata'

彩春峰白锦缀化（白鬼春峰缀化）*Euphorbia lactea* 'Albavariegata Cristata'

彩春峰黄锦（彩帝锦）*Euphorbia lactea* 'Variegata Yellow'

彩春峰锦缀化（彩春峰冠，彩帝锦冠）*Euphorbia lactea* 'Variegata Cristata'

大戟属

775

大戟阁 *Euphorbia ammak* Schw.

大戟阁锦 *Euphorbia ammak* 'Variegata'

大缠 *Euphorbia lemaireana* Boiss

短节麒麟（新似）*Euphorbia breviarticulata* Pax

大戟科

大正麒麟（大将军）*Euphorbia echinus* Hook. f. et Coss.

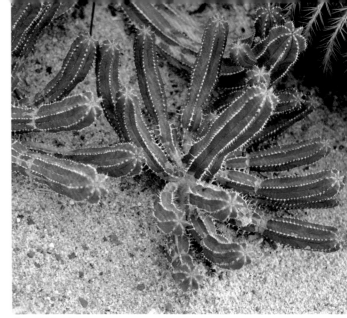

大正麒麟配置

垫状大戟 *Euphorbia epithymoides* L.

德斯蒙德大戟（新拟）*Euphorbia desmondii* Keay et Milne-Redh

峨眉之峰 *Euphorbia bupleurifolia* × *Euphorbia susannae* Marloth

非洲美人冲天阁 *Euphorbia ingens* 'Arfican Beauty'

大戟属

幡龙 *Euphorbia pugniformis* Boissier

飞龙 *Euphorbia stellata* Willd.

贵青玉 *Euphorbia meloformis* Gasparr.

狗特勒贝大戟（新拟）*Euphorbia gottlebei* Rauh

狗奴子麒麟 *Euphorbia knuthii* Pax

鬼凄阁 *Euphorbia guillauminiana* Boiteau

光棍树（绿玉树，绿珊瑚，青珊瑚）*Euphorbia tirucalli* L.

红叶粗茎彩叶麒麟（新拟）*Euphorbia francoisii* f. *rubrifolia* Rauh

红彩阁（火麒麟）*Euphorbia enopla* Boiss.

红刺麒麟 *Euphorbia heptagona* L.

红彩云阁（彩云阁锦）*Euphorbia trigona* 'Rubra'

大戟属

779

红叶之秋 *Euphorbia umbellata* (Pax) Bruyns 'Rubra'

虎刺梅 *Euphorbia milii* Desmoul.

花梗麒麟 *Euphorbia petiolaris* Sims

黄花虎刺梅 *Euphorbia milii* 'Lutea'

华烛麒麟 *Euphorbia ingens* cv.

火殃勒缀化（帝国，火殃勒冠）*Euphorbia antiquorum* 'Cristata'

火殃勒（峦云，金刚纂，三角火殃勒）*Euphorbia antiquorum* L.

九头龙 *Euphorbia inermis* E. Mey. ex Boiss

茎具不明显5条隆起

金刚纂（霸王鞭）*Euphorbia neriifolia* L.

金刚纂缀化（麒麟掌，玉麒麟，麒麟）*Euphorbia neriifolia* 'Cristata'

大戟属

781

津巴布韦大戟 *Euphorbia excelsa* A. C. White

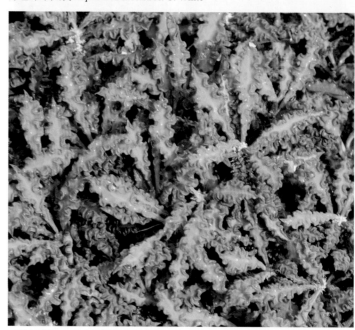

金刚纂锦缀化（麒麟掌锦）*Euphorbia neriifolia* 'Variegata Cristata'

开普圣玛丽大戟（圣皱叶麒麟）*Euphorbia cap-saintemariensis* Rauh

橘河大戟（新拟）*Euphorbia rudis* N. E. Br.

块茎筒叶麒麟（鱿鱼）*E. cylindrifolia* subsp. *tuberifera* Marn.-Lap. et Rauh

大戟科

孔雀丸（孔雀球）*Euphorbia flanaganii* N. E. Br

孔雀之舞（孔雀丸缀化）*Euphorbia flanaganii* 'Cristata'

魁伟玉 *Euphorbia horrida* Boss.

蓝绿大戟 *Euphorbia glauca* G. Forst.

蜡大戟 *Euphorbia antisyphilitica* Zucc.

大戟属

狼毒大戟 *Euphorbia fischeriana* Steud.

良穗 *Euphorbia evansii* Pax

琉璃晃 *Euphorbia suzannae* Marl.

琉璃塔（红偏角）*Euphorbia cooperi* N. E. Br.

柳叶麒麟（柳麒麟）*Euphorbia hedyotoides* N. E. Brown

.... 大戟科

峦岳阁 *Euphorbia abyssinica* J. F. Gmel

罗氏麒麟 *Euphorbia rossii* Rauh. et Buchloh

螺旋麒麟 *Euphorbia tortiyama* R. A. Dyer

罗刹 *Euphorbia fianarantsoae* Ursch et Leandri

大戟属

落叶大戟 *Euphorbia caducifolia* Haines

马赛克大戟 *Euphorbia mosaica* P. R. O. Bally et S. Carter

绿威麒麟 *Euphorbia greenwayii* Bally et Carter

马卡兰斯大戟 *Euphorbia makallensis* Carter

密刺麒麟 *Euphorbia baioensi* Carter

大戟科

魔神辉 *Euphorbia hofstaetteri* Rauh

魔针殿 *Euphorbia spinea* N. E. Br

莫拉提 *Euphorbia moratii* Rauh

墨麒麟（黑麒麟，加那利麒麟）*Euphorbia canariensis* L.

尼乌利亚大戟 *Euphorbia nivulia* Buch.-Ham.

南蛮塔（华烛麒麟，烛台大戟）*Euphorbia candelabrum* Kotschy

大戟属

喷火龙 *Euphorbia bergii* A. C. White

喷火龙花序

喷火龙锦 *Euphorbia bergii* 'Variegata'

喷火龙缀化 *Euphorbia bergii* 'Cristata'

蓬莱岛 *Euphorbia decidua* L.

瓶干大戟（瓶干麒麟）*Euphorbia pachypodioides* P. Boiteau

大戟科

膨珊瑚（珊瑚大戟，奥科克拉达大戟）*Euphorbia oncoclada* Drake

膨珊瑚缀化 *Euphorbia oncoclada* 'Cristata'

膨珊瑚黄锦（黄金膨珊瑚）*Euphorbia oncoclada* 'Aurea'

膨珊瑚黄锦缀化 *Euphorbia oncoclada* 'Aurea Cristata'

奇怪岛 *Euphorbia squarrosa* Haw.

日出 *Euphorbia biaceae* Rauh 'Sunrise'

大戟属

锐锋阁 *Euphorbia acrurensis* N. E. Br.

萨卡哈大戟 *Euphorbia sakarahaensis* Rauh

麒麟冠（麒麝冠）*Euphorbia grandicornis* Goebel ex N. E. Br.

三角大戟 *Euphorbia triangularis* Desf. ex A. Berger

闪红阁 *Euphorbia fruticosa* Forssk.

大戟科

蛇鳞丸（蜘蛛丸）*Euphorbia davyi* N. E. Br.

矢毒麒麟（大龙王）*Euphorbia virosa* Willd.

三角树状大戟 *Euphorbia vajravelui* Binojk. et Balakr

矢毒麒麟缀化 *Euphorbia virosa* 'Cristata'

大戟属

丝瓜掌 *Euphorbia mammillaris* L.

四方麒麟（四棱大戟）*Euphorbia heterochroma* Pax

世蟹丸 *Euphorbia pulvinata* Marloth

四棱柱大戟（白角麒麟）*Euphorbia resinifera* Berg.

四棱柱大戟群生

苏珊大戟（苏马大戟）*Euphorbia suzannae-marnierae* Rauh et Petignat

铜绿麒麟（铜绿大戟）*Euphorbia aeruginosa* Schweick

铁甲麒麟（铁甲丸，苏铁麒麟，铁甲球）*Euphorbia bupleurifolia* Jacq.

筒叶麒麟（鱿鱼）*Euphorbia cylindrifolia* Marnier-Lapost. et Rauh

怪魔玉 *Euphorbia* 'Kaimagyoku'

图拉大戟 *Euphorbia tulearensis* (Rauh) Rauh

大戟属

藤大戟（垂悬大戟）*Euphorbia gradyi* V. W. Steinm. et Ram.-Roa

韦伯鲍尔大戟（韦伯大戟）*Euphorbia weberbaueri* R. Mansfeld

维戈大戟（惑结麒麟）*E. viguieri* var. *capuroniana* Ursch et Leandri

瓦莲大戟 *Euphorbia waringiae* Rauh et Gerold

肖黄栌（紫锦木，红叶乌桕，俏黄栌）*Euphorbia cotinifolia* L.

小纹大戟 *Euphorbia dichroa* S. Carter

大戟科

旋风麒麟 *Euphorbia groenewaldii* R. A. Dye

旋形皱叶麒麟 *Euphorbia decaryi* var. *spinosticha* Rauh et Buchloh

血藤大戟 *Euphorbia cuneata* Vahl.

亚迪麒麟 *Euphorbia abdelkuri* Balf. f.

阎魔麒麟 *Euphorbia esculenta* Marloth

大戟属

银角珊瑚 *Euphorbia stenoclada* Baill.

银角珊瑚锦 *Euphorbia stenoclada* 'Variegata'

硬叶麒麟 *Euphorbia enterophora* Drake

勇猛阁（大刺大戟）*Euphorbia ferox* Marloth

大戟科

玉鳞宝（鱼鳞宝，球松麒麟，球大戟）*Euphorbia globosa* (Haw.) Sims

皱叶麒麟 *Euphorbia decaryi* A. Guill.

玉鳞宝幼苗

早落叶大戟（新拟）*Euphorbia caducifolia* Haines

杂种虎刺梅 *Euphorbia millii* 'Hybrida'

大戟属

797

鱼鳞大戟 *Euphorbia piscidermis* M. G. Gilber

大戟科

叶下珠属 *Phyllanthus* L.

形态特征：灌木或草本，少数为乔木；无乳汁。单叶，互生，通常在侧枝上排成 2 例，呈羽状复叶状，全缘；羽状脉；具短柄；托叶 2 枚，小，着生于叶柄基部两侧，常早落。花通常小、单性，雌雄同株或异株，单生、簇生或组成聚伞、团伞、总状或圆锥花序；花梗纤细；无花瓣；雄花萼片（2）3～6 枚，离生，1～2 轮，覆瓦状排列；花盘通常分裂为离生，且与萼片互生的腺体 3～6 枚；雄蕊 2～6，花丝离生或合生成柱状，花药 2 室，外向，药室平行、基部叉开或完全分离，纵裂、斜裂或横裂，药隔不明显；无退化雌蕊；雌花萼片与雄花的同数或较多；花盘腺体通常小；子房常 3 室。蒴果，通常基顶压扁呈扁球形，成熟后常开裂 3 个 2 裂的分果爿。

种类分布：约 600 种，主要分布于世界热带及亚热带地区，少数分布于北温带地区。我国产 33 种和 4 变种，主要分布于长江以南各省区。

生长习性：喜温暖。

繁殖栽培：播种繁殖。

奇异油柑*Phyllanthus mirabilis* Müll. Arg

叶下珠属

麻疯树属 *Jatropha* L.

　　形态特征：乔木、灌木、亚灌木或具根状茎的多年生草本。叶互生，掌状或羽状分裂，稀不分裂，被毛或无毛；具叶柄或无柄；托叶全缘或分裂为刚毛状或为有柄的一列腺体，或托叶小。花雌雄同株，稀异株，伞房状聚伞圆锥花序，顶生或腋生，在二歧聚伞花序中央的花为雌花，其余花为雄花；花萼片 5 枚，覆瓦状排列，基部多少合生；花瓣 5 枚，覆瓦状排列，离生或基部合生；腺体 5 枚，离生或合生成环状花盘；雄花雄蕊 8～12 枚，有时较多，排成 2～6 轮，花丝多少合生，有时最内轮花丝合生成柱状，不育雄蕊丝状或缺，不育雌蕊缺；雌花子房 2～3（～5）室，每室有 1 颗胚珠，花柱 3 枚，基部合生，不分裂或 2 裂。蒴果。种子有种阜，种皮脆壳质，胚乳肉质，子叶宽且扁。

　　种类分布：约 175 种，主产于美洲热带、亚热带地区，少数产于非洲。

　　生长习性：喜温暖。

　　繁殖栽培：播种繁殖。

　　观赏配置：可盆栽观赏或庭园栽培观赏。

佛肚树 *Jatropha podagrica* Hook.

佛肚树花和果实

锦珊瑚 *Jatropha berlandieri* Teran et Berland.

麻疯树 *Jatropha carcas* L.

棉叶珊瑚 *Jatropha gossypiifolia* L.

棉叶珊瑚花

琴叶珊瑚（日日樱）*Jatropha integerrima* Jacq.

琴叶珊瑚花色1

琴叶珊瑚花色2

细裂叶珊瑚 *Jatropha multifida* L.

翡翠柱属（翡翠塔属）
Monadenium Pax

形态特征：肉质灌木。茎圆柱状或棱柱状，大小整齐的瘤突组成棱并呈螺旋状排列。无刺或有刺。叶轮生，多少肉质。伞形花序顶生，苞片和腺体合生。

种类分布：约 50 种，分布于非洲热带地区。

生长习性：喜温暖。

繁殖栽培：播种繁殖。

观赏配置：可盆栽观赏。

将军阁锦 *Monadenium ritchiei* var. *nyambense* 'Variegata'

将军阁红锦 *Monadenium ritchiei* var. *nyambense* 'Variegata Rubra'

将军阁白锦 *Monadenium ritchiei* var. *nyambense* 'Variegata Alba'

将军阁 *Monadenium ritchiei* Bally var. *nyambense* S. Carter

大戟科

苍龙阁（翡翠柱，逆鳞龙）*Monadenium schuberi* (Pax) N. E. Br.

人参大戟 *Monadenium montanum* P. R. O. Bally var. *rubellum* P. R. O. Bally

厚叶单腺戟（麒麟柱）*Monadenium reflexum* Chiovenda

紫纹龙 *Monadenium guentheri* Pax

翡翠柱属

红雀珊瑚属 *Pedilanthus* Neck. ex Poit.

红雀珊瑚属又叫白雀珊瑚属，与大戟属的区别：本属的总苞左右对称，有一短距，基部上面藏有腺体。

形态特征：直立灌木或亚灌木；茎带肉质，具丰富的乳状汁液。叶互生，全缘，具羽状脉；托叶小，腺体状或不存在。花单性，雌雄同株，聚集成顶生或腋生杯状聚伞花序，此花序由一鞋状或舟状的总苞所包围；总苞歪斜，两侧对称，基部具长短不等的柄，且盾状着生，顶端唇状2裂，内侧的裂片比外侧的狭而短；腺体2～6个，着生于总苞的底部或有时无腺体；雄花多数，着生于总苞内，无花被，每花仅有1枚雄蕊，花丝短而与花梗相似，由关节所连接，花药球形，药室内向，纵裂；雌花单生于总苞中央，斜倾，具长梗；子房3室，每室具1胚珠，花柱多少合生，柱头3个，2裂。蒴果干燥，分果爿3；种子无珠柄。

种类分布：约15种，原产于美洲。我国南部常见栽培的有1种。

生长习性：喜温暖、阳光充足而不太强烈，喜通风良好和疏松、肥沃且排水良好的土壤。

繁殖栽培：播种繁殖。春末或秋初用当年生枝扦插，或早春用去年生枝扦插。

观赏配置：可庭园观赏或盆栽观赏。

红雀珊瑚 *Pedilanthus tithymaloides* (L.) Poit.

红雀珊瑚锦（花叶红雀珊瑚） *Pedilanthus tithymaloides* 'Variegata'

白化红雀珊瑚 *Pedilanthus tithymaloides* 'Alba'

大戟科

龙凤木 Pedilanthus tithymaloides 'Nanus'

龙凤木白锦（花叶龙凤木）Pedilanthus tithymaloides 'Nanus Variegata Alba'

铁杆丁香 Pedilanthus carinatus Spreng.

铁杆丁香锦（花叶铁杆丁香）Pedilanthus carinatus 'Variegata'

铁杆丁香配置

红雀珊瑚属

龙舌兰科
Agavaceae

　　本科的属和种在恩格勒（Engler）系统中，一部分位于百合科内，另一部分位于石蒜科内。本科植物性喜干燥；叶条形，有纤维，常聚生于茎的基部或顶部；花常排成极大的圆锥花序。

　　形态特征：植物有根茎；茎短或很发达；叶常聚生于茎的基部，狭，通常厚或肉质，边全缘或有刺；花两性或单性，辐射对称或稍左右对称，总状花序或圆锥花序排列，分枝承托以苞片；花被管短或长，裂片近相等或不等；雄蕊6枚，着生于管上或裂片的基部，花丝丝状至粗厚，分离，花药线形；子房上位或下位，3室，每室有胚珠多颗至1颗；浆果或蒴果。

　　种类分布：约20属670种，多数分布于热带和亚热带地区；我国原产约2属6种，产于我国南部。

龙舌兰属 *Agave* **L.**

　　龙舌兰属因其叶片形态像传说中的龙舌而得名。本属在恩格勒系统中位于石蒜科。龙舌兰的英文名称有 Century plant，Maguey 和 American Aloe 等。

　　形态特征：多年生常绿灌木，有短的根状茎或块茎；叶肉质，剑形、三角形、舟形、线形和针形等，绿色、蓝色或银灰色等，于茎基旋叠排成莲座状，边缘有波状硬齿，先端常刺状；多数品种植株中心的几片幼叶并在一起，呈圆锥状，有些品种叶表有白粉和美丽的斑纹。穗状花序、圆锥花序或伞形花序，花梗粗壮，长达5 m以上，佛焰苞状总苞常不存在，花辐射对称，花被管短，裂片6枚，狭，相等；雄蕊6枚，花丝长突出，花药"丁"字着生；子房下位，有胚珠多颗；异花授粉，蒴果长椭圆形，3瓣裂；种子多数，薄而扁平，黑色。

　　种类分布：约300种，原产于西半球干旱和半干旱的热带地区，其中以墨西哥的种类最多。有大量的园艺品种、杂交种、栽培变种。

　　生长习性：性强健，较耐寒，保持5 ℃以上温度，耐高温。阳性植物，不耐阴。对土壤要求不严格，耐旱，喜肥沃湿润土壤。寿命长、生长慢、不易开花。有些种类每年或隔年开花，多数种类8~25年开花后死亡。

　　繁殖栽培：分株、扦插、吸枝、珠芽或播种繁殖。病害主要有为害叶片的炭疽病。

　　观赏配置：品种繁多，形态飘逸而刚健，或叶色多变，或绚丽多彩，或清新雅致，本属中很多品种有斑锦特性，极具观赏价值。可盆栽观赏陈设于客厅、案头、阳台等处，也是南方城市庭园及绿化带的常见花卉。有些种类有数以千计的花朵绚丽绽放，蔚为壮观。

矮蝶雷神 *Agave potatorum* 'Kichiokan'

白瓷炉（大美龙）*A. lophantha* Sch. ex Kun. var. *poselgeri* (Salm-Dyck) Berg.

八荒殿 *Agave macroacantha* Zucc.

八荒殿锦 *Agave macroacantha* 'Variegata'

白鲸 *Agave titanota* Gentry 'Hakugei'

白鲸锦 *Agave titanota* 'Hakugei Variegata'

斑点龙舌兰 *Agave maculosa* (Hook.) Rose

冰山（丸叶笹之雪白锦）*Agave victoriae-reginae* 'Albomarginata'

布勒龙舌兰 *Agave beauleriana* Jacobi

齿翡翠盘 *Agave attenuata* subsp. *dentata* B. Ullrich

齿牙龙 *A. salmiana* Otto ex Salm-Dyck var. *ferox* (K.Koch) Gentry

吹上（条纹龙舌兰）*Agave stricta* Salm-Dyck

龙舌兰科

垂龙舌兰 *Agave pendula* Schnittspahn

粗白纹乱雪 *Agave filifera* var. *schidigera* (Lem.) B. Ullrich

翡翠盘 *Agave attenuata* Salm-Dyck 'Nerva'

翠玉龙 × 翠绿龙舌兰 *Agave guiengola* Gentry × *Agave attenuata*

大齿龙舌兰 *Agave grandidentata* Hort. Belg. ex Jacobi

大龙舌兰 *Agave gigantean* L.

龙舌兰属

多苞龙舌兰 *Agave bracteosa* S. Watson ex Engelm.

单带龙舌兰 *Agave univittata* Haw.

杜兰戈龙舌兰 *Agave dudurangensis*

霍丽达龙舌兰 *Agave horrida* Lemaire ex Jacobi

赫瓦蒂纳 *Agave havardiana* Trelease

海星龙舌兰 *Agave gypsophila* Gentry

810

黑寡妇丝龙舌兰 *Agave schidigera* 'Black Widow'

红缘龙舌兰 *Agave chazaroi* A. Vázquez et O. M. Valencia

狐尾龙舌兰（翡翠盘）*Agave attenuata* Salm-Dyck

褐刺龙舌兰（赖光）*Agave parrasana* A. Berger

皇冠龙舌兰（大翡翠盘，黑夜叉）*Agave attenuata* 'Nerva'

辉山（丸叶笹之雪黄锦）*Agave victoriae-reginae* 'Kizan Variegata'

龙舌兰属

姬泷之白丝（小型泷之白丝）*Agave schidigera* 'Micro Form'

姬吹上 *Agave stricta* 'Maihime'

吉祥冠 *Agave potatorum* Zucc.

吉祥冠锦（金边吉祥冠）*Agave potatorum* 'Variegata'

吉祥冠中斑 *Agave potatorum* 'Variegata'

加西门龙舌兰 *Agave garciae-mendozae* Galván et L.Hern.

龙舌兰科

甲蟹 *Agave isthmensis* García-Mendoza. et F. Palma

吉祥天锦 *Agave fuachucensis* 'Variegata'

剑麻 *Agave sisalana* Perrine

金黄龙舌兰 *Agave aurea* Brandegee

劲叶龙舌兰 *Agave neglecta* Gentry

龙舌兰属

宽叶龙发 *Agavve striata* Zucc.

宽叶泷之白丝（姬泷之白丝，小型泷之白丝）*Agave schidigera* 'Micro Form'

蓝刺仁王冠（蓝刺严龙）*Agave titanota* 'Bluespinus'

蓝狐尾龙舌兰 *Agave attenuata* 'Nova'

蓝辉龙舌兰 *Agave* 'Blue Glow'

蓝火焰龙舌兰 *Agave* 'Blue Flame'

蓝长序龙舌兰 *Agave striata* Salm-Dyck

类锯齿龙舌兰 *Agave dasyliriodes* Jacobi et C. D. Bouché

雷神 *Agave potatorum* Zucc. var. *verschaffeltii* (Lem.) Berger

雷神锦 *Agave potatorum* var. *verschaffeltii* 'Variegata'

雷神锦黄中斑 *Agave potatorum* var. *verschaffeltii* 'Medio-picta'

卵叶龙舌兰（鲸舌兰）*Agave ovatifolia* G. D. Starr et Villarreal

龙舌兰属

815

礼美龙舌兰（苔丝龙舌兰，青叶龙舌兰）*Agave desmettiana* Jacobi 　　金边礼美龙舌兰（礼美龙舌兰锦）*Agave desmettiana* 'Variegata'

龙舌兰（青龙舌兰）*Agave americana* L. 　　金边龙舌兰（龙舌兰锦）*Agave americana* var. *marginata* Hort.

龙舌兰白中斑（华岩）*Agave americana* f. *medio-picta alba* 　　龙舌兰黄中斑（金心龙舌兰）*Agave americana* var. *medio-picta* Trel.

龙舌兰科

泷之白丝 *Agave schidigera* Lem.

泷之白丝黄中斑 *Agave schidigera* 'Medio-picta '

乱雪龙舌兰 *Agave filifera* (Salm-Dyck) Baker

乱雪锦黄中斑（乱雪黄复轮）*Agave filifera* 'Medio-picta'

乱雪龙舌兰锦（金边乱雪）*Agave filifera* 'Variegata'

泷雷 *Agave* 'Burnt Burgundy'

龙舌兰属

817

镰叶吹上 *Agave stricta* subsp. *falcata* (Engelm.) Gentry

龙发 *Agave geminiflora* (Tagl.) Ker Gawl.

木刺龙舌兰 *Agave xyonacantha* Salm-Dyck

曼南特蓝龙舌兰（新似）*Agave manantlanicola* Cuevas et Santana-Michel

鸟喜龙舌兰 *Agave ornithobroma* Gentry

牛角龙舌兰 *Agave bovicornuta* H. S. Gentry

怒雷神 *Agave potatorum* var. *verschaffeltii* 'Compacta'

拟吹上龙舌兰（新拟）*Agave rzedowskiana* P. Carrilla, R.Vega et R. Delgad.

普米拉 *Agave pumila* De Smet ex Baker

曲刺妖炎 *Agave utahensis* Engelm. 'Eborispina'

恰帕斯龙舌兰 *Agave chiapensis* Jacobi

屈原之武扇 *Agave* 'Kutsugen-no-maiougi'

龙舌兰属

仁王冠（严龙）*Agave titanota* Gentry

仁王冠锦 *Agave titanota* 'Variegata'

笹之雪（鬼脚掌）*Agave victoriae-reginae* T. Moore

笹之雪锦（黄覆轮笹之雪）*Agave victoriae-reginae* 'Variegata'

树冰 *Agave toumeyana* Trel. subsp. *bella* (Breitung) Gentry

水晶宫 *Agave celsi* Hook. 'Major'

龙舌兰科

丝叶龙舌兰锦 *Agave multifilifera* Gentry

太匮龙舌兰 *Agave tequilana* F. A. C.Weber

太匮龙舌兰黄中斑 *Agave tequilana* F. A. C. Weber 'Medio-picta'

太匮龙舌兰锦（金边太匮龙舌兰）*Agave tequilana* 'Variegata'

桃太郎笹之雪 *Agave victoriae-reginae* 'Peachboy'

特选姬乱雪 *Agave victoriae-reginae* 'Selected'

龙舌兰属

丸叶笹之雪（丸叶鬼脚掌）*Agave victoriae-reginae* 'Latifolia'

丸叶笹之雪2

丸叶笹之雪正面

丸叶笹之雪侧面

王妃雷神 *Agave potatorum* Zucc. var. *verschaffeltii* (Lem.) A. Berger

王妃雷神白锦 *Agave potatorum* var. *verschaffeltii* 'Ouhi-Raijin-Shirofu'

王妃雷神白中斑 *Agave potatorum* var. *verschaffeltii* 'White Medio Picta'

王妃雷神黄中斑 *Agave potatorum* var. *verschaffeltii* 'Yellow Medio Picta'

姬雷神锦 *Agave potatorum* var. *verschaffeltii* 'Compacta Variegata'

王妃笹之雪 *Agave victoriae-reginae* 'Princess'

韦伯龙舌兰 *Agave weberi* J. F. Cels ex J. Poiss.

无刺龙舌兰 *Agave mitis* Mart.

龙舌兰属

五色万代 *Agave kerchovei* Lem. var. *pectinata*

五色万代锦 *Agave kerchovei* var. *pectinata* 'Variegata'

武藏坊（大叶龙舌兰）*Agave colorata* Gentry

小花龙舌兰（小花剑麻）*Agave parviflora* Torr.

小型乱雪（姬乱雪）*Agave polianthiflora* Gentry

小型乱雪缀化 *Agave polianthiflora* 'Cristata'

小型笹之雪（小型鬼脚掌）*Agave victoriae-reginae* 'Micro Form'

新无刺龙舌兰 *Agave mitis* 'Nova'

新大齿龙舌兰 *Agave horrida* 'Nova'

新墨西哥龙舌兰 *Agave neomexicana* Wooton et Standley

异形龙舌兰（弯曲龙）*Agave difformis* Berger

泽曼龙舌兰（希曼艾安娜龙舌兰）*Agave seemanniana* Jacobi

银白甲蟹（白银甲蟹）*Agave isthmensis* 'Silver White'

银白王妃雷神 *Agave potatorum* var. *verschaffeltii* 'Silver White Princess'

狭叶龙舌兰*Agave vivipara* L.

龙舌兰科

狭叶龙舌兰锦（银边狭叶龙舌兰）*Agave vivipara* 'Variegata'

龙舌兰属

827

虎尾兰属（千岁兰属）*Sansevieria* Thunb.

　　虎尾兰属在恩格勒系统中置于百合科。本属可分为两大类，即硬叶虎尾兰和软叶虎尾兰。

　　形态特征：多年生草本，有根茎；叶基生，直立、剑形、卵形、线形、椭圆形，或扁平圆柱状，常有绿色的横带，花葶纤细，约与叶等长；花排成总状花序或穗状花序；花常白绿色，花被管状，裂片6枚，狭长，扩展；雄蕊6枚，着生于花被管的喉部；子房上位，3室，每室有胚珠1颗；浆果。

　　种类分布：约70种，分布于非洲大陆、马达加斯加至亚洲南部。

　　生长习性：性强健，喜温暖和充足阳光，耐半阴，耐干旱，不耐寒，不耐积水。喜排水良好的砂壤土。温度应保持3℃以上。每年施薄肥2~3次。

　　繁殖栽培：分株、扦插或播种繁殖。

　　观赏配置：可盆栽观赏。

爱氏虎尾兰 *Sansevieria ehrenbergii* Schweinf. ex Baker

爱氏虎尾兰锦 *Sansevieria ehrenbergii* 'Variegata'

矮武士爱氏虎尾兰 *Sansevieria ehrenbergii* 'Samurai Dwarf'

宝扇（梅林虎尾兰）*Sansevieria masoniana* Chahim.

龙舌兰科

短叶虎尾兰 *Sansevieria trifasciata* 'Hahii'

短叶虎尾兰锦 *Sansevieria trifasciata* 'Golden Hahii'

短叶虎尾兰锦2

短叶虎尾兰锦3

黄金短叶虎尾兰 *Sansevieria trifasciata* 'Aurea'

步行者虎尾兰 *Sansevieria* 'Pedestrian'

虎尾兰属

虎尾兰 *Sansevieria trifasciata* Prain

金边虎尾兰 *Sansevieria trifasciata* var. *laurentii* (De Wild.) N. E. Br

美叶虎尾兰 *Sansevieria trifasciata* 'Laurentii Compacta'

月光虎尾兰 *Sansevieria trifasciata* 'Moonshine'

费舍尔虎尾兰 *Sansevieria fischeri* (Baker) Marais

灰叶虎尾兰 *Sansevieria trifasciata* 'Grey Leaf'

龙舌兰科

佛手虎尾兰 *Sansevieria cylindrica* Bojer ex Hook 'Boncel'

拉夫拉诺虎尾兰 *Sansevieria* 'Lavranos 1970'

姬叶虎尾兰 *Sansevieria gracilis* N. E. Brown

银脉虎尾兰 *Sansevieria* sp.

虎尾兰属

银蓝柯氏虎尾兰 *Sansevieria kirkii* Baker 'Silver Blue'

香蕉爱氏虎尾兰 *Sansevieria ehrenbergi* 'Banana'

对生虎尾兰 *Sansevieria perrotii* Warb.

柱叶虎尾兰 *Sansevieria cylindrica* Bojer ex Hook

圆叶虎尾兰锦 *S. bacularis* Pfennig ex A.Butler et Jankalski 'Variegata'

展枝虎尾兰 *Sansevieria patens* N. E. Br.

丝兰属 *Yucca* L.

本属的多肉植物种类不多。本属在恩格勒系统中置于百合科。

形态特征：无茎或有茎植物；叶剑形，坚挺，螺旋状生于地面或茎枝之顶，边缘常有刺或有丝状纤维；花杯状，通常蜡质，白色至青紫色，芳香，晚间开放，通常悬挂于直立的圆锥花序上；花被片 6 枚，分离或于基部合生；雄蕊 6 枚；子房上位，3 室，每室有胚珠多数，花柱厚，顶部 3 裂；蒴果，或稍肉质。

种类分布：约 40 种，分布于墨西哥及西印度群岛。

生长习性：喜温暖。

繁殖栽培：播种繁殖。

观赏配置：可盆栽观赏。

王兰（芦荟叶丝兰，千手丝兰，金棒兰）*Yucca aloifolia* L.

金边王兰 *Yucca aloifolia* 'Marginata'

龙舌兰科

凤尾兰 *Yucca gloriosa* L.

金边凤尾丝兰 *Yucca gloriosa* 'Variegata'

丝兰 *Yucca filamentosa* L.

金花环丝兰 *Yucca filamentosa* 'Garland's Gold'

金剑丝兰 *Yucca filamentosa* 'Golden Sword'

阿肯色州丝兰（新拟）*Yucca arkansana* Trel.

丝兰属

835

山丝兰 *Yucca × schottii* Engelm.

香蕉丝兰 *Yucca bacctata* Torr.

鸟喙丝兰（稻草人，细叶丝兰）*Yucca rostrata* Engelm. ex Trel.

硬叶丝兰 *Yucca rigida* (Engelm.) Trel.

龙舌兰科

象腿丝兰（荷兰铁）*Yucca elephantipes* Regel.

银线象腿丝兰 *Yucca elephantipes* (Torr.) Linding. 'Puck'

汤普森丝兰 *Yucca thompsoniana* Trel.

丝兰属

稠丝兰属（猬丝兰属，锯齿龙属）*Dasylirion* Zucc.

稠丝兰属拉丁文名称 *Dasylirion* 来自希腊文 "dasy"（厚密）和 "lirion"（白色百合花），意为花序的花排列紧密。

形态特征：多年生植物，多次结果。根蔓延，径 2～8 mm。茎干短或长，常直立或斜倚。叶多，常绿，平展，莲座丛排列；叶长线形，含纤维，无毛，有时被白蜡质；叶基部膨大，匙形，边缘锋利具弯曲皮刺。总状花序组成圆锥花序，具苞片；花序狭窄，花序梗长；苞片下部叶状，上部淡黄色，披针形；总状花序成束且密集，生于苞腋。花小，单性，雌雄异株；花的苞片膜质；花被片 6 枚，离生，白色、绿色或紫色，倒卵形，边缘具小齿；雄蕊 6 枚，在雌花中不发育；子房上位，具 3 角，在雄花中败育；花柱短，柱头 3 浅裂。蒴果，1 室，不开裂，具 3 翅。种子 1 枚，金棕色，具 3 角。

种类分布：17 种，原产于墨西哥，其中 3 种分布至美国西南部。

生长习性：喜温暖。

繁殖栽培：播种繁殖。

观赏配置：可盆栽观赏。

顶毛稠丝兰 *Dasylirion acrotrichum* (Schiede) Zucc.

苍白稠丝兰 *Dasylirion glaucophyllum* Hook.

长叶稠丝兰 *Dasylirion longissimum* Lem.

缝线麻属（万年麻属，万年兰属，巨麻属）*Furcraea* Vent.

形态特征：大型多年生植物，树干无或可高达 6 m。叶宽或狭披针形，硬或软，可达 50 枚，长 3.3m，富含纤维，叶缘具角质齿，叶先端钝尖坚硬。圆锥花序长达 13 m，具花葶；花 2～5 簇花，下垂；花被平展，绿色或白色，卵形到长圆形，比雄蕊和花柱长；花丝中部以下膨大；子房下位；花柱 3 浅裂至近中部。蒴果，球形到圆柱形，径 8cm。每室 2 列种子数，黑色，扁平。

种类分布：约 23 种，原产于墨西哥，中美洲和南美洲北部的热带地区。部分物种在非洲、美国佛罗里达州、葡萄牙、泰国、印度、澳大利亚的部分地区和海洋岛屿上被归化。

生长习性：喜高温，性极强健，耐旱力强。栽培以疏松的砂壤土最佳，排水、日照需良好。

繁殖栽培：春季至秋季分株或用花序上小鳞茎繁殖，或播种繁殖。

观赏配置：叶色四季清新，风格独具，其成株适合庭园美化，幼株可盆栽。

毛里求斯麻 *Furcraea selloa* K. Koch.

金边毛里求斯麻 *Furcraea selloa* 'Marginata'

黄纹万年麻 *Furcraea foetida* (L.) Haw. 'Medio-picta'

酒瓶兰属 *Beaucarnea* Lem.

形态特征：小乔木，高 6～10 m，干径 20～40 cm，基部喇叭状；幼株茎单一，开花后分枝。叶常绿，长披针形，长 0.5～1.8 m，宽 1.5～2 cm，坚韧，边缘有细锯齿。老植株开花，花序长 75～110 cm，花小，径 1.5 mm，绿白色，花被片 6 枚。

种类分布：3 种，即酒瓶兰、长叶酒瓶兰和比基露菲兰。原产于墨西哥和美国中部。

生长习性：喜光，耐干旱，不耐寒，保持 3 ℃以上温度。

繁殖栽培：播种繁殖。

观赏配置：造型奇特，叶姿婆娑，适合园林绿化造景，小株盆栽，可作家庭摆设，十分雅致。

犀利酒瓶兰 *Beaucarnea hiriartiae* L. Hern.

酒瓶兰 *Beaucarnea recurvata* Lem.

酒瓶兰缀化 *Beaucarnea recurvata* 'Cristata'

龙舌兰科

熊丝兰属（诺利纳属，诺兰花属）*Nolina* Michx.

熊丝兰属的拉丁文名称 *Nolina* 以 18 世纪法国树木种植者 Abbéc. P. Nolin 命名。

形态特征：多年生，丛生或乔木状。常群生。茎短或高达 2.5 m。叶丛莲座状；叶软，线形，不含纤维，基部宽，叶缘具细锯齿或全缘。花葶 5～25 cm。花序圆锥，稀总状花序，长 30～180 cm；苞片早落，稀宿存。花单性，花被片白色、奶油色或褐色，1.3～5 mm，先端具腺；花梗中部合生。蒴果，3 浅裂。种子球状，肿胀。

种类分布：约 30 种，原产于美国南部和墨西哥北部。

生长习性：喜温暖。耐旱。

繁殖栽培：播种繁殖。

观赏配置：有些种类作为观赏植物栽培，也可盆栽观赏。

凯列班属（胡克酒瓶属）*Calibanus* Rose

本属的拉丁文名称 *Calibanus* 来自莎士比亚小说《暴风雨》中一个叫 "Caliban" 的怪物。

形态特征：常绿多肉植物。有块茎，径可达 1 m。叶硬，线形，丛生，蓝绿色，粗糙，禾草状，长达 50 cm，生于茎顶，拱形弯曲下垂。雌雄异株。花小，簇生，乳白色，有时略带粉红色或紫色，长约 10 cm，花瓣硬。浆果，球状或卵球状，具 3 角。可多次结果。种子椭圆形。

种类分布：2 种，原产于墨西哥干旱地区至东北部。

生长习性：极耐旱，生长慢。

繁殖栽培：播种繁殖。

观赏配置：可盆栽观赏。

小果熊丝兰*Nolina microcarpa* S.Watson

胡克酒瓶兰*Calibanus hookeri* Trel

萝藦科
Asclepiadaceae

　　本科部分属的茎或叶肉质。与夹竹桃科很相近，但萝藦科花丝合生，花药与柱头黏合且花粉结成花粉块。

　　形态特征：多年生草本、藤本或攀缘灌木，稀直立灌木或乔木。常单叶，无托叶。叶对生或轮生，稀互生，叶柄腺体常丛生。聚伞花序通常伞形；花两性，辐射对称，5 基数，常具副冠，花瓣合生。雄蕊花丝合生成管状（合蕊冠），其腹部与雌蕊黏生成中心柱（合蕊柱），花药顶端常有膜片，花药彼此黏生形成花粉块或四合花粉，具载粉器。子房上位，花柱 2 个，合生，胚珠多数，蓇葖果双生。

　　种类分布：约 180 属 2 200 种，分布于全球，但主产热带地区，我国约有 45 属 245 种，全国均产，西南和东南地区最盛。

球兰属 *Hoya* R. Br.

　　仅极少数叶肉质厚的种类作为多肉植物栽培。

　　形态特征：藤本；叶对生，肉质而厚，或常绿革质，常被蜡。聚伞花序，花冠肉质，裂片被蜡。花无柄或具柄，组成腋生的聚伞花序；萼小，基部里面有腺体；花冠肉质，辐状，5 裂，裂片广展或外弯；副花冠为 5 个肉质的鳞片，着生于雄蕊背而呈星状开展，上部扁平，两侧反折而背面中空，其内角常常成 1 小齿靠在花药上；雄蕊柱短，花药黏合于柱头之上，顶有一直立或内弯的膜；花粉块在每个药室内 1 个，直立，长圆形，边缘有透明的薄膜；蓇葖果，先端渐尖，平滑；种子顶端具白色绢质种毛。

　　种类分布：200 余种，分布于亚洲东南部至大洋洲各岛、非洲，我国有 22 种，产西南至东南。

　　生长习性：附生型种。喜高温、高湿和半阴环境，适宜多光照和稍干的土壤。

　　繁殖栽培：扦插或播种繁殖。

　　观赏配置：优良的常绿藤本植物，可盆栽观赏。

澳洲球兰（南方球兰）*Hoya australis* R. Br. ex J. Traill

花叶澳洲球兰（澳洲球兰锦）*Hoya australis* 'Variegata'

护耳草 *Hoya fungii* Merr.

尖叶球兰 *Hoya acuta* Haw.

褐边球兰 *Hoya fuscomarginata* N. E. Br.

涓歌雅娜球兰 *Hoya juannguoiana* Kloppenb.

球兰属

843

内弯球兰（短翅球兰）*Hoya incurvula* Schltr.

锦红球兰 *Hoya carnosa* 'Krimson Princess'

球兰 *Hoya carnosa* (L. f.) R. Br.

球兰花序

球兰锦（花叶球兰）*Hoya carnosa* 'Variegata'

844

流星球兰 *Hoya multiflora* Blume

美叶球兰（淡味球兰）*Hoya callistophylla*

密叶球兰 *Hoya densifolia* Turcz.

卷边球兰 *Hoya revolubilis* Tsiang et P. T. Li

迷你贝尔球兰 *Hoya* 'Minibelle'

钱时球兰 *Hoya nummularioides* Costantin

球兰属

狭叶球兰 *Hoya angustifolia* Traill

球兰杂 *Hoya hybrida* Hort.

心叶球兰（凹叶球兰）*Hoya kerrii* Craib

心叶球兰锦 *Hoya kerrii* 'Variegata'

黄金心叶球兰 *Hoya kerrii* 'Aurea'

长叶球兰 *Hoya longifolia* Wall.

萝藦科

丽钟角属 *Tavaresia* Welw.

　　形态特征：茎短，竖直，6~14 条棱，棱上有成排的刺座，刺座上有 3 根白色的刺，刺由叶子及旁边的两个托叶变态发育而来，极似仙人掌类植物。在阳光直射下，茎颜色变暗。花大，漏斗形，顶部冠状裂片膨大。

　　种类分布：5 种，产于非洲南部。

　　生长习性：夏种型。喜温暖和稍荫蔽的环境，尽管在全日照下会变成美丽的颜色。喜含少量砂砾的排水良好土壤。冬季保持干燥，可耐 5 ℃ 的低温。

　　繁殖栽培：播种繁殖。

　　观赏配置：可温室或室内盆栽观赏。

丽钟角 *Tavaresia barklyi* (T. Dyer) N. E. Br.

丽钟角属

星钟花属（剑龙角属）*Huernia* R. Br.

星钟花属与豹皮花属（*Stapelia*）和丽杯角属（*Hoodia*）近缘。拉丁文名称是为了纪念荷兰传教士贾斯汀·赫尔纽斯（Justin Heurnius）（1587～1652），他被认为是南非开普省植物的第一采集人。星钟花属植物是埃塞俄比亚南部孔索居民饥荒时的食物，并以作物形式栽培。

形态特征：茎干短，肉质，匍匐状，高 10～15 cm，基部分枝，茎具 4～6 条棱，棱缘波浪形，有齿。花生于新茎基部，花冠钟状，花瓣 5 裂，常呈漏斗状或钟状，具色彩鲜明的条纹，有时具光泽，有时具皱纹。

种类分布：60 种，均为多肉植物，产于非洲东部和南部，少数分布于阿拉伯半岛。

生长习性：花散发出腐臭的气味可吸引苍蝇来传粉。

繁殖栽培：播种繁殖。

观赏配置：可盆栽观赏。

龙角 *Huernia schneideriana* Schltr.

斑马萝藦 *Huernia zebrina* N. E. Br.

龙角缀化 *Huernia schneideriana* 'Cristata'

萝藦科

阿修罗 *Huernia pillansii* N. E. Br.

阿修罗缀化 *Huernia pillansii* 'Cristata'

悬垂龙角 *Huernia pendula* E. A. Bruce

剑龙角 *Huernia oculata* Hook. f.

魔星花 *Huernia macrocarpa* (A. Rich.) Sprenger

星钟花属

水牛掌属（水牛角属）*Caralluma* R. Br.

本属拉丁文名称 *Caralluma* 来自阿拉伯语 "qahr alluhum"（哼唱），本意是指本属植物的香味令人愉快地哼唱起来。

形态特征：多年生肉质草本，植株低矮，常分枝，常群生。茎匍匐，具 4～5 条棱，具肉齿。叶小，早落，叶表面常有暗花纹。花钟状或星状，簇生于茎侧四面，花红色或褐色等，或大或小，花瓣 2 轮。花常有臭味，可吸引苍蝇来传粉。

种类分布：约 120 种，分布在北非、地中海地区和也门的索科特拉岛。

生长习性：夏种型。喜温暖。

繁殖栽培：播种繁殖。

观赏配置：可盆栽观赏。

紫龙角 *Caralluma hesperidum* Maire

四方萝藦（唐人棒，大水牛角）*Caralluma speciosa* (N. E. Br.) N. E. Br.

萝藦科

火星人属 *Fockea* Endl.

英文名称 "water roots"，意为根部贮水丰富。

形态特征：攀缘灌木，藤状细枝长达 80 cm。块茎大，径可达 30 cm，肉质，肥厚，具不规则凸起。叶绿色，对生，长椭圆形、长圆形或卵形。雌雄异株。花小，绿色或白色，有香味。果蝇传粉。夏末开花。果实，绿色，羊角状，成熟时橙色。

种类分布：数种。原产于非洲南部。

生长习性：夏种型。

繁殖栽培：播种繁殖。

观赏配置：可盆栽观赏。

火星人茎干

火星人 *Fockea edulis* (Thunb.) K. Schum.

京舞妓 *Fockea crispa* (Jacq.) K. Schum.

吊灯花属 *Ceropegia* L.

形态特征：直立、爬行或攀缘状亚灌木；茎近肉质，具圆形或纺锤状块根。叶对生，叶线状或心形；花排成腋生的聚伞花序；萼小，有腺体；花冠管状，基部常膨大合生成球状，裂片分离，直立或外弯，顶端经常黏合成灯笼状；副花冠着生于雄蕊柱上，2层，钟状或辐状，5、10 或 15 裂，裂片比花药略长，舌状；花药顶端无膜片；花粉块每室 1 个，直立，圆形，其内角具透明的膜边；柱头扁平；蓇葖果披针形；种子顶端有种毛。

种类分布：约 170 种，分布于非洲、亚洲和大洋洲，我国约 14 种，大部分产于西南地区。本属多肉植物 50 余种，产于南非和加那利群岛等。

生长习性：喜温暖。

繁殖栽培：播种繁殖。

观赏配置：可盆栽观赏。

爱之蔓 *Ceropegia woodii* Schltr.

爱之蔓锦 *Ceropegia woodii* 'Variegata'

魔杖 *Ceropegia fusca* Bolle

萝藦科

佛头玉属 *Larryleachia* Plowes

形态特征：植株无叶，具肉质茎，肉质茎幼时球状，以后逐渐呈圆柱形，质地柔嫩，表皮灰绿色，有密集的三角形或半球形、圆锥形疣突，形似佛像头部的螺形发旋。花生于植株上部的疣突中间，花冠呈平展的浅碟状，5 裂，淡黄色至黄绿色，上有深紫色斑点。花期 6 ~ 8 月，尤以 6 月为盛。

种类分布：5 种，原产于非洲南部，分布于南非、纳米比亚等地。

生长习性：宜温暖、干燥和阳光充足的环境，要求通风良好，稍耐半阴，耐干旱，忌土壤过于潮湿。

繁殖栽培：幼株扦插或播种繁殖。

观赏配置：株形奇特，色彩素雅。适合作收集栽培。家庭可用小盆栽种，点缀于光线明亮、通风良好的几案、窗台等处，效果独特。

佛头玉 *Larryleachia cactiformis* (Hook.) Plowes

佛头玉属

牛角属（宽杯角属）
Orbea L. C. Leach

　　牛角属又叫牛角掌属，拉丁文名称来自拉丁语"orbis"，意为多数种类的花中央具突出的花盘或环。

　　形态特征：肉质多年生植物，无毛。株形紧凑，易群生。茎独特，肉质，具分枝，直立或匍匐，具紫色斑点，丛生，四棱状，棱边缘常具突出锋利的齿，齿尖软。节的基部有 1 对叶。有 1 ~ 5 个花序，每花序有花数朵至多朵，花径 1 ~ 10 cm。花美丽，花色斑有黄色、紫色、红褐色。

　　种类分布：约 56 种。原产于非洲和阿拉伯半岛。

　　生长习性：喜温暖。喜排水良好的砂质土。

　　繁殖栽培：扦插繁殖易成活，或播种繁殖易发芽。

　　观赏配置：色彩多样，具魅力，可与假山配置。

紫背萝藦属（新拟）
Petopentia Bullock

　　形态特征：块茎植物。叶墨绿油亮，叶背鲜艳，紫色。

　　种类分布：1 种，产于南非东部的夸祖鲁－纳塔尔省。

　　生长习性：夏型种，冬季落叶。冬季休眠期间勿过多浇水，喜排水性好的颗粒状土。

　　繁殖栽培：播种繁殖。

　　观赏配置：容易栽培，易出状态，可室内或温室盆栽观赏。

牛角（牛角掌）*Orbea variegata* (L.) Haw.

姬牛角 *Orbea variegata* (L.) Haw.

紫背萝藦 *Petopentia natalensis* (Wall. ex Wight) Hook. f.

萝藦科

眼树莲属 *Dischidia* R. Br.

形态特征：附生缠绕藤本，气生根攀附；叶对生，有时全部扁平（国产种），有时有些变为囊状体；花小，排成腋生的伞形花序或聚伞花序；萼5裂，内面基部有5个腺体；花冠钟状；副花冠5，锚状，膜质；果蓇葖纤细。

种类分布：80种，分布于亚洲和大洋洲的热带和亚热带地区，我国有7种，产西南地区。

生长习性：喜温暖，喜潮湿。常攀附于树上或附生石上。

繁殖栽培：播种繁殖。

观赏配置：可盆栽观赏，或种植于林中或溪边。

台湾眼树莲*Dischidia formosana* Maxim.

纽扣藤（纽扣玉，串钱藤，百万心，圆叶眼树莲）*Dischidia nummularia* R. Br.

青蛙藤（玉荷包，囊元果，爱元果）*D. pectinoides* H. H. W. Pearson

眼树莲 *Dischidia chinensis* Champ.ex Benth.

眼树莲锦 *Dischidia chinensis* 'Variegata'

豹皮花属（国章属）*Stapelia* L.

形态特征：多年生肉质草本；茎粗壮，肉质，无刺，直立或斜举；茎具 4~5 条棱，基部丛生，棱缘平或有齿状突起，棱上具刺或有齿；叶不发育或早落；花通常生于茎的基部，稀生于茎的顶部；花梗长，常有刺激性气味；花萼内面基部有 5 个腺体；花冠辐状或宽钟状，顶端深裂，裂片镊合状排列，稍肉质，有各种颜色或斑点；副花冠两层，着生于合蕊冠上，外层水平展开，5 深裂，内层 5 裂；雄蕊着生于花冠基部，花丝合生成筒状。蓇葖果双生，平滑；种子顶端具种毛。

种类分布：约 75 种，分布于非洲和亚洲热带地区及大洋洲。

生长习性：夏种型。喜温暖和阳光，适量浇水。长期潮湿时茎容易腐烂。

繁殖栽培：播种繁殖。

观赏配置：有些种类花巨大，如大豹皮花，可盆栽观赏。

大花犀角 *Stapelia grandiflora* Mass.

大花犀角配置

大花犀角锦 *Stapelia grandiflora* Masson 'Variegata'

大花犀角锦配置

萝藦科

黑鳗藤属
Stephanotis Thou.

形态特征：藤本；叶对生，革质；花大，排成腋生、具柄的聚伞花序；萼大，叶状，内面基部通常无腺体；花冠漏斗状或高脚碟状，冠筒内面基部有 5 行两列柔毛，裂片向右覆盖；副花冠的鳞片 5 枚，背部与花药合生，比花药短或无副花冠；雄蕊与雌蕊黏生，花丝合生成短筒；蓇葖粗厚，钝头或渐尖。

种类分布：15 种，分布于泰国、印度尼西亚、马来西亚、古巴和马达加斯加等地，我国 4 种，产于南部至东部地区。

生长习性：喜温暖。

繁殖栽培：播种繁殖。

观赏配置：可盆栽观赏。

肉珊瑚属
Sarcostemma R. Br.

肉珊瑚属的拉丁文名称 *Sarcostemma* 来源于希腊文 "sarkos"（肉）和 "stemma"（花环）。

形态特征：蔓生或缠绕藤本，多分枝灌木状。体内含白色乳汁。茎肉质，基部木质；小枝下垂，绿色。叶退化成小鳞片，早落。聚伞花序伞状，顶生或腋外生；无花序梗。花萼 5 深裂；花冠辐状或近辐状，5 深裂；雄蕊 5，花丝合生；花柱短。果披针状圆柱形。

种类分布：21 种，原产于非洲和热带亚洲、澳大利亚和北美。

生长习性：夏种型。耐高温。

繁殖栽培：播种繁殖。

观赏配置：可温室或室内盆栽观赏。

多花黑鳗藤 *Stephanotis floribunda* Brongn.

澳大利亚肉珊瑚 *Sarcostemma australe* R. Br.

茎萝藦属
Raphionacme Harv.

形态特征：白皮罗藦（*Raphionacme longituba*）高可达 20 cm，地茎可达 15 cm。花绿色或紫色。

种类分布：36 种，主产非洲，1 种分布于阿拉伯半岛。

生长习性：喜光和排水良好的土壤。喜凉爽和湿润，怕湿热，耐半阴，耐干旱，有一定的耐寒性。

繁殖栽培：分株或播种繁殖。

观赏配置：叶形叶色较美，可温室或室内盆栽观赏。

苦瓜掌属
Echidnopsis Hook. f.

形态特征：外形似仙人掌类植物。茎肉质，高 15 ~ 30 cm，6 ~ 20 条棱，棱又横分为六角状瘤块。花 2 ~ 4 朵集生于茎顶，内轮裂片反卷。

种类分布：约 30 种，原产于非洲热带地区和阿拉伯半岛。

生长习性：夏型种。喜温暖。

繁殖栽培：扦插、分株或播种繁殖。

观赏配置：可盆栽观赏。

白皮萝藦 *Raphionacme longituba* E. A. Bruce

块根紫背萝藦 *Raphionacme* sp.

青龙角 *Echidnopsis cereiformis* Hook. f.

萝藦科

丽杯角属（丽盃花属）
Hoodia Sweet ex Decne

丽杯角属的形态类似仙人掌。

形态特征：多年生肉质植物，最高可达 2 m。多分枝。茎绿色，直立，坚硬，通常从基部分枝。花径 1 ~ 20 cm。

种类分布：约 25 种。原产于南部非洲的西部干旱地区，即从南非西部到纳米比亚中部，再到北部的安哥拉南部。

生长习性：不耐寒，耐最低温度 10 ~ 15 ℃。

繁殖栽培：春季或夏季播种繁殖或嫁接繁殖。

观赏配置：可温室或室内盆栽观赏。

凝蹄玉属（拟蹄玉属）
Pseudolithos P. R. O. Bally

本属发现时间较晚，其拉丁文名称 *Pseudolithos* 由 "pseudo"（假的）和 "lithos"（石头）组成，意思是本属植物的形态和皮色与周围的石块接近，因而仔细看才能分辨。

形态特征：圆球或半圆球，高 10 cm 多，表面全部覆盖着瘤块。花小，生于球状茎的贴地处。花期夏末。

种类分布：7 种，原产于索马里以及红海对岸阿拉伯地区。

生长习性：夏种型。喜光，忌潮湿和低温。

繁殖栽培：扦插或播种繁殖。种子极难得到。

观赏配置：稀有且昂贵的种类，可温室或室内盆栽观赏。

丽杯阁（丽杯角）*Hoodia gordonii* (Masson)Sweet ex Decne

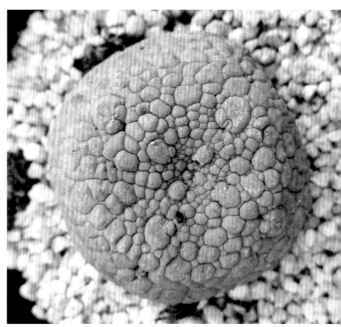

凝蹄玉（拟蹄玉）*Pseudolithos cubiformis* (P. R. O. Bally) P. R. O. Bally

凝蹄玉花序

凤梨科

Bromeliaceae

形态特征：陆生或附生草本；茎短；叶常剑形，狭长，常基生，莲座状排列，全缘或有刺状锯齿，基部常呈鞘状；头状、穗状或圆锥花序，生于叶丛中，花两性，少有单性，辐射对称或稍两侧对称，苞片常艳丽；萼片3枚，分离或基部合生；花瓣3枚，分离或合生呈管状；雄蕊6枚，花药离生，少有合生成一环；子房下位至半下位，3室，花柱细长，柱头3个，每室有胚珠多数，中轴胎座；浆果或蒴果，被宿萼，或有时为聚花果；种子具丰富的胚乳。

种类分布：44属1 400种，均产于美洲热带地区。

猬凤梨属（华烛之典属）*Hechtia* Klotzsch

本属拉丁文名称 *Hechtia* 是纪念普鲁士国王的顾问（Julius Gottfried Conrad Hecht）（1771-1837）。与雀舌兰属（*Dyckia*）、德氏凤梨属（*Deuterocohnia*）、皮氏凤梨属（*Pitcairnia*）和粗茎凤梨属（*Puya*）等属近缘。与果子蔓属（*Guzmania*）、光萼荷属（*Aechmea*）、彩叶凤梨属（*Noregelia*）和丽穗凤梨属（*Vriesia*）等不同的是银白凤梨属开花后植株不会死亡。

形态特征：植株莲座状，30～150 cm。叶坚硬，边缘具刺。叶色丰富，有石灰绿色、深紫红色、墨绿色、微红色、橘色和银色等。花序梗长，花序具多花，花小，白色至浅灰色，稀紫色或红色。春季和夏季开花。雌雄异株（除 *Hechtia gayorum* L. W. Lenz 之外）。

种类分布：50余种。原产于墨西哥、中美洲和美国得克萨斯州较干旱的岩石地带。少数产于危地马拉和洪都拉斯。

生长习性：喜温暖和阳光充足的环境，耐干旱，不要求太高的湿度。喜排水性良好和适量含砂砾的腐殖土。春季、秋季少量浇水。易生侧芽而群生。

繁殖栽培：播种繁殖。

观赏配置：观赏性强，半日照或全日光照时叶彩丰富，可盆栽观赏。

化烛之典 *Hechtia glomerata* Zucc.

华烛之典锦 *Hechtiana glomerata* 'Variegata'

华烛之典配置

猬凤梨属

铁兰属（空气凤梨属）
Tillandsia L.

形态特征：附生性常绿植物。

种类分布：原产于美国南部和拉丁美洲。

生长习性：喜干燥、阳光充足及空气湿度高的环境，耐旱性极强。

繁殖栽培：播种繁殖。

观赏配置：可盆栽观赏。

阿卡蒂 *Tillandsia acostae* Mez et Tonduz

女王头（美杜莎）*Tillandsia caput-medusae* E. Morren

凤梨科

多国花 Tillandsia stricta Sol. ex Ker Gawl.

鲁卜拉精灵 Tillandsia ionantha 'Rubra'

红宝石（勾苞铁兰，阿根廷铁兰）Tillandsia andreana E. Morren ex André

哈里斯 Tillandsia harrisii Ehlers

霸王凤（法官头，霸王卷）Tillandsia xerographica Rohweder

贝吉铁兰 Tillandsia Bergeri Mez.

铁兰属

大白毛 *Tillandsia montana* Deltshev

电卷烫 *Tillandsia streptophylla* Scheidw.

棉花糖 *Tillandsia* 'Cotton Candy'

墨西哥小精灵 *Tillandsia ionantha* 'Mexican Form'

危地马拉小精灵 *Tillandsia ionantha* 'Guatemala'

三色花 *T. tricolor* Schltdl. et Cham. var. *melanocrater* (L. B. Sm.) L. B. Sm.

凤梨科

虎斑（布兹铁兰，虎斑章鱼） *Tillandsia butzii* Ehlers

黄金花胭脂 *T. recurvifolia* var. *subsecundifolia* (W.Weber et Ehlers) W. Till

鸡毛掸子 *Tillandsia tectorum* E. Morren

金伯利 *Tillandsia* 'Kimberly'

科比 *Tillandsia kolbii* W. Till et Schatzl

库里拉 *Tillandsia cauligera* Mez

铁兰属

海胆铁兰 *Tillandsia fuchsii* W. Till

丝叶铁兰 *Tillandsia festucoides* Clump

木柄旋风 *Tillandsia flexuosa* Swartz

卡比塔塔 *Tillandsia capitata* Griseb.

犀牛角 *Tillandsia seleriana* Mez.

866

小精灵 *Tillandsia ionantha* Planchon

章鱼 *Tillandsia bulbosa* Hooker

小缘毛 *Tillandsia filifolia* Schltdl. et Cham.

紫罗兰 *Tillandsia aeranthos* (Loiseleur) L. B. Smith

紫花凤梨 *Tillandsia cyanea* Linden ex K. Koch

铁兰属

饶舌黑绿 *Tillandsia atroviridipetala*

薄纱美人 *Tillandsia gardneri* Lindl.

松萝凤梨 *Tillandsia usneoides* (L.) L.

针叶铁兰 *Tillandsia chaetophylla* Mez

火焰小精灵 *Tillandsia ionantha* 'Fuego'

凤梨科

雀舌兰属 *Dyckia Schult. f.*

该属拉丁文名称 *Dyckia* 为纪念普鲁士植物学家 Joseph Salm-Reifferscheid-Dyck (1773 ~ 1861)。

形态特征：多年生常绿草本、肉质植物。叶坚硬，肥厚，基生莲座状排列，叶基部鞘状，表面光滑，全缘或短齿缘。穗状花序，花小，筒状，黄色或紫色。

种类分布：约 125 种。原产于南美洲。

生长习性：喜温暖、湿润和阳光充足的环境，较耐寒、耐干旱和高温。喜疏松、排水良好的砂壤土。冬季温度不低于 5 ℃。易群生。

繁殖栽培：分株或播种繁殖。

观赏配置：叶形与叶色富于变化，观赏价值高，可盆栽观赏或栽培于岩石园。

银白硬叶凤梨 *Dyckia marnier-lapostollei*

短叶雀舌兰 *Dyckia brevifolia* Baker

短叶雀舌兰花

小雀舌兰 *Dyckia altissima* Lindl.

雀舌兰属

菊科
Compositae

形态特征：直立或匍匐草本，或木质藤本或灌木，稀为乔木；叶通常互生，亦有对生或轮生，单叶或复叶，全缘，具齿或分裂；花两性或单性，具舌状或管状花冠，密集成头状花序，头状花序中有全为管状花，亦有全为舌状花，有中央为两性或无性管状花（盘花），外围为雌性或无性舌状花（放射花）或雌性管状花，为一个具1至多层的总苞片所围绕，单生或排列成聚伞花序、总状花序、穗状花序、伞房花序或圆锥花序；花序托凸、扁或圆柱状，平滑或有多数窝孔，裸露或被各样的托片；雄蕊4～5枚，花药合生成一管，极稀离生，药基钝或具尾，花丝分离；子房下位，1室，具1颗胚珠，花柱分为2枝，枝的内侧具柱头面，顶端有各种附器；瘦果，顶端冠以糙毛、鳞片、刺芒状冠毛。

种类分布：约1 000属，25 000～30 000种，广布于全球，主产于温带地区；我国有230属2 300多种，各地均产。

千里光属 *Senecio* L.

形态特征：草本、亚灌木或灌木；叶互生，有时基生；头状花序单生或成束，颜色各异，通常具异型花；舌状花结实，盘花管状，5齿裂；总苞片1列，但基部常有数枚较小的外苞片；瘦果圆柱形而有棱；冠毛丰富或少数，或有时无冠毛。本属的多肉植物多为多年生常绿植物，多数呈矮小灌木状。叶常纺锤形、扇形、卵形、棒形或筒状等。茎常圆棒形，表皮残留落叶痕迹。花黄色、白色、红色或紫色等。

种类分布：1 200种以上，广布于全世界，我国160余种，各省区均有分布。本属多肉植物原产于南非和非洲北部、印度东部及墨西哥。

生长习性：喜阳光和温暖环境，生长期可充分浇水和适量施肥。保持温度5 ℃以上。

繁殖栽培：分株、扦插或播种繁殖。

观赏配置：可盆栽观赏。

大弦月（京童子）*Senecio herreianus* Dinter

锦上珠（白寿乐）*Senecio citriformis* Gray

弦月（情人泪）*Senecio radicans* (L. f.) Sch. Bip.

绿之铃（佛珠）*Senecio rowleyanus* H. Jacobsen

弦月配置

千里光属

蓝松（万宝，蓝粉笔，兰松）*Senecio serpens* G. D. Rowley

蓝月亮（美空铧,绿铧）*Senecio antandroi* Scott Ellio

泥鳅掌（初鹰）*Senecio pendulus* (Forsk.) Sch.-Bip.

铁锡杖 *Senecio stapeliaeformis* Phillips

菊科

七宝树（仙人笔）*Senecio articulatus* (L. f.) Sch. Bip

荷顶 *Senecio hebdingi* (L. f.) Sch. Bip.

七宝树锦（花叶仙人笔，彩笔）*Senecio articulatus* 'Variegata'

矢尻 *Senecio kleiniiformi*s Susseng.

普西利菊 *Senecio mweroensis* Baker subsp. *saginatus* Baker

干里光属

松鉾 *Senecio barbertonicus* Klatt.

天龙 *Senecio kleinia* (L.) Lessing

新月（银棒菊）*Senecio scaposus* DC.

银月 *Senecio haworthii* (Sweet) Sch.Bip.

紫龙刀（紫蛮刀，紫金章，鱼尾冠）*Senecio crassissimus* H. Humb.

紫龙冠（白银杯）*Senecio fulgens* (Hook. f.) G. Nicholso

菊科

厚敦菊属（黄花新月属）*Othonna* L.

厚敦菊属植物在外形上具有多样性。依据茎秆可以分为瓶秆型、树干型和灌木型。依据块根可分为地上型块根型和地下型块根型。依据叶可分为非肉质叶型和肉质叶型。

形态特征：常绿或落叶。叶长 1～10 cm，蓝绿色，椭圆形、披针形、倒披针形或匙形等，叶缘具不规则锯齿、浅裂状或波浪状。叶常无柄但有白霜，部分种类着生花的茎上的幼叶和成熟叶片有很大区别。花序单一或有分枝，花常黄色。

种类分布：100 余种，主产于南非的西开普省和纳米比亚南部。

生长习性：多数种类冬型种，秋季至春季为生长期，夏季落叶并休眠，极少种类无休眠期。光照不足或水量过多时叶会变大。

繁殖栽培：播种繁殖。中大型种应选择深盆以利于根系的发育。本属多数植物均不能自花授粉。

观赏配置：可盆栽观赏。

罗伯塔厚敦菊 *Othonna lobata* Schltr.

灌木厚墩菊 *Othonna arbuscula* (DC.) Sch. Bip

蛮鬼塔 *Othonna herrei* Pill.

厚敦菊属

刨花厚敦菊 *Othonna retrorsa* DC.

黑鬼殿 *Othonna euphorbioides* Hutch.

伽罗拉厚敦菊 *Othonna cychlophylla*

黄花新月 *Othonna capensis* L. H. Bailey

紫弦月（紫玄月）*Othonna capensis* 'Purple'

紫弦月状态色

菊科

仙人笔属 *Kleinia* Mill.

形态特征：多年生肉质植物。茎柱状，具节。叶扁平。头状花序腋生或顶生；花多数，黄色。瘦果。

种类分布：原产于南非干旱地区。

生长习性：喜温暖，不耐寒，耐干旱，忌水湿和高温。喜排水良好的砂壤土。

繁殖栽培：分株、扦插、压条或播种繁殖。

观赏配置：株形奇异独特，可盆栽观赏。

夹竹桃叶仙人笔 *Kleinia neriifolia* Haw.

绯冠菊 *Kleinia grantii* (Oliv. et Hiern) Hook. f.

仙人笔属

下弯菊（黄瓜掌，夏弯菊）*Kleinia obesa* (Deflers) P. Halliday

夹竹桃科
Apocynaceae

树干具贮水功能。

　　形态特征：草本、灌木或乔木，常攀缘状，有乳汁或水液；叶对生、轮生或互生，单叶，全缘，稀有锯齿；花两性，辐射对称，单生至组成各式的聚伞花序；萼 5 裂，稀 4 裂，基部合生；花冠合瓣，5 裂，稀 4 裂，裂片旋转排列，喉部常有毛；雄蕊 5 枚，着生于花冠上，花药常呈箭头形，花粉颗粒状；下位花盘常具存；子房上位或半下位，1～2 室而有胚珠数至多颗，或心皮 2 个，离生；花柱 1 个；果常为 2 个蓇葖，或为浆果、核果或蒴果；种子常有种毛。

　　种类分布：约 250 属 2 000 余种，产于热带、亚热带地区。我国约 46 属 157 种，主产地为长江以南各省区及台湾省等沿海岛屿，少数分布于北部及西北地区。

棒槌树属 *Pachypodium* Lindl.

　　本属均为肉质植物，树干和树枝具储存功能。拉丁文名称 *Pachypodium* 来自希腊文 "pachus"（厚）和 "podion"（脚）。

　　形态特征：多刺乔木或壶状至卵状灌木，高 8～400 cm。有分枝或无分枝。茎干常膨大且半埋于地下，多刺，刺 2～3 枚聚生。多数种类叶簇生茎端，常早落。花多黄色。

　　种类分布：约 26 种，原产于马达加斯加（21 种）和非洲南部的安哥拉、博茨瓦纳、莫桑比克、纳米比亚、南非、斯威士兰及津巴布韦。

　　生长习性：耐干旱。刺越密集，越耐干旱。

　　繁殖栽培：播种繁殖。种子寿命短。

　　观赏配置：观赏性强，多肉植物中的珍品，可盆栽观赏。

惠比须笑 *Pachypodium brevicaule* Baker

惠比须大黑 *Pachypodium brevicaule* × *Pachypodium densiflorum*

魔界玉 *Pachypodium rosulatum* Baker subsp. *makayense* (Lavranos) Lüthy

象牙宫 *Pachypodium rosulatum* Baker var. *gracilius* (H. Perrier) Lüthy

密花瓶干树（巴西女王之玉栉，密花棒槌树）*Pachypodium densiflorum* Baker

天马空 *Pachypodium succulentum* Steud.

棒槌树属

879

白马城 *Pachypodium saundersii* N. E. Br.

筒蝶春 *Pachypodium horombense* Poiss.

棒槌树（光堂）*Pachypodium namaquanum* (Wyley ex Harv.) Welw.

夹竹桃科

非洲霸王树 *Pachypodium lamerei* Drake

亚阿相界 *Pachypodium geayi* Const. et Boiss

非洲霸王树缀化 *Pachypodium lamerei* 'Cristata'

亚阿相界缀化 *Pachypodium geayi* 'Cristata'

棒槌树属

天宝花属
Adenium Roem. et Schult.

形态特征：多肉灌木或小乔木。单叶互生。

种类分布：约 12 种，原产于非洲和阿拉伯半岛。

生长习性：喜温暖、干燥和阳光充足的环境。

繁殖栽培：嫁接、扦插或播种繁殖。

观赏配置：花美丽，可盆栽观赏。

沙漠玫瑰 *Adenium obesum* (Forsk) Balfex Roem et Sehult

沙漠玫瑰花

夹竹桃科

鸡蛋花属 *Plumeria* L.

鸡蛋花属被佛教寺院定为"五树六花"之一而被广泛栽植，故又名庙树或塔树。

形态特征：落叶灌木或小乔木，枝粗厚而带肉质；叶互生，羽状脉；花大，排成顶生的聚伞花序；萼小，5 深裂，内面无腺体；花冠漏斗状，喉部无鳞片亦无毛；花盘缺；心皮 2 个，分离，有胚珠多颗；双生蓇葖果；种子多数，顶端具膜质的翅，无种毛。

种类分布：约 7 种，分布于西印度群岛和美洲。

生长习性：喜温暖。本属寿命可达 400 多年。

繁殖栽培：插条或压条繁殖，极易成活，或播种繁殖。栽培时施足基肥，根据生长季节适时追肥，干旱季节及时浇水，雨季注意排水防涝，冬季节制浇水、停止施肥，注意防治枯枝病、白粉病和介壳虫。

观赏配置：树形美观，奇形怪状，花清香淡雅，可盆栽观赏，在我国南方庭园栽培观赏。

鸡蛋花 *Plumeria rubra* 'Acutifolia'

钝叶鸡蛋花 *Plumeria obtusa* L.

红鸡蛋花 *Plumeria rubra* L.

鸡蛋花配置

鸡蛋花属

马齿苋科
Portulacaceae

马齿苋科的拉丁文学名 Portulacaceae 由模式属马齿苋属学名 "*Portulaca*" 的复合形式 "Portulac-" 加上表示科的等级后缀 "-aceae" 构成。

形态特征：肉质草本或亚灌木；叶互生或对生，全缘；花两性，辐射对称或左右对称；萼片通常 2 枚；花瓣 4～5 枚，稀更多，常早萎；雄蕊 4 至多枚，通常 10 枚；子房 1 室，上位或半下位至下位，有胚珠 1 至多颗，生于基生的中央胎座上；蒴果。盖裂或 2～3 瓣裂。

种类分布：约 19 属 580 种，广布于全球，美洲最多，我国有 2 属 6 种，广产于中国各地。

马齿苋属 *Portulaca* L.

形态特征：肉质、平卧或斜生草本；叶互生或对生，扁平或圆柱形，上部的常聚生成总苞状；花单生或簇生；萼片 2 枚，基部合生成一管，且与子房合生；花瓣 4～6 枚；雄蕊 5 枚或更多；子房半下位或下位，1 室，有胚珠极多数；花柱 3～8 个；蒴果盖裂；种子细小，肾形。

种类分布：200 种，广布于热带、亚热带地区，我国有 5 种，各省均有分布。

生长习性：喜温暖。

繁殖栽培：播种繁殖。

观赏配置：可盆栽观赏。

金钱木（云叶古木，圆贝古木）*Portulaca molokiniensis* Hobdy

紫缘大马齿苋 *Portulaca oleracea* L. var. *gigantes* Bailye 'Purple Margin'

紫米粒 *Portulaca gilliesii* Hook.

马齿苋属

树马齿苋属 *Portulacaria* Jacq.

形态特征：多为肉质灌木。具分枝，主茎粗，表皮红褐色至褐色。叶小，倒卵形，肉质。花小，单生，粉红色。叶互生或近对生，或在茎上部轮生，叶圆柱状或扁平；托叶为膜质鳞片状或毛状的附属物，稀完全退化。花顶生，单生或簇生；花梗有或无；常具数片叶状总苞；萼片 2 枚，筒状，其分离部分脱落；花瓣 4 或 5 枚，离生或下部合生，花开后黏液质，先落；雄蕊 4 枚至多数，着生花瓣上；子房半下位，1 室，胚珠多数，花柱线形，上端 3～9 裂成线状柱头。蒴果盖裂；种子细小，多数，肾形或圆形，光亮，具疣状凸起。

种类分布：原产于南非。

生长习性：不耐寒，耐半阴和耐干旱。喜排水良好的砂壤土。温度保持 10 ℃以上。

繁殖栽培：扦插或播种繁殖。

观赏配置：可盆栽观赏。

雅乐之舞 *Portulacaria afra* Jacq. 'Variegata Alba'

雅乐之舞 2

雅乐之舞配置

雅乐之华 *Portulacaria afra* 'Variegata'

马齿苋科

树马齿苋 *Portulacaria afra* Jacq.

树马齿苋配置 1

树马齿苋配置 2

树马齿苋属

长寿城属 *Ceraria* Pearson et Stephens

形态特征：常为肉质灌木状或多年生植物，半落叶或落叶。树皮纸质，光滑，苍白色。分枝少。叶小而多，卵形，灰绿色。花梗长 13～17 mm，苞片长 4 mm。花瓣 5 枚，玫瑰色，倒卵形，长 2 mm。雄蕊 5 枚，线状。

种类分布：原产于南非和纳米比亚。

生长习性：夏型种或秋型种。生长慢。叶的生长点即侧芽的生长点。

繁殖栽培：播种繁殖。

观赏配置：茎和叶常高度肉质化，可盆栽观赏。

白鹿 *Ceraria namaquensis* (Sond.) H. Pearson et Stephens

马齿苋科

银蚕属 *Avonia* (E. Mey. ex Fenzl) G. D. Rowley

形态特征：矮小的匍匐性多肉植物。茎半直立或匍匐。叶微小，隐藏于托叶后面。托叶白色、重叠、纸质，呈鱼鳞状片或丝状，覆盖于茎上，以减少蒸腾作用和叶面上的露水。花和果实类似于回欢草属（*Anacampseros*），但没有长花序梗；花单生于茎的顶端。

种类分布：14 种，原产于南非和纳米比亚。

生长习性：不易栽培。冬季室内栽培为宜，以避免霜冻。许多种类产生保护色，雪嫦娥（*Avonia papyracea*）植物体纯白色，生长在白色的石英斑块中。花白色、粉红色和红色，在明亮的阳光下仅开几个小时。

繁殖栽培：播种繁殖。

观赏配置：花期极短，有些品种仅开 1 小时，可温室或室内盆栽观赏。

银蚕 *Avonia papyracea* (E. Mey. ex Fenzl) G. D. Rowley

银蚕属

葫芦科
Cucurbitaceae

葫芦科的学名 Cucurbitaceae 由模式属南瓜属学名"*Cucurbita*"的复合形式"Cucurbit-"加上表示科的等级后缀"-aceae"构成。

形态特征：草质藤本，有卷须；叶互生，通常单叶而常深裂，有时复叶；花单性同株或异株，稀两性；萼管与子房合生，5 裂；花瓣 5，或花瓣合生而 5 裂；雄蕊好像 3 枚，实为 5 枚，其中 2 对合生，花药分离或合生；子房下位，有侧膜胎座；果大部肉质，不开裂，主要为瓠果。有时为 1 纸质、囊状的干果。

种类分布：约 113 属 800 种，大多数分布于热带和亚热带地区，少数种类散布到温带。我国有 32 属 154 种 35 变种，主要分布于西南部和南部地区，少数散布到北部。

生长习性：喜温暖环境。

繁殖栽培：播种繁殖。

观赏配置：可露地栽培，也可温室或室内盆栽观赏。

沙葫芦属（史葫芦属）*Zygosicyos* **Humbert**

形态特征：茎干扁圆球状，顶端簇生木质细分枝。叶 3 裂，稍具毛。花黄绿色。

种类分布：马达加斯加岛特有种。

生长习性：夏秋型种。喜温暖环境。

繁殖栽培：播种繁殖。

观赏配置：可温室或室内盆栽观赏。

三裂史葫芦 *Zygosicyos tripartitus* Humbert

三裂史葫芦叶形

沙葫芦属

苦瓜属 *Momordica* L.

形态特征：一年生或多年生藤本，稀小灌木；叶心形，分裂或不分裂；花黄色或白色，单性同株或异株，雌花单生，具柄，雄花单生或排成总状花序、伞房花序，有苞片或无苞片；花冠轮状或钟状，5 裂几达基部；雄蕊 3 枚，很少 2 ～ 5 枚，花药分离；花柱 3 裂；果球形至长椭圆形或长柱形，常有小瘤体，开裂或不开裂；种子扁平，平滑或有皱纹。

种类分布：约 80 种，多数原产于热带和亚热带的非洲，亚洲和澳大利亚也有分布，其中数种在温带地区有栽培。我国产 6 种，主要分布于南部和西南部地区，个别种南北普遍栽培。

生长习性：夏秋型种。喜温暖环境。

繁殖栽培：播种繁殖。

观赏配置：果实长方形至圆柱形，橙色至红色，可温室或室内盆栽观赏。

嘴状苦瓜 *Momordica rostrata* Zimm.

嘴状苦瓜花

嘴状苦瓜配置

葫芦科

碧雷鼓属 *Xerosicyos* Humbert

碧雷鼓属拉丁文名称 *Xerosicyos* 来自希腊文的 "xeros"（干）和 "sicyos"（黄瓜）。

形态特征：肉质灌木，茎直立或匍匐，或为藤本，常无膨大茎干，藤状枝有毛或无毛。高 50 cm，基部分枝，枝条不太肉质，细而圆。叶互生，肉质或半肉质，常无毛，灰色或绿色，椭圆形或长卵圆形。

种类分布：3 种，均为马达加斯加特有种。

生长习性：喜温暖环境。

繁殖栽培：播种繁殖。

观赏配置：可温室或室内盆栽观赏。

碧雷鼓（绿之太鼓）*Xerosicyos danguyi* Humbert

睡布袋属（眠布袋属）*Gerrardanthus* **Harvey**

形态特征：茎基呈圆盆状或球状，表皮光滑。藤状枝长 6 m，叶卵形或尖心形，深裂。雄花排成圆锥花序，雌花单生，黄褐色。果长圆有棱，黄色。

种类分布：2 种，产于非洲。

生长习性：夏秋型种。喜温暖环境。

繁殖栽培：播种繁殖。

观赏配置：可温室或室内盆栽观赏。

本属的睡布袋（眠布袋）（*Gerrardanthus macrorhiza*）原产于肯尼亚和坦桑尼亚。球状茎干直径 50 cm，藤状细枝有很大的叶，正面深绿色，背面淡黄色。花小，黄褐色。

睡布袋 *Gerrardanthus macrorhiza* Harv. ex Benth. et Hook. f.

睡布袋叶形

睡布袋块茎 1

睡布袋块茎 2

葫芦科

笑布袋属（笑弹壶属）*Ibervillea* Greene

形态特征：茎干膨大成圆锥形，大部露出地面，表皮粗糙，藤状枝细而无毛。叶 3 ~ 5 深裂。花冠钟状。果实球形或卵形，红色。

种类分布：3 种，产于北美洲。

生长习性：喜温暖环境。

繁殖栽培：播种繁殖。

观赏配置：可温室或室内盆栽观赏。

　　本属的笑布袋（*Ibervillea sonorae*）为藤本多肉植物，分布于墨西哥北部。蔓分枝，茎基膨大呈瓶状或球状，木质，表面裂缝，灰白色，笑布袋枝上着生淡蓝绿色地卷须。叶扇形，深 3 裂，长 4 ~ 12 cm，背面具粗毛，花小，淡黄绿色，花径 1 cm，花期夏季。为夏秋型种。

笑布袋 *Ibervillea sonorae*（S. Wats.）Greene

笑布袋属

895

风信子科
Hyacinthaceae

风信子科植物花色丰富，有红、蓝、白、黄、紫、粉等多种颜色，培植方式以分球繁殖为主。

形态特征：多年生草本。常具球根，稀具根状茎。单叶，基生或互生，线形或披针形，稀卵形或圆形，全缘，有时螺旋状；无柄；叶脉平行；具叶鞘。总状花序或穗状花序，具花葶，单一或具分枝。花小型或中型，具苞片，常辐射对称，花被片花瓣状，有白色、黄色、红色、紫色、蓝色、棕色或黑色，6枚，2轮，先端有毛。花被管常钟状、瓶状或管状，稀无。雄蕊常6（稀3）枚，花粉粒有孔，具2槽。雌蕊3个心皮，柱头1或3个，中轴胎座。蒴果室背开裂。种子具油性胚乳。

种类分布：约30属500~700种。主产于非洲南部，地中海至亚洲西南部。

弹簧草属（哨兵花属，肋瓣花属）*Albuca* L.

本属为小型鳞茎多肉植物，又叫黏液百合（Slime Lilies）。石蒜科的多肉植物，如垂筒花 *Cyrtanthus breviflorus*、波叶卜风花等，与本属植物在形态方面有些相似。

形态特征：多年生草本，肉质和具黏液。具鳞茎，鳞茎地下部分表皮黄白色，露出土面部分绿色。叶肉质，线状或带状，长8~100 cm，扁平或具脊，由鳞茎顶部抽出。有些种类花香，尤其在晚上。总状花序，细长或具平顶，由叶丛中抽出。花梗坚硬，或细长弯曲，花直立或下垂。花被片6枚，白色或黄色，具绿色或褐色条纹。外轮花被片3枚，张开；内轮花被片3枚，向内弯曲且先端会合。雄蕊6，具翅，生于子房基部，全部能育或外轮3枚不育。蒴果，圆形或卵形，三裂。种子亮黑色。花期3~4月。

种类分布：约100种。主产于非洲南部和东部，有些种类分布于阿拉伯半岛。常见栽培的种类有弹簧草 *Albuca namaquensis* Baker，宽叶弹簧草 *Albuca concordiana* Baker，毛叶弹簧草 *Albuca viscosa* L.f 和哨兵花 *Albuca humilis* Baker 等。

生长习性：夏型种和秋型种。喜凉爽、怕湿热、耐干旱。

繁殖栽培：分株或播种繁殖。

观赏配置：花常阳光充足时开放，傍晚闭合，光照不足时难以开花，可盆栽观赏。

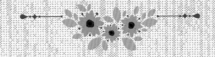

哨兵花（小苍角殿）*Albuca humilis* Baker

弹簧草 *Albuca namaquensis* Baker

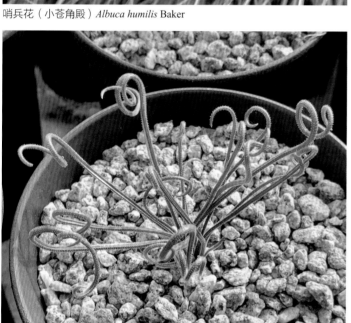

毛叶弹簧草 *Albuca viscosa* L. f.

小苍角殿 *Albuca humilis* Baker

螺旋弹簧草（钢丝弹簧草，螺旋草，蚊香弹簧草）*Albuca spiralis* L. f.

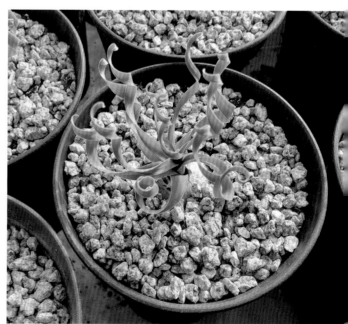

宽叶弹簧草 *Albuca concordiana* Baker

发卷弹簧草 Drimiopsis sp.

方便面弹簧草 Drimiopsis sp.

海带弹簧草 Drimiopsis sp.

宽叶毛叶弹簧草 Drimiopsis sp.

豹叶百合属 *Drimiopsis* Lindl. ex Paxton

　　豹叶百合属又叫油点百合属，有学者认为油点百合属（*Drimiopsis*）和鱼鳞板属（*Resnova*）应并入红点草属（*Ledebouria*），因其均为叶肉质具斑点的鳞茎植物。

　　形态特征：多年生植物。叶具各种斑点。花白色，带绿色。

　　种类分布：原产于非洲撒哈拉以南地区。

　　生长习性：喜半阴、排水良好、温暖的环境，稍耐低温。

　　繁殖栽培：分株或播种繁殖。

　　观赏配置：为有趣且招人喜欢的盆栽植物。叶有各种斑点，花白色带绿色，因而有很好的观赏价值。

长叶油点百合锦 *Drimiopsis kirkii* 'Variegata'

长叶油点百合 *Drimiopsis kirkii* Baker

阔叶油点百合 *Drimiopsis maculata* Lindl. et Paxton

姬油点百合 *Drimiopsis violacca* Harv.

姬油点百合锦 *Drimiopsis violacca* 'Variegata'

豹叶百合属

镜属 *Massonia* Thunb. ex Houtt.

拉丁文名称 *Massonia* 是为了纪念苏格兰植物学家和园艺学家 Francis Masson。与立金花属（*Lachenalia*）近缘。

形态特征：球根植物。地下鳞茎浅棕色，纸质或革质。叶宽，扁平，2 枚，与花同时出现，开展或平躺于地面。总状花序较短，花序顶端绿色苞片簇生。花灰白色或白色，带绿色、黄色或粉红色。花钟形或近管状，花被基部合生形成或短或长的管状。雄蕊或多或少直立，并在花被片基部合生，形成杯状。种子暗黑色。

种类分布：12 种。原产于非洲南部。

生长习性：秋型或冬型种。喜排水良好的土壤和阳光充足的环境。

繁殖栽培：播种繁殖，至少 2 年后开花。

观赏配置：可盆栽观赏。

紫镜 *Massonia pustulata* Jacq.

紫镜 *Massonia* sp.

苍角殿属 *Bowiea* Harv. ex Hook. f.

拉丁文名称是为了纪念十九世纪英国植物收藏家 Kew James Bowie。

形态特征：多年生球根植物，肉质植物。鳞片多，紧密，淡绿色。茎鲜绿色。叶线形。花小，白色。春天开花。

种类分布：3 种。原产于非洲东部和南部的干旱和沙漠地区。

生长习性：冬季休眠。春末或夏季茎生长快，此时需要支撑。喜排水良好土壤和半光照环境。生长季节定期浇水。

繁殖栽培：珠芽、播种、扦插或压条繁殖。

观赏配置：可盆栽观赏。

大苍角殿 *Bowiea bosubilis*

龙树科
Didiereaceae

  龙树科又叫刺戟木科，其拉丁文学名 Didiereaceae 由模式属刺戟木属学名 "*Didierea*" 的复合形式 "Didiere-" 加上表示科的等级后缀 "-aceae" 构成。

  许多种被引进栽培，作为观赏植物品种。喜温暖。耐半干旱和干旱生境。与仙人掌科近缘，有的种类可以嫁接到某些仙人掌种类上。

  形态特征：灌木或乔木，旱季落叶，肉质多刺，高有 2～20 m。茎干肉质，贮存大量水分。有的种类幼苗的茎匍匐状，成熟后直立。叶小，单叶对生，或与刺簇生于短枝，类似仙人掌的刺窠。花单性（弯曲龙属 *Decarya* 除外），辐射对称，雌雄异株。

  种类分布：6 属 20 种，均为多肉植物，原产于非洲和马达加斯加南部。

亚龙木属 *Alluaudia* (Drake) Drake

  形态特征：灌木或小乔木，高达 18 m。幼苗匍匐状。茎肉质，灰白色，几不分枝。刺锥状，生于叶周围。叶卵形或心形，可防御草食动物。

  种类分布：6 种，特产于马达加斯加西南部半干旱森林灌丛植被中。

  生长习性：夏型种。喜温暖。

  繁殖栽培：播种繁殖。

  观赏配置：可盆栽观赏。

地狱魔针（苍炎龙）*Alluaudia montagnacii* Rauh.

亚龙木 *Alluaudia procera* (Drake) Drake

直立亚龙木 *Alluaudia ascendens* Drake

亚蜡木 *Alluaudia humbertii* Choux.

直立亚龙木配置

亚龙木属

龙树属（刺戟木属）*Didierea* Baill.

形态特征：肉质灌木，多刺。茎表皮褐色，每隔一段距离有1根数厘米的长刺。4个或4个刺为一组，叶簇生于刺中央。叶狭披针形，绿色，稍具肉质。花黄绿色。

种类分布：2种，特产于马达加斯加岛。

生长习性：夏型种。喜温暖，温度过低时落叶。适宜排水良好的砂壤土。

繁殖栽培：扦插或播种繁殖。生根慢。

观赏配置：为国际濒危保护物种，可盆栽观赏。

龙树科

阿修罗城 *Didierea trollii* Capuron et Rauh

马达加斯加龙树 *Didierea madagascariensis* H. Baill.

马达加斯加龙树配置

曲龙木属（弯曲龙属）*Decarya* Choux

形态特征：落叶灌木，高达数米。茎具刺。叶小。

种类分布：1 种。产于马达加斯加西南部。

生长习性：喜温暖，保持温度 8 ℃以上。耐旱，耐热，不耐寒。喜砂质土壤。

繁殖栽培：扦插、播种或嫁接繁殖。

观赏配置：非常奇特，树枝呈 Z 形，可盆栽观赏。

弯曲龙 *Decarya madagascariensis* Choux

牻牛儿苗科
Geraniaceae

　　牻牛儿苗科的拉丁文学名 Geraniaceae 由模式属老鹳草属学名 "*Geranium*" 的复合形式 "Gerani-" 加上表示科的等级后缀 "-aceae" 构成。

　　形态特征：草本，稀为亚灌木或灌木。叶互生或对生，叶片通常掌状或羽状分裂，具托叶。聚伞花序腋生或顶生，稀花单生；花两性，整齐，辐射对称或稀为两侧对称；萼片通常 5 枚或稀为 4 枚，覆瓦状排列；花瓣 5 枚或稀为 4 枚，覆瓦状排列；雄蕊 10 ~ 15 枚，2 轮，外轮与花瓣对生，花丝基部合生或分离，花药 "丁" 字着生，纵裂；蜜腺通常 5 个，与花瓣互生；子房上位，心皮（2 ~ 3）~ 5 个，通常 3 ~ 5 室，每室具 1 ~ 2 颗倒生胚珠，花柱与心皮同数，通常下部合生，上部分离。果实为蒴果，通常由中轴延伸成喙，稀无喙，室间开裂或稀不开裂，每果瓣具 1 粒种子，成熟时果瓣通常爆裂或稀不开裂，开裂的果瓣常由基部向上反卷或成螺旋状卷曲，顶部通常附着于中轴顶端。种子具微小胚乳或无胚乳，子叶折叠。

　　种类分布：11 属约 750 种。广泛分布于温带、亚热带和热带山地。我国有 4 属约 67 种，分布于温带，少数分布于亚热带山地。

龙骨葵属 *Sarcocaulon* Sweet

　　形态特征：多年生植物，落叶。茎干膨大，肉质，形状不规则，具木栓质保护层。茎和分枝具小刺。叶小，常有毛，交互对生。花单生，白色、黄色或红色。

　　种类分布：18 种，均为多肉植物。产于纳米比亚和南非。

　　生长习性：夏型种或秋型种。耐干旱。

　　繁殖栽培：播种繁殖。

　　观赏配置：小型种，植株优美苍劲，有梦幻般的叶子，花朵迷人，可盆栽观赏。

月界 *Sarcocaulon peniculinum* Moffett

刺月界 *Sarcocaulon herrei* L. Bolus

黑皮月界 *Sarcocaulon multifidum* R. Knuth

黄花龙骨葵 *Sarcocaulon flavescens* S. E. A. Rehm

红花龙骨葵 *Sarcocaulon crassicaule* S. E. A. Rehm

红花龙骨葵花

龙骨葵属

天竺葵属 *Pelargonium* L'Hér.

形态特征：多年生草本或亚灌木；叶对生，常有强烈的香气，圆形，肾形或扇形，掌状脉或羽状脉，分裂；花两侧对称，颜色多种，萼有距与花柄合生；萼片和花瓣 5 枚；雄蕊 10 枚，其中有些无花药；子房 5 裂，5 室，每室有胚珠 2 颗悬垂于室的内角上；蒴果有果瓣 5 枚，开裂时旋卷。

种类分布：约 250 种，分布于热带地区，主产于非洲南部，我国引入栽培。

生长习性：喜温暖。

繁殖栽培：播种繁殖。

观赏配置：可盆栽观赏。

枝干洋葵 *Pelargonium mirabile* Dinter

牻牛儿苗科

羽叶洋葵 *Pelargonium triste* (L.) L'Hér.

玉人葵 *Pelargonium ferulaceum* (Burm.f.) Willd.

羽叶洋葵配置

天竺葵属

西番莲科
Passifloraceae

  西番莲科的拉丁文学名 Passifloraceae 由模式属西番莲属学名 *"Passiflora"* 的复合形式 "Passiflor-" 加上表示科的等级后缀 "-aceae" 构成。

  形态特征：草质或木质藤本，有卷须；叶互生，单叶或分裂，常有托叶；花两性或单性，辐射对称，单生或排成聚伞花序，常腋生；萼基部管状，3～5 裂；花瓣与萼片同数或缺；副花冠由 1 至数轮丝状的裂片组成；雄蕊 3～5（～10）枚，花丝合生且与子房柄连接；子房 1 室，有胚珠多数生于侧膜胎座上；花柱 3 个；浆果或蒴果；种子有肉质假种皮。

  种类分布：12 属 600 种以上，分布于热带至温带地区，主产地为南美洲；我国有 2 属 18 种，产于西南至东南地区。

阿丹藤属（蒴莲属）*Adenia* Forsk.

  本属的拉丁文名称 *Adenia* 来源于其阿拉伯名称 "aden"。有须根系和块茎。生于干燥的非洲沙漠至潮湿的东南亚热带雨林。

  形态特征：草本，草质藤本，木质藤本，灌木和乔木，有卷须；叶全线或掌状分裂，背部和柄顶常有扁平的腺体；花小，单性，组成腋生的聚伞花序；萼管状或钟状，4～5 裂；花瓣 5，分离，薄，具 1 脉；雄花副花冠为一轮线状体或缺；花盘腺体 5 个，舌状或头状；雄蕊 5 枚，合生成一环，着生于萼管下部，退化雌蕊有或无；雌花副花冠为一膜质折叠体或缺；退化雄蕊 5 枚，合生成一杯状体围绕着子房，上部裂成线状体；子房无柄或具柄，花柱圆柱状或无，柱头 3 个，头状或扩大；蒴果，3 瓣裂，有极多数种子；种子具小窝点，着生于延长的种柄上。

  种类分布：约 100 种，产于东半球热带地区，本属多肉植物，几乎全产于非洲，约 20 种分布中心为马达加斯加岛，东非和西非、南亚地区，南非也产。我国有 3 种，产于云南、广东至台湾。

  生长习性：耐干旱，耐潮湿。

  繁殖栽培：播种繁殖。

  观赏配置：具膨大茎基，茎基顶端有藤状细枝，枝上有卷须和刺，互生叶缘或掌状分裂。

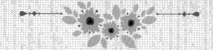

低木腺蔓 *Adenia fruticosa* Burtt Davy

阿丹藤属

贝氏蒴莲 *Adenia pechuelii* Harms　　　　　　贝氏蒴莲叶形

红脉西番莲 *Adenia epigea* H. Perrier

　　　　　　　　　　　　　　　　　西番莲科

刺腺蔓 *Adenia spinosa* Burtt Davy

毒腺蔓 *Adenia venenata* Forssk.

毒幻蔓 *Adenia venenata* Forssk.

球腺蔓 *Adenia glososa* Engl.

葡萄科
Vitaceae

葡萄科的拉丁文学名 Vitaceae 由模式属葡萄属学名 "*Vitis*" 的复合形式 "Vit-" 加上表示科的等级后缀 "-aceae" 构成。

形态特征：藤本植物，常具与叶对生的卷须，稀为直立灌木；叶互生，单叶或复叶；花小，两性或单性，4~5数，通常排成聚伞花序；萼片分离或基部合生；花瓣与萼片同数，分离或有时帽状黏合而整块脱落；花盘环状或分裂；雄蕊 4~6 枚，与花瓣对生；子房上位，2 至多室，每室有胚珠 2 颗；浆果。

种类分布：约 12 属 700 种。大部分分布于热带和温带地区，我国有 7 属约 109 种，我国南北均产之。

葡萄瓮属 *Cyphostemma* (Planch.) Alston

葡萄瓮属是从白粉藤属（*Cissus*）中分离出来的一个具茎干的属，与乌蔹莓属（*Cayratia*）和崖爬藤属（*Tetrastigma*）近缘，其拉丁文名称来自希腊文 "kyphos"（驼峰）。

形态特征：常为多肉植物。块根肉质，膨大。具茎干。叶对生。

种类分布：约 268 种。原产于非洲，主产马达加斯加。

生长习性：秋型种或冬型种。

繁殖栽培：播种繁殖。

观赏配置：观赏性极佳，可盆栽观赏。

葡萄瓮 *Cyphostemma juttae* (Dint. et Gilg) Desc.

葡萄瓮属

象足葡萄瓮 *Cyphostemma elephantopus* Desc.

蔓茎葡萄瓮 *C. cirrhosum* (Thunb.) Desc. ex Wild et R. B. Drumm.

索马里葡萄瓮 *Cyphostemma betiforme* (Chiov.) Vollesen

垂直葡萄瓮 *Cyphostemma laza* Desc.

916

白粉藤属 *Cissus* L.

形态特征：落叶或常绿、攀缘灌木，有与叶对生的卷须；叶互生，单叶或复叶；聚伞花序与叶对生或顶生；花两性或杂性同株，4 数；萼杯状；花瓣 4 枚，张开；雄蕊 4；花盘杯状，波状或浅 4 裂；子房 2 室，每室有胚珠 2 颗，花柱锥尖；浆果肉质，有种子 1～2 颗。本属和葡萄属（*Vitis*）不同之处为本属植物花瓣 4 枚，彼此分离，不黏合成一帽状体。

种类分布：350 种，广布于热带和亚热带地区。我国有 11 种，产于西南部至台湾。

生长习性：喜温暖环境。

繁殖栽培：播种繁殖。

观赏配置：可栽培观赏。

翡翠阁 *Cissus quadrangularis* L.

白粉藤属

桑科
Moraceae

桑科的拉丁文学名 Moraceae 由模式属桑属学名 "*Morus*" 的复合形式 "Mor-" 加上表示科的等级后缀 "-aceae" 构成。

形态特征：灌木或乔木，有时藤本，常有乳状液汁，很少草本；叶互生或对生，全缘或分裂；托叶早落；花小，单性同株或异株，常密集成头状花序或穗状花序或葇荑花序，或生于一中空的花序托的内壁上；花被单层，1~6枚，通常为4枚，无花萼和花瓣之分；雄蕊与花被片同数而对生；子房上位至下位，1~2室，每室有胚珠1颗；柱头1~2个；果各式，由多数、多少合生的心皮组成，每一心皮为增厚、肉质的花被所包围，或瘦果包藏于一肉质的花序托的内面。

种类分布：约53属1400种，主产于热带和亚热带地区；我国有11属165种，各省均有分布，主产地为长江以南各省区。

榕属 *Ficus* L.

形态特征：乔木或灌木，也有藤本，有乳汁；叶互生或对生，全缘、有齿缺或分裂；托叶合生，包围着顶芽，脱落后留一环状痕迹；花极小，多数，生于球形或卵形、肉质的花序托的内壁上；花序托腋生或生于老枝上或干上；花单性，雄花被裂片2~6枚；雄蕊1~2枚；雌花被有时不完全或缺；子房常偏斜，有下垂的胚珠1颗；瘦果。

种类分布：约1000种，分布于热带和亚热带地区；我国约有120种，产于西南至东部地区，主产南部地区。

生长习性：喜温暖。

繁殖栽培：播种繁殖。

观赏配置：可盆栽观赏或庭园栽培观赏。

白面榕 *Ficus patmeri* S. Watson

榕属

琉桑属（硫桑属）*Dorstenia* L.

本属的拉丁文名称 *Dorstenia* 是为了纪念德国的医生和植物学家特奥多尔（Theodor Dorsten，1492～1552）。本属是桑科种类中数量仅次于榕属的第二大属。与桑科其他属相比有着极为不同的生长习性。

形态特征：草本或半灌木，多为肉质植物。叶长圆形或披针形，叶缘略波浪形，互生，枝顶簇生。茎圆柱形，叶痕明显。花序奇特，盘状。花小，淡绿色。

种类分布：约170种，原产于阿拉伯半岛、非洲东北部、印度尼西亚、南亚和美洲热带地区。

生长习性：夏型种。冬季休眠期常落叶，此时应节制浇水。适宜栽培土壤为砂壤土。

繁殖栽培：播种繁殖。

观赏配置：可盆栽观赏。

琉桑（臭琉桑）*Dorstenia foetida*（Forsk.）Schweinf

臭琉桑配置

石膏琉桑（满天星琉桑）*Dorstenia gypsophila* Lavranos

巨硫桑 *Dorstenia gigas* Schweinf. ex Balf. f.

桑科

巨硫桑配置

琉桑属

橄榄科

Burseraceae

橄榄科又叫没药树科或乳香科，在某些外形上又易与芸香科和漆树科植物混淆。

形态特征：乔木或灌木，有树脂道分泌树脂或油质。奇数羽状复叶，稀为单叶，互生，通常集中于小枝上部，一般无腺点；小叶全缘或具齿，托叶有或无。圆锥花序或极稀为总状或穗状花序，腋生或有时顶生；花小，3～5数，辐射对称，单性、两性或杂性；雌雄同株或异株；萼片3～6枚，基部多少合生；花瓣3～6，与萼片互生，常分离；雄蕊在雌花中常退化，1～2轮。核果。

种类分布：16属约550种，分布于南北半球热带地区。我国有3属13种，产于华南、西南和东南地区。

裂榄属 *Bursera* Jacq. ex L.

本属的拉丁文名称 *Bursera* 来自丹麦植物学家 Joachim Burser。

形态特征：灌木和乔木，高可达25 m。

种类分布：约100种，原产于美洲（常有许多特有种），从美国南部到阿根廷北部。栖息地为热带和温带森林。

生长习性：喜温暖环境。

繁殖栽培：播种繁殖。

观赏配置：可栽培观赏。

芬芳橄榄（芳香橄榄）*Bursera fagaroides* Engl.

裂榄属

没药树属 *Commiphora* Jacq.

本属是橄榄科种类最多的属。英文名称为 "myrrhs"。许多种类的茎受伤后可渗出芳香的树脂。

形态特征：灌木或乔木。多为羽状复叶，很少为单叶。多数种类具刺。树皮常薄纸状，剥脱后其下面露出彩色的树皮。茎通常多汁，尤其是产于干旱环境的种类。花雌雄异株。核果，子房常具二室，其中一个败育。

种类分布：约 190 种，分布于非洲、西印度洋、阿拉伯半岛、印度和越南热带和亚热带区域。常见于季节性干旱的热带森林的旱生灌丛和林地。

生长习性：耐干旱。

繁殖栽培：播种繁殖。

观赏配置：可栽培观赏。

羽叶橄榄 *Commiphora* sp.

橄榄科

白皮橄榄 *Commiphora kataf* (Forssk.) Engl.

艾尔港念珠橄榄 *Commiphora* sp.

没药树属

石蒜科
Amaryllidaceae

　　石蒜科植物花常艳丽，多数种类供观赏用。其拉丁文学名 Amaryllidaceae 由模式属孤挺花属学名 *Amaryllis* 的复合形式 "Amaryllid-" 加上表示科的等级后缀 "-aceae" 构成。

　　形态特征：多年生草本，具膜被的鳞茎或根状茎；叶少数，常狭长，多少线形，基生；花常两性，辐射对称，单生或常伞形花序生于花茎顶端，下有总苞片 1 至数枚或无；花被花瓣状，具花被筒或无，裂片 6 枚，2 轮；副花冠常具存；雄蕊 6 枚，稀更多，与花被裂片对生；花丝分离或基部扩大而合成一假副花冠；子房下位，稀上位，3 室；胚珠通常极多数，生于中轴（两侧膜）胎座上；蒴果或浆果。

　　种类分布：100 余属，1 200 余种，分布于热带、亚热带及温带；我国约 17 属 44 种及 4 变种，野生或引种栽培。

垂筒花属 *Cyrtanthus* W. Aiton

　　形态特征：多年生常绿草本，具球根。叶条形，绿色。花自地下鳞茎抽出，细长，花呈筒状，花色丰富。花期冬春季，果期春季。

　　种类分布：50 余种，全部原产于非洲中南部。

　　生长习性：喜温暖。

　　繁殖栽培：分球或播种繁殖。容易栽培。

　　观赏配置：花姿优雅，味香甜，优良的盆栽花卉，也可作切花或植于庭院一隅观赏。

螺旋垂筒花 *Cyrtanthus spiralis* Burch. ex Ker Gawl.

垂筒花 *Cyrtanthus breviflorus* Harv.

垂筒花属

布冯属（刺眼花属，布丰属）*Boophane* Herb.

　　本属拉丁文名称来自希腊文的 "bous"（牛）和 "phonos"（屠杀），可能是因为本属植物具有比较大的毒性。本属植株内含有生物碱，有镇痛、致幻作用，在当时用来做弓箭的箭毒，可入药治病，甚至它还被用来保存木乃伊。

　　形态特征：多年生鳞茎类球根花卉。球根大，近球形，径 10 ～ 15 cm，球体外面被褐色枯皮，枯皮易燃。冬季叶枯萎，翌年春天重新萌发。叶灰绿色，直立，叶缘呈现波浪形卷曲，无叶柄，生于球根顶端，对折排列成扇形，如孔雀开屏。伞状花序巨大，花小而多，花瓣狭长，花茎粗而长。

　　种类分布：2 种，原产于非洲安哥拉和南非等地区的热带草原。

　　生长习性：喜温暖环境。喜欢排水性良好砂土。

　　繁殖栽培：播种繁殖。

　　观赏配置：可温室或室内盆栽观赏。

双生布冯（刺眼花）*Boophane disticha*（L. f.）Herb

石蒜科

网球花属（虎耳兰属）*Haemanthus* L.

形态特征：草本，有鳞茎；叶阔而钝头；花茎实心，稍扁平；花多朵，排成一头状花序，下承托以佛焰苞一轮，红色(我国栽培)或白色；花被，管短，有线形或狭披针形的裂片；雄蕊长于花被，有时长突出；子房球形，下位，每室有胚珠 1～2 颗，柱头微 3 裂；果浆果状，不开裂；种子球形。

种类分布：50 种，均产于非洲。

生长习性：喜温暖。

繁殖栽培：播种繁殖。

观赏配置：美丽的观赏花卉，花先叶开放，可盆栽观赏。

白花网球花（白花虎耳兰，白花画刷花）*Haemanthus albiflos* Jacq.

网球花属

木棉科
Bombacaceae

  形态特征：乔木，主干基部常有板状根。叶互生，掌状复叶或单叶，常具鳞粃；托叶早落。花两性，大而美丽，辐射对称，腋生或近顶生，单生或簇生；花萼杯状，顶端截平或不规则的 3～5 裂；花瓣 5 枚，覆瓦状排列，有时基部与雄蕊管合生，有时无花瓣；雄蕊 5 枚至多数，退化雄蕊常存在，花丝分离或合生成雄蕊管，花药肾形至线形，常 1 室或 2 室；子房上位，2～5 室，每室有倒生胚珠 2 至多数，中轴胎座，花柱不裂或 2～5 浅裂。蒴果，室背开裂或不裂；种子常为内果皮的丝状绵毛所包围。

  种类分布：约 20 属 180 种，原产于热带地区（美洲种类最多）。我国原产 1 属 2 种，引种栽培 5 属 5 种。

猴面包树属 *Adansonia* L.

  本属拉丁文名称是以法国博物学家和探险家米歇尔·阿丹逊（Michel Adanson）的名字来命名的。其英文名称为 Baobab。

  形态特征：落叶中型乔木，高达 5～30 m；树干圆柱形或稍上细下粗，径达 3～11 m；树皮稍光滑，灰色；树冠圆形；主枝先端渐细，上升。叶螺旋状排列，掌状复叶，叶柄长 5～15 cm；小叶 5～8 枚，宽椭圆形到披针形，无毛或有时粗糙，边缘全缘，侧脉 10～20（或以上）对，小叶柄长 0～3 cm，中间小叶达 20 cm × 8 cm，托叶早落。花单生于分枝末端的叶腋，两性，整齐，5 瓣；花蕾细长圆柱形；花梗长 2～3 cm，绿色；花萼管状，裂片线形；花瓣离生，线形，（14～24）cm ×（1～1.5）cm，扭曲，黄色；雄蕊多数；子房上位，密被毛，花柱暗红色，无毛。浆果淡黑色。种子多数，肾形。

  种类分布：9 种，其中 6 种原产于马达加斯加，2 种原产于非洲和阿拉伯半岛，1 种原产于澳大利亚。后传入南亚和加勒比海地区。

  生长习性：热带树种。喜温暖，极耐旱，适合各种类型土壤，尤喜石灰质壤土和砖红壤。

  繁殖栽培：扦插或播种繁殖，种子发芽率不超过 10%。

  观赏配置：花大，艳丽，芳香，可种植于植物园温室观赏。

猴面包树 *Adansonia digitata* L.

大猴面包树 *Adansonia grandidieri* Baillon.

格氏猴面包树 *Adansonia* sp.

猴面包树属

931

木棉属 *Bombax* L.

形态特征：落叶大乔木。茎基部不规则膨大，呈块状，肉质，外皮灰色，分布有浅绿色斑纹，表皮龟裂，其中贮存大量水分。茎有圆锥形的粗刺；掌状复叶，互生，小叶 5 枚，倒卵形。花两性，大，红色；萼肉质，不规则分裂；花瓣 5 枚；雄蕊多数，5 束；子房 5 室，每室有胚珠多颗；蒴果木质；种子有绵毛。

种类分布：8 种，分布于热带地区；我国 2 种，产于云南和广东。

生长习性：喜温暖干燥和阳光充足的环境。不耐寒，稍耐湿，忌积水。耐旱，抗污染，抗风力强，根深，速生，萌芽力强。喜深厚、肥沃、排水良好的中性或微酸性砂壤土。

繁殖栽培：播种或嫁接繁殖。

观赏配置：树形高大雄伟，是优良的行道树、庭荫树和风景树，可园林栽培观赏。

椭叶木棉树干基部膨大

椭叶木棉（龟纹木棉，木足球树，绿背龟甲）*Bombax ellipticum* Kunth

椭叶木棉叶形

吉贝属 *Ceiba* Mill.

形态特征：落叶乔木，高达 70 m，树干直，有刺或无刺，常无分枝，树冠巨大、展开。叶螺旋状排列，掌状复叶，小叶 3～9 枚，具短柄，无毛，背面苍白色，多全缘。花先叶开放，1～15 朵簇生，下垂，常辐射对称；萼厚，钟状或坛状，3～12 不规则裂，宿存；花瓣淡红色或黄白色，基部合生并贴生于雄蕊管上，与雄蕊和花柱一起脱落；雄蕊管短，花丝 3～15，分离或成 5 束，每束花丝顶端有 1～3 个扭曲的一室花药；子房 5 室；每室胚珠多数；花柱线形。蒴果木质或革质，下垂。

种类分布：10 种。原产于美洲的热带和亚热带地区、西非的热带地区。

生长习性：喜温暖环境。

繁殖栽培：播种繁殖。

观赏配置：花美丽，可露地栽培或室内栽培观赏。

美丽异木棉 *Ceiba speciosa* St. Hih.

美丽异木棉树干

弥勒佛树（丝绵树）*Ceiba insignis*（Kunth）P. E. Gibbs et Semir

吉贝属

福桂花科
Fouquieriaceae

福桂花科又叫刺树科。仅1属。

福桂树属 *Fouquieria* Kunth

本属拉丁文名称是为纪念法国医师皮埃尔·福奎尔（Pierre Fouquier）（1776～1850）。

形态特征：多刺肉质落叶灌木，高达18 m，肉质茎基部膨大，灰白色，可达5 cm。茎灰绿色，具独特而多的刺，茎基部分蘖许多枝。茎干软，中空。叶小，卵形或倒卵形，长1～4 cm，簇生于刺的基部；雨季发叶并维持数周至数月。总状花序或大型圆锥花序，顶生，花鲜红色、黄色或白色等。春季开花。由蛾类、木匠蜜蜂或蜂鸟等传粉。

种类分布：11种，原产于墨西哥北部（3种）和美国西南部的亚利桑那州、加利福尼亚南部、新墨西哥州和得克萨斯州等。本属常见栽培的种类有福桂树（蜡烛木）（*Fouquieria splendens*）、亚当福桂树（*Fouquieria diguetii*）、西哥福桂树（*Fouquieria macdougalii*）、白花福桂树（*Fouquieria purpusii*）、观峰玉（*Fouquieria columnaris*）和簇生福桂树（*Fouquieria fasciculata*）等。

生长习性：夏型种。喜温暖及阳光充足，耐旱、耐寒、耐贫瘠。本属为荒漠植物，喜生于较低的干旱山坡。

繁殖栽培：扦插或播种繁殖。

观赏配置：茎干常膨大，外观奇特，花朵鲜艳，可吸引蜜蜂、蝴蝶或蜂鸟等，可作庭院、花园观赏植物，常与仙人掌类植物配置，也可作绿篱植物或盆栽树桩盆景观赏。为多肉植物中的珍稀品种。

白花福桂树 *Fouquieria purpusii* 'Albiflora'

观峰玉 *Fouquieria columnaris* (Kellogg) Kellogg ex Curran

福桂树 *Fouquieria splendens* Engelm.

观峰玉叶形

紫福桂花 *Fouquieria purpusii* Brandegee

福桂树属

935

旋花科
Convolvulaceae

旋花科的拉丁文学名 Convolvulaceae 由模式属旋花属学名 "*Convolvulus*" 的复合形式 "Convolvul-" 加上表示科的等级后缀 "-aceae" 构成。

形态特征：草质或木质藤本植物。通常有乳汁。叶互生，无托叶，单叶，全线或分裂；花辐射对称，两性；萼片 5 枚，宿存；花冠通常钟状或漏斗状；雄蕊 5 枚，花药 2 室，花粉粒有刺或无刺；子房上位，1~4 室，常为 2 室，每室具胚珠 2 颗；蒴果，稀浆果。

种类分布：56 属 1 800 种以上，分布于热带至温带地区；我国 22 属约 128 种，各地均产。

番薯属 *Ipomoea* L.

拉丁文名称 *Ipomoea* 来自希腊文的 "ips or ipos"（虫或旋花）和 "homoios"（像）。与月光花属（*Calonyction*）近缘。

形态特征：草本，稀灌木或小乔木，通常缠绕。有些种类块根肉质，近圆形。枝细长。叶全缘或分裂；花单生或组成聚伞花序或伞形至头状花序，腋生；苞片各式；萼片 5 枚，宿存，常于结果时多少增大；花冠通常钟状或漏斗形，冠檐 5 浅裂，稀 5 深裂；雄蕊 5 枚，内藏，花粉粒具刺；子房 2~4 室，具胚珠 4~6 颗；蒴果，种子无毛或有毛。

种类分布：约 500 种，分布于热带、亚热带和温带地区；我国约 20 种，南北均产。本属多肉植物多原产于博茨瓦纳与纳米比亚。

生长习性：夏型种。

繁殖栽培：播种繁殖。

观赏配置：可盆栽观赏。

白花牵牛 *Ipomoea lapidosa*

何鲁牵牛 *Ipomoea holubii* Baker

布鲁牵牛 *Ipomoea bolusiana* Schinz

块根牵牛 *Ipomoea oenotherae* (Vatke) Hallier f.

螺旋牵牛 *Ipomoea platensis* Ker Gawl.

番薯属

唇形科
Labiatae

唇形科的学名 Lamiaceae 由模式属野芝麻属学名 *Lamium* 的复合形式 "Lami-" 加上表示科的等级后缀 "-aceae" 构成。

形态特征：草本、亚灌木或灌木，极稀乔木或藤本，通常含芳香油；茎通常四棱柱形；叶对生或轮生，极少互生。花很少单生。花序聚伞式，苞叶退化成苞片状。花两侧对称。花萼下位，宿存，萼外有时被各种茸毛及腺体。花冠合瓣，花冠筒内有蜜腺。雄蕊 4 枚，与花冠裂片互生，雌蕊由 2 个中向心皮形成；花柱顶端具 2 枚等长稀不等长的裂片。常小坚果，具毛或有皱纹、雕纹；种子每坚果单生，直立。胚乳在果时无或如存在则极不发育。

种类分布：200 余属 3 500 余种，广布于全球，主产地为地中海及中亚地区；我国约 99 属 808 种，全国均产。

马刺花属（香茶菜属）*Plectranthus* L'Hér.

马刺花属又叫延命草属，其英文名称 spurflowers，与假水苏属（*Solenostemon*）近缘。

形态特征：灌木状或草本，蔓生。全株被有细密的白色茸毛。多分枝，茎枝棕色，嫩茎绿色或泛红晕。叶肉质，卵形、倒卵形或卵圆形，绿色，交互对生，光滑，厚革质，边缘有疏钝锯齿。伞形花序，花有深红色、粉红色、白色和蓝色等。

种类分布：约 350 种，原产于南半球温暖地区（非洲撒哈拉以南地区及马达加斯加岛，印度和印尼群岛至澳大利亚和某些太平洋岛屿）。

生长习性：喜温暖。

繁殖栽培：播种繁殖。

观赏配置：可盆栽观赏。

938　　　　　　　　　　　　　　　　　　　　　　　　　　　　　　　　　　　　　唇形科

爱氏延命草 *Plectranthus ernstii* Codd.

一摸香锦 *Plectranthus hadiensis* var. *tomentosus* 'Variegata'

一摸香（碰碰香）*Plectranthus hadiensis* (Forssk.) Schweinf. ex Sprenger var. *tomentosus* (Benth. ex E. Mey.) Codd

马刺花属

胡椒科
Piperaceae

胡椒科的学名 Piperaceae 由模式属胡椒属学名 *Piper* 的复合形式 "Piper-" 加上表示科的等级后缀 "-aceae 构成"。

形态特征：草本、灌木或攀缘藤本，稀为乔木，常有香味；叶互生，稀对生或轮生，单叶，全缘；花极小，单性或两性，辐射对称，无花被，但有一小的苞片，集合成一稠密的穗状花序；雄蕊 1~10 枚；子房 1 室，有胚珠 1 颗，柱头 1~5 个，无或有极短的花柱；小浆果干燥或肉质，不开裂，排成一稠密、圆柱状的穗状体。

种类分布：13 属约 3 600 种，广布于热带和亚热带地区；我国有 4 属 71 种，产于西南部至台湾地区。

草胡椒属（椒草属）*Peperomia* Ruiz et Pav.

草胡椒属也叫豆瓣绿属，本属部分种类为多肉植物，叶肉质，茎粗壮。

形态特征：一年生或多年生肉质草本，分枝或不分枝；有时茎线状蔓生。叶互生、对生或轮生，全缘，光滑，肉质，卵形、心形或披针形，长 2.5~10.2 cm，叶绿色，或具条纹或大理石花纹，或边缘淡绿色、红色或灰色，有些种类叶柄红色；无托叶。穗状花序顶生或与叶对生，稀腋生，黄色至棕色；花极小，两性，常与苞片同着生于花序轴的凹陷处；雄蕊 2 枚；子房 1 室，有胚珠 1 颗；果极小，不开裂。

种类分布：1 500 余种，分布于热带和亚热带地区，中美洲和北美洲较多，非洲约 17 种；我国有 9 种，产于西南至东部地区。

生长习性：喜温暖。常附生于腐烂的木头上。容易栽培。对光线要求不高，能在室内条件下正常生长。

繁殖栽培：常播种繁殖，或换盆时分株繁殖，或春至夏季叶插或茎插繁殖，容易生根。

观赏配置：热带观叶植物，植株小型，秀气紧凑，精巧别致，独具特色，花独特诱人，可盆栽观赏，点缀几案、窗台等处。

红椒草（红背椒草，红叶椒草）*Peperomia graveolens* Rauh et Barthlott

塔叶椒草（塔翠草，塔椒草）*Peperomia columella* L.

刀叶椒草 *Peperomia ferreyrae* Yunck.

斧叶椒草杂 *Peperomia dolabriformis* Kunth 'Hybrida'

针叶椒草（柳叶椒草）*Peperomia* sp.

草胡椒属

回欢草科
Anacampserotaceae

回欢草科于 2010 年 2 月被发表于植物分类期刊 *Taxon*，包括马齿苋科原来所属的 3 个属，即回欢草属（*Anacampseros*）、块根马齿苋属（新拟）（*Grahamia*）和拟土人参属（*Talinopsis*）。其拉丁文学名 Anacampserotaceae 由模式属回欢草属学名 "*Anacampseros*" 的复合形式 "Anacampserot-" 加上表示科的等级后缀 "-aceae" 构成。

回欢草属 *Anacampseros* Mill.

本属拉丁文名称 *Anacampseros* 为一种古代传说中可以恢复失去之爱的草药。

形态特征：矮小灌木或匍匐性、蔓生。垫状，致密。多数种类具小的块根或块茎。多数种类叶肉质，披针形或圆形。叶互生，多数种类叶密集，有些种类叶小，或多或少为纸质或丝状的腋生托叶所隐藏。叶和托叶有两种类型，一种叶较小，托叶纸质，另一种叶较大，肉质，托叶丝状生于叶基部。有些种类花无梗，常位于总苞内，其他种类为总状花序。叶互生，苞片干膜质且对生。花辐射对称，萼片 2 枚，早落，花瓣 5，白色、粉红色或淡紫色。雄蕊多数，生于花瓣基部。柱头 3 裂，子房上位。花期极短，夏季晴天连续开放，有些种类仅开花 1 h。蒴果。种子扁平，成夹角或具 3 翅。

种类分布：100 余种，原产于非洲南部。

生长习性：分为夏型种和冬型种，具纸质托叶的基本上都是冬型种，夏季休眠，栽培较困难。喜阳光充足，持续暴晒时叶变皱，颜色暗淡。光线不足时茎伸长，失去美感。春季和秋季为生长季节，土壤干透浇透。夏季忌阳光照射，少量浇水。冬季室内养护，需多见阳光。

繁殖栽培：播种繁殖。

观赏配置：小型多年生多肉植物，叶色彩绚烂，可盆栽观赏。

白花韧锦 *Anacampseros alstonii* Schönland

吹雪之松 *Anacampseros telephiastrum* Sunset

茶笠 *Aanacampseros baeseckei* Dinter ex Poelln.

吹雪之松锦 *Anacampseros telephiastrum* 'Variegata'

吹雪之松锦 2

回欢草属

锦葵科
Malvaceae

锦葵科的学名 Malvaceae 由模式属锦葵属学名 *Malva* 的复合形式 "Malv-" 加上表示科的等级后缀 "-aceae" 构成。

形态特征：草本、灌木或乔木；叶互生，单叶，有托叶；花两性，罕为杂性，辐射对称，单生或排成复生的聚伞花序；萼片 5 枚，分离或合生，其下常有总苞状的小苞片；花瓣 5 枚；雄蕊多数，很少数枚，花丝合生成柱，多少与花瓣的基部合生；子房上位，2 至多室，全缘或分裂，每室有胚珠 1 至数颗；蒴果，分裂为数个果瓣，或有时浆果状。

种类分布：约 50 属 1 000 余种，分布于热带至温带地区；我国有 16 属 81 种和 36 变种或变型，产于全国各地，以热带和亚热带地区种类较多。

瓶干树属 *Brachychiton* Schott et Endl.

瓶干树属又叫槭子树属或瓶树属，其拉丁文名称 *Brachychiton* 来自希腊文 "brachys"（短的）和 "chiton"（外衣），指其种皮宽松。

形态特征：乔木，高 4 ~ 30 m，或大灌木。叶长和宽 4 ~ 20 cm，全缘或掌状深裂至基部，裂片细长。叶雌雄同株。花钟形，色彩丰富，多数种类花萼鲜艳，呈花瓣状。雌花心皮 5 个，分离。果实木质，种子数粒。有些种类落叶后开花，另一些种类花叶同时开放。

种类分布：31 种，原产于澳大利亚（30 种）和新几内亚岛（1 种）。

生长习性：喜温暖。有些种类旱季落叶。有些种类茎粗壮，用来贮存水分渡过旱季。

繁殖栽培：播种繁殖。

观赏配置：可栽培观赏。

昆士兰瓶干树叶形

昆士兰瓶干树 *Brachychiton rupestris*（T. Mitch. ex Lindl.）K. Schum

槭叶火焰木（槭叶酒瓶树，火焰酒瓶树）*B. acerifolius*（Cunn.）Mac. et . Moore

槭叶火焰木配置

瓶干树属

苦苣苔科
Gesneriaceae

苦苣苔科的学名 Gesneriaceae 由模式属岛岩桐属学名 "*Gesneria*" 的复合形式 "Gesneri-" 加上表示科的等级后缀 "-aceae" 构成。

形态特征：草本、灌木或稀为乔木，有时攀缘状；叶基生或对生，单叶，等大或不等大；花两性，常左右对称，单生或为各式排列的聚伞花序；萼管状，5 裂；花冠合瓣，多少 2 唇形，上部偏斜，通常 5 裂；雄蕊着生于花冠上，通常 4 枚，2 长 2 短，或其中 2 枚为退化雄蕊；子房上位或下位，1 室或不完全的 2~4 室；胚珠多数，生于侧膜胎座上；蒴果，很少肉质，果瓣常旋卷。

种类分布：约 120 属 2 000 种，分布于热带和亚热带地区；我国有 38 属 243 种，产于长江以南各省区。

月宴属（月之宴属）*Sinningia* Nees

大岩桐属（*Gloxinia*）与本属的区别在于前者具鳞状的根状茎。

形态特征：多年生草本，具块茎。数个物种类花大、鲜艳。许多种类、杂交种和品种为室内盆栽植物。部分种类具大的块茎，如虎耳断崖（*Sinningia iarae*）、己无断崖（*Sinningia lineata*）和大柄断崖（新拟）（*Sinningia macropoda*）。

种类分布：约 65 种，产于中美洲和南美洲，以巴西南部较多。常生于岩石或悬崖。

生长习性：喜温暖、高湿，忌强日照。土壤可由腐叶、泥炭、粗砂和珍珠岩等组成，以保持透气性和排水良好。

繁殖栽培：播种繁殖。

观赏配置：可盆栽观赏。

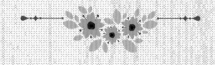

断崖女王（月宴，巴西雪绒花）*Sinningia leucotricha* (Hoehne) H. E. Moore

断崖女王花

虎耳断崖（爱拉大岩桐）*Sinningia iarae* Chautems

泡叶岩桐（原生岩桐）*Sinningia bullata* Chautems et M. Peixoto

白花断崖女王 *Sinningia tubiflora* (Hook.) Fritsch

月宴属

辣木科
Moringaceae

辣木科仅1属。

辣木属 *Moringa* **Adans.**

本属拉丁文名称来源于 "murungai"（泰米尔语）、"munakkai"（印度东部泰卢固语）或 "muringa"（印度西南部马拉雅拉姆语）。

形态特征：落叶乔木；树皮富含树脂，材质柔软。叶互生，1～3回奇数羽状复叶；小叶对生，全缘；托叶缺或退化为腺状体着生在叶柄和小叶的基部。圆锥花序腋生；花两性，两侧对称；花萼管状，不等的5裂，裂片覆瓦状排列，开花时外弯；花瓣5枚，不等，白色或红色，覆瓦状排列，分离，不相等，远轴的1片较大，直立，其他外弯；雄蕊2轮，着生在花盘的边缘，5枚发育的与5枚退化的互生，花丝分离，花药背着，纵裂；雌蕊1枚，子房上位，花柱1个，柱头小。蒴果长，具喙，有棱3～12条。种子有翅。

种类分布：约13种，分布于非洲和亚洲的热带地区。

生长习性：喜光，耐长期干旱，适应砂土和黏土等各种土壤，在微碱性土壤中也能生长。

繁殖栽培：播种繁殖。

观赏配置：枝叶美丽，有香味，通常作为观赏树木。也可盆栽观赏。

辣木 *Moringa oleifera* Lam.

辣木花序

象腿辣木（象腿树）*Moringa thouarsii*

象腿辣木叶形

辣木属

漆树科
Anacardiaceae

漆树科的学名 Anacardiaceae 由模式属腰果属学名 "*Anacardium*" 的复合形式 "Anacardi-" 加上表示科的等级后缀 "-aceae" 构成。

形态特征：乔木或灌木；叶互生，稀对生，单叶或羽状复叶；花单性或两性，辐射对称，排成圆锥花序或总状花序；萼 3～5 裂；花瓣 3～5 枚，稀缺；花盘环状；雄蕊 10～15 枚，稀更多；子房上位，1～5 室，每室有胚珠 1 颗；核果。

种类分布：约 60 属 600 种，大部分分布于热带地区，有些伸展至温带；我国有 16 属，约 56 种，主产于长江流域及其以南地区。

盖果漆属 *Operculicarya* H. Perrier

形态特征：茎基部肉质膨大。一回羽状复叶，有轴或有狭翅，主干银白色。

种类分布：1 种。

生长习性：夏型种。养护容易。平时见干浇水。

繁殖栽培：播种繁殖。

观赏配置：观赏价值高，可盆栽观赏。

列加氏漆 *Operculicarya decaryi* H. Perrier

列加氏漆配置

象腿漆 *Operculicarya pachypus* Eggli

盖果漆属

薯蓣科
Dioscoreaceae

薯蓣科的学名 Dioscoreaceae 由模式属薯蓣属学名 "*Dioscorea*" 的复合形式 "Dioscore-" 加上表示科的等级后缀 "-aceae" 构成。

形态特征：多年生缠绕草本；有块状或根状的地下茎；叶互生，稀对生，单叶或为掌状复叶，全裂或分裂；花雌雄异株；很少同株，组成穗状、总状或圆锥花序；花被片 6 枚，2 轮，基部合生；雄蕊 6 枚，有时 3 枚发育，3 枚退化；雌花和雄花相似，唯雄蕊退化或缺；子房下位，8 室，花柱 3，分离；蒴果或浆果；种子具翅。

种类分布：10 属 650 种，广布于全球的温带和热带地区；我国 1 属约 80 种。

薯蓣属 *Dioscorea* L.

形态特征：缠绕植物，有块茎或根茎；茎有时有刺，左旋或右旋，有些植株叶腋有珠芽；叶互生或对生，单叶或为指状 3~7 枚小叶，叶脉通常为掌状脉；花小，单性，雌雄异株，排成穗状花序或圆锥花序；花被裂片 6，2 轮；雄蕊 6 枚或 3 枚；子房 3 室，每室有胚珠 2 颗。蒴果。

种类分布：250 种以上，分布于热带和亚热带地区；我国有 80 种，主产于西南至东南地区，西北和北部地区较少。

生长习性：喜温暖。

繁殖栽培：播种繁殖。

观赏配置：可盆栽观赏。

龟甲龙 *Dioscorea* sp.

南非龟甲龙 *Dioscorea elephantipes*（L'Hér.）Engl.

南非龟甲龙配置 1

南非龟甲龙配置 2

薯蓣属

茶茱萸科

Icacinaceae

茶茱萸科的拉丁文名称 Icacinaceae 由茶茱萸属学名 *Icacina* 的复合形式 "Icacin-" 加上表示科的等级后缀 "-aceae" 构成。

形态特征：乔木或灌木，有时为藤本，稀为草本；叶互生，单叶，无托叶；花两性或单性，辐射对称；萼小，4～5 裂；花瓣 4～5 枚，分离或合生，稀无；雄蕊与花瓣同数且互生，花丝常于药室下有毛；子房上位，1 室，很少 3～5 室；胚珠通常 2 颗，倒垂于子房室之顶；核果，1 室，有种子 1 颗，很少为翅果。

种类分布：约 58 属 400 种，主产于热带地区。我国有 13 属 22 种，产于西南部至南部。

刺核藤属 *Pyrenacantha* Wight

形态特征：木质藤本；叶互生，全缘，有裂齿或分裂；花小，单性异株，无花瓣；雄花排成纤细的穗状花序；雌花排成密集的穗状花序或退化为单花；花萼合生，深 4 裂；雄蕊 4 枚，分离，与萼裂片互生；子房 1 室，有下垂并列的胚珠 2 颗，花柱缺，柱头有多个放射状的分枝；核果，核薄，里面有很多平生的刺穿入胚乳内；种子单生，胚在肉质胚乳的中央；子叶大，叶状。

种类分布：20 种，分布于非洲热带地区和东南亚地区；我国海南有分布。

生长习性：喜温暖。

繁殖栽培：播种繁殖。

观赏配置：可盆栽观赏。

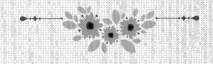

锦叶蓇红 *Pyrenacantha malvifolia* Engi.

刺核藤属

豆科
Fabaceae

　　豆科（Fabaceae）是被子植物中仅次于菊科和兰科的第三大科。豆科的学名 Fabaceae 由模式属蚕豆属学名 "Faba"（现为野豌豆属 "Vicia" 的异名）的复合形式 "Fab-" 加上表示科的等级后缀 "-aceae" 构成。

　　形态特征：乔木、灌木、亚灌木或草本，直立或攀缘，常有能固氮的根瘤。叶常绿或落叶，常互生，稀对生，常为一回或二回羽状复叶，少数为掌状复叶或 3 小叶、单小叶，或单叶，罕可变为叶状柄，叶具叶柄或无；托叶有或无，有时叶状或变为棘刺。花两性，稀单性，辐射对称或两侧对称，常排成总状花序、聚伞花序、穗状花序、头状花序或圆锥花序；花被 2 轮；萼片 3～6 枚，常为 5 枚，分离或连合成管，有时二唇形，稀退化或消失；花瓣（0～）5（～6），常与萼片的数目相等，稀较少或无，分离或连合成具花冠裂片的管，大小有时不等，或有时呈蝶形花冠；雄蕊常 10，有时 5 或多数（含羞草亚科），分离或连合成管，单体或二体雄蕊；雌蕊通常由单心皮所组成，稀较多且离生，子房上位。荚果，形状种种，成熟后沿缝线开裂或不裂，或断裂成含单粒种子的荚节；种子常具革质或有时膜质的种皮。

　　种类分布：约 650 属约 18 000 种，广布于全世界；我国有 172 属 1 485 种 13 亚种 153 变种 16 变型，各省区均有分布。

番泻树属 *Senna* Mill.

　　本属的拉丁文名称 *Senna* 来源于阿拉伯语 'sanā'。为豆科苏木亚科一个较大的属。

　　形态特征：草本、灌木和树木。羽状复叶，小叶对生。总状花序，生于枝端或叶腋。花瓣 5，黄色，萼片 5 枚，雄蕊 10 枚，直立，雄蕊大小可能不同，或有退化雄蕊。荚果，有数枚种子。

　　种类分布：约 300 种，分布于热带，少数分布于温带。其中约 50 种为栽培植物，以番泻叶（*Senna alexandrina* Mill.）最为著名。

　　生长习性：喜温暖环境。

　　繁殖栽培：播种繁殖。

　　观赏配置：可温室或室内盆栽观赏。

番泻树 *Senna meiridionalis* (R. Vig.) Du Puy

番泻树属

茜草科
Rubiaceae

茜草科为多肉植物中的一个小科，种类较少。根据子房胚珠的多少而分为 2 亚科：①金鸡纳亚科（Cinchonoideae），胚珠多数，胚茎向上，具胚乳。乔木或灌木，草本较少。② 咖啡亚科（Coffeoideae），子房仅具 1 胚珠；胚茎向上或向下，具胚乳或无胚乳。乔木，亚灌木或草本。

形态特征：草本、灌木或乔木，有时攀缘状；叶对生或轮生，单叶，常全缘；托叶各式，在叶柄间或在叶柄内，有时与普通叶一样，宿存或脱落；花两性或稀单性，辐射对称，有时稍左右对称，各式的排列；萼管与子房合生，萼檐截平形、齿裂或分裂，有时有些裂片扩大而成花瓣状；花冠合瓣，通常 4 ~ 6 裂，稀更多；雄蕊与花冠裂片同数，很少 2 枚；子房下位，1 至多室，但通常 2 室，每室有胚珠 1 至多颗；蒴果、浆果或核果；种子各式，很少具翅，多数有胚乳。

种类分布：约 500 属 6 000 种，主产热带和亚热带地区，少数分布于温带或北极地带；我国有 75 属 477 种，大部分产于西南部至东南地区，西北和北部地区极少。

蚁茜属 *Myrmecodia* Jack

本属的拉丁文名称 *Myrmecodia* 来自希腊文 "myrmekodes"（蚂蚁）。茜草科另外 4 个与蚂蚁共生的属是蚁茎玉属（*Anthorrhiza*）、蚁寨属（*Hydnophytum*）、蚁窝花属（*Myrmephytum*）和穗鳞木属（*Squamellaria*）。蚁茜属为典型的蚁栖植物，与蚂蚁形成共生关系，植物膨大的茎、刺、叶柄、块根、囊状叶给蚂蚁营巢，蚂蚁营巢和捕食时带来的有机物为植物提供了养分。此外，蚂蚁还可以驱走或捕杀为害植物的昆虫。在人工栽培环境下没有蚂蚁与其共生。

形态特征：茎基部膨大，内有许多通道与孔室。花小，白色，自花授粉。浆果肉质，橙色，种子 6 枚。

种类分布：30 种。原产于东南亚岛屿至澳大利亚的昆士兰。常附生于热带雨林的树上。

生长习性：喜温暖和湿润空气。喜充分透气的种植介质，保证根部水分充足。宜栽种于明亮散射光处，避免强光直射。

繁殖栽培：播种繁殖。栽培基质可选用泥炭、水苔、珍珠岩、植金石、树皮等。

观赏配置：可盆栽观赏。

块茎蚁巢玉 *Myrmecodia tuberosa* Jack

蚁茜属

胡麻科
Pedaliaceae

本科的拉丁文名称 Pedaliaceae 由模式属天竺麻属学名 *Pedalium* 的复合形式 "Pedali-" 加上表示科的等级后缀 "-aceae" 构成。

形态特征：一年生或多年生草本，稀为灌木。叶对生或生于上部的互生，全缘、有齿缺或分裂。花左右对称，单生、腋生或组成顶生的总状花序，稀簇生；花梗短，苞片缺或极小。花萼 4～5 深裂。花冠筒状，一边肿胀，呈不明显二唇形，檐部裂片 5，蕾时覆瓦状排列。雄蕊 4 枚，2 强，常有 1 退化雄蕊。花药 2 室，内向，纵裂。花盘肉质。子房上位或很少下位，2～4 室，很少为假 1 室，中轴胎座，花柱丝形，柱头 2 浅裂，胚珠多数，倒生。蒴果不开裂，常覆以硬钩刺或翅。

种类分布：14 属，约 50 种，分布于旧大陆热带与亚热带的沿海地区及沙漠地带，一些种类已在新大陆热带被驯化。我国有胡麻属（*Sesamum* L.）和茶菱属（*Trapella* Oliv.）。

生长习性：喜温暖环境。

繁殖栽培：播种繁殖。

观赏配置：可温室或室内盆栽观赏。

黄花胡麻属（钩刺麻属）*Uncarina* Stapf

形态特征：本属的黄花胡麻（黄花钩刺麻）[*Uncarina grandidieri*（Baill.）Stapf] 为多肉灌木。茎粗壮，叶子心形近圆形，厚实，直径可达 15 cm，开黄花，花瓣 5 裂，喉部紫红色。

种类分布：11 种，原产于马达加斯加。我国南方有少量引种。

生长习性：喜温暖。

繁殖栽培：播种繁殖。

观赏配置：可温室或室内盆栽观赏。

黄花胡麻 *Uncarina grandidieri*（Baill.）Stapf

黄花胡麻属

天南星科
Araceae

天南星科的学名 Araceae 由模式属疆南星属学名 *Arum* 的复合形式 "Ar-" 加上表示科的等级后缀 "-aceae" 构成。

形态特征：草本，具块茎或伸长的根茎，有时茎变厚而木质，直立、平卧或用小根攀附于他物上，少数浮水，常有乳状液汁；叶通常基生，如茎生则为互生，呈 2 行或螺旋状排列，形状各式，剑形而有平行脉至箭形而有网脉，全缘或分裂；花序为一肉穗花序，外有佛焰苞包围；花两性或单性，辐射对称；花被缺或为 4 ~ 8 个鳞片状体；雄蕊 1 枚至多数，分离或合生成雄蕊柱，退化雄蕊常存在；子房 1 室，由 1 个至数心皮合成，每室有胚珠 1 至数颗；果浆果状，密集于肉穗花序上。

种类分布：115 属 2 000 余种，广布于全世界，主产于热带地区；我国 31 属 186 种。

雪铁芋属 *Zamioculcas* Schott

形态特征：多年生草本，高 45 ~ 60 cm，常绿，但干旱时落叶。地下茎肉质粗壮。叶羽状排列，自块茎顶端抽生，长 40 ~ 60 cm，小叶光滑，肉质，对生或近对生，光滑且有光泽，深绿色，6 ~ 8 对，长 7 ~ 15 cm，叶柄短。佛焰苞绿色，船形，肉穗花序长 5 ~ 7 cm；夏季至初秋开花。

种类分布：1 种。原产于非洲东部（肯尼亚南部到南非东北地区）雨量偏少的热带草原。

生长习性：喜温暖、略干和半阴的环境。耐干旱，不耐寒，忌强光暴晒，怕土壤黏重和积水。喜疏松肥沃、排水良好、富含有机质、酸性至微酸性土壤。

繁殖栽培：叶插或播种繁殖。萌芽力强。

观赏配置：室内观叶植物，新叶成对，一长一短、一粗一细，因而又叫"龙凤木"，寓意为招财进宝、荣华富贵。1997 年引入中国，可盆栽观赏。

雪铁芋（金钱树，美铁芋，泽米芋）*Zamioculcas zamiifolia* (Lodd.) Engl.

雪铁芋叶形

金雪铁芋叶形叶雪铁芋 *Zamioculcas zamiifolia* 'Aurea'

雪铁芋属

酢浆草科

Oxalidaceae

酢浆草科的学名 Oxalidaceae 由模式属酢浆草属学名 *Oxalis* 的复合形式 "Oxalid-" 加上表示科的等级后缀 "-aceae" 构成。

形态特征：草本，具块茎或伸长的根茎，有时茎变厚而木质，直立、平卧或用小根攀附于他物上，少数浮水，常有乳状液汁；叶通常基生，如茎生则为互生，呈 2 行或螺旋状排列，形状各式，剑形而有平行脉至箭形而有网脉，全缘或分裂；花序为一肉穗花序，外有佛焰苞包围；花两性或单性，辐射对称；花被缺或为 4～8 个鳞片状体；雄蕊 1 枚至多数，分离或合生成雄蕊柱，退化雄蕊常存在；子房 1 室，由 1 至数个心皮合成，每室有胚珠 1 至数颗；果浆果状，密集于肉穗花序上。

种类分布：115 属 2 000 余种，广布于全世界，主产于热带地区；我国有 31 属 186 种。

酢浆草属 *Oxalis* L.

本属是酢浆草科中最大的属。

形态特征：一年生或多年生草本，常有块茎或鳞茎；叶互生或基生，指状复叶；通常有小叶 3 片，于晚间闭合；花白色、黄色或红色，1 至数朵排成聚伞花序或伞房花序；萼片 5，覆瓦状排列；花瓣 5，下位；雄蕊 10 枚，花丝分离或于基部合生为一束，5 长 5 短；花柱 5；蒴果，室背开裂，成熟时将种子弹出。

种类分布：约 800 种，全世界广布，但主要分布于南美洲和南非，特别是好望角。我国有 5 种，3 亚种，1 变种，其中 2 种为驯化的外来种。另外尚有多个外来种，均属庭园栽培。

生长习性：喜光照充足、温暖和湿润的环境。干透浇水，冬天不能积水。

繁殖栽培：播种繁殖。

观赏配置：花色多样，花大的种类常作庭园观赏植物。叶心形，有的种类叶色彩美丽，可观花观叶，观赏期长，可盆栽观赏。

熔岩小红枫酢浆草 *Oxalis* 'Sunset Velvet'

熔岩小红枫酢浆草叶闭合

鸭跖草科
Commelinaceae

鸭跖草科的学名 Commelinaceae 由模式属鸭跖草属学名 *Commelina* 的复合形式 "Commelin-" 加上表示科的等级后缀 "-aceae" 构成。

　　形态特征：草本；茎有节，直立或披散；叶互生，有鞘；花序顶生或腋生，成丛或为聚伞花序或圆锥花序；花两性，辐射对称或左右对称，通常蓝色；萼片 3 枚；花瓣 3 枚，有时下部合生成管状；雄蕊 6 枚，全发育或其中 2 枚或 2 枚以上为退化雄蕊，花丝有时被念珠状毛；子房上位，2～3 室，每室有胚珠 1 颗；蒴果；种子小，常有假种皮；胚乳丰富。

　　种类分布：约 40 属 600 种，主产于全球热带地区，少数种生于亚热带，个别种分布到温带。我国有 13 属 53 种，主产于云南、广东、广西和海南。

紫露草属（重扇属）*Tradescantia* Ruppius ex L.

　　形态特征：多年生草本，直立或蔓生，30～60 cm。叶薄，披针形，长 3～45 cm。花常蓝色、白色、粉红色、紫色，花瓣 3 枚和雄蕊 6 枚（稀花瓣 4 枚和雄蕊 8 枚）。多数种类花上午开放，下午关闭，阴天可以开放至晚上。

　　种类分布：75 种。原产于加拿大南部到阿根廷北部地区，包括西印度群岛南部地区。

　　生长习性：喜温暖。

　　繁殖栽培：播种繁殖。

　　观赏配置：可盆栽观赏或作庭院花卉。

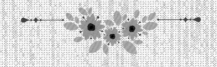

白雪姫 *Tradescantia sillamontana* Matuda

重扇 *Tradescantia navicularis* Ortg.

白雪姫锦 *Tradescantia sillamontana* 'Variegata'

紫露草属

967

防己科
Menispermaceae

防己科的拉丁文名称 Menispermaceae 由蝙蝠葛属学名 *Menispermum* 的复合形式 "Menisperm-" 加上表示科的等级后缀 "-aceae" 构成。

形态特征：攀缘或缠绕藤本，稀直立灌木或小乔木，木质部常有车辐状髓线。叶螺旋状排列，无托叶，单叶，稀复叶，常具掌状脉，较少羽状脉；叶柄两端肿胀。聚伞花序，或由聚伞花序再作圆锥花序式、总状花序式或伞形花序式排列，极少退化为单花；苞片通常小，稀叶状。花通常小而不鲜艳，单性，雌雄异株，稀单被花；萼片常轮生，每轮 3 片；花瓣通常 2 轮，每轮 3 片，覆瓦状排列或镊合状排列；雄蕊 2 枚至多数，通常 6 ~ 8 枚，花丝分离或合生，花药 1 ~ 2 室或假 4 室，纵裂或横裂，在雌花中有或无退化雄蕊；心皮 3 ~ 6 个，分离，子房上位，1 室。核果，外果皮革质或膜质，中果皮通常肉质，内果皮骨质或有时木质，较少革质。种子通常弯，种皮薄。

种类分布：约 65 属 350 种，分布于全世界的热带和亚热带地区，温带很少；我国有 19 属 78 种 1 亚种 5 变种和 1 变型，主产于长江流域及其以南各省区，尤以南部和西南部各省区为多，北部很少。

千金藤属 *Stephania* Lour.

形态特征：攀缘状灌木；叶常盾状；伞形聚伞花序腋生或生于老枝上；雄花通常有 2 轮萼片和 1 轮花瓣，均 3 ~ 4 数；聚药雄蕊通常有 2 ~ 6 个横裂的花药；雌花有 1 轮萼片和 1 轮花瓣，3 ~ 4 数，或退化至仅存 1 萼片和 2 花瓣；心皮 1 个。核果倒卵状球形，内果皮骨质，背部有柱状或小横肋状雕纹。

种类分布：50 种，分布于东半球热带地区，我国有约 30 种，产于西南部至台湾地区。

生长习性：喜温暖。

繁殖栽培：播种繁殖。

观赏配置：可盆栽观赏。

金不换 *Stephania hainanensis* H. S. Lo et Y. Tsoong

金不换叶形

金不换花序

金不换配置

百岁兰科
Welwitschiaceae

百岁兰科仅 1 属 1 种。

百岁兰属 *Welwitschia* **Hook. f.**

百岁兰（ *Welwitschia mirabilis* Hook.f. ），又叫千岁叶、千岁兰、奇想天外或二叶树，其寿命可达 2 000 年，故得此名。百岁兰是与恐龙同时代的孑遗植物，极其珍贵，是世界八大珍稀植物之一，是安哥拉国花，也是多肉植物中唯一的裸子植物。百岁兰是裸子植物和被子植物之间的过渡植物，学术价值很较高，为《濒危野生动植物物种国际贸易公约附录Ⅱ》保护植物。

形态特征：树干极短而粗壮，倒圆锥状，高 50 cm 以下，径达 1.2 m 以上。树干顶端或 2 浅裂，沿裂边各具 1 枚巨大的革质叶，叶长带状，长达 2 ~ 3.5 m，宽约 60 cm，具多数平行脉，常破裂至基部而形成多条窄长带状。花序分枝复杂，球花单性，雌雄异株，生于茎顶端叶腋，苞片多数，交互对生，排列整齐而紧密，球花生于苞片腋部；雄球花假花被 2 对，雄蕊 6 枚，基部合生，中央有 1 颗不发育的胚珠；雌球花假花被 2 枚，呈管状，胚珠的珠被伸长成珠孔管。60 ~ 100 个雌球果，结种子达 10 000 粒。种子有纸状翼，散播靠强风。种子具内胚乳和外胚乳，子叶 2 枚，萌发后保存 2 ~ 3 年。染色体 X=21。

种类分布：产于非洲西南部的安哥拉和纳米比亚的卡奥科费尔德地区的沙漠。

生长习性：典型的旱生植物。叶顶逐渐枯萎，叶基部一边生长，为世界上寿命最长的叶子。

繁殖栽培：播种繁殖。以风媒传粉为主。种子发芽率约 0.01%，过分潮湿时种子不发芽。具强大直根性，根极长，可达 3 ~ 10 m，主根受伤时易死亡。根极长，栽培困难。为避免水土不服，提高成活率，应原盆引进，静态管理。

观赏配置：形态奇特，寿命长，植株矮，叶片大，是很好的天然观赏植物，可盆栽观赏。

百岁兰 *Welwitschia mirabilis* Hook. f.

百岁兰属

荨麻科
Urticaceae

荨麻科的学名 Urticaceae 由模式属荨麻属学名 *Urtica* 的复合形式 "Urtic-" 加上表示科的等级后缀 "-aceae" 构成。

形态特征：草本、灌木或乔木，有时有刺毛。茎常富含纤维，有时肉质。

叶互生或对生，单叶；花两性或单性；小而不明显，排成聚伞花序、穗状花序或圆锥花序，稀生于肉质的花序托上；雄花被 4 ~ 5 裂，裂片有时有附属体；雄蕊与花被片同数，且与彼等对生，花丝通常管状或 3 ~ 5 裂，结果时常扩大；退化雄蕊鳞片状或缺；子房与花被离生或合生，1 室，有胚珠 1 颗；瘦果，多少被包于扩大、干燥或肉质的花被内。

种类分布：46 属以上，550 种，分布于热带和温带地区。我国有 22 属 252 种，全国皆产。

冷水花属 *Pilea* Lindl.

形态特征：一年生或多年生草本或亚灌木；叶对生，通常为 3 出脉，有托叶；花单性异株或同株，排成腋生的小聚伞花序或有时排成圆锥花序；雄花被 2 ~ 4 裂；雄蕊 2 ~ 4；雌花被 3 裂，裂片不相等；退化雄蕊小或缺；子房劲直，柱头无柄，画笔状；瘦果，压扁，膜质或硬壳质。

种类分布：约 400 种，分布于美洲热带约有 200 种。我国约有 90 种，主要分布于长江以南省区，少数可分布到东北、甘肃等地。

生长习性：喜温暖、湿润及半阴环境，忌阳光直射和干旱。对土壤要求不严，但在疏松的土壤上生长最好。

繁殖栽培：播种繁殖。

观赏配置：可作地被植物栽培，也可温室或室内盆栽观赏。

灰绿冷水花 *Pilea glauca* 'Greizy'

镜面草（中国金线草）*Pilea peperomioides* Diels

小叶冷水花（小叶冷水麻）*Pilea microphylla*（L.）Liebm.

金钱麻属 *Soleirlia*

形态特征：小型匍匐草本。叶绿色或淡黄色，圆形。花细长，白色，单瓣。

种类分布：原产于法国科西嘉岛。婴儿泪（*Soleirlia soleirolii*）又叫玲珑冷水花、天使泪、金钱麻、珍珠草、盆景草、绿珠草或爱尔兰苔等，有黄金色、黄色和白色的品种，常和蕨类观赏植物组合造景或单独用于盆景造景。环境适宜的地方其匍匐茎可以迅速蔓延到整个区域。

生长习性：喜半荫，中度湿润的环境。不耐寒，越冬应保持温度 10 ℃以上。

繁殖栽培：无性繁殖，播种繁殖。

观赏配置：根系发达，可附着于多种材质的假山石上。叶片娇小玲珑，叶色翠绿可人，极具观赏价值，可室内盆栽观赏。

婴儿泪 *Soleirlia soleirolii*

番木瓜科
Caricaceae

番木瓜科的学名 Caricaceae 由模式属番木瓜属学名 *Carica* 的复合形式 "Caric-" 加上表示科的等级后缀 "-aceae" 构成。

形态特征：小乔木，具乳汁，常不分枝。叶具长柄，聚生于茎顶，掌状分裂，稀全缘，无托叶。花单性或两性，同株或异株；雄花无柄，组成下垂圆锥花序；花萼 5 裂，裂片细长；花冠细长呈管状；雄蕊 10 枚，互生呈 2 轮，着生于花冠管上，花丝分离或基部合生，花药 2 室，纵裂；雌花单生或数朵呈伞房花序，花较大；花萼与雄花花萼相似；花冠管较雄花冠管短，花瓣初靠合，后分离；子房上位，花柱 5。两性花，花冠管极短或长；雄蕊 5 ~ 10 枚。肉质浆果，通常较大。种子卵球形至椭圆形。

种类分布：4 属约 60 种，产于热带美洲及非洲，现热带地区广泛栽培。我国南部及西南部引种栽培有 1 属 1 种。

番木瓜属 *Carica* L.

形态特征：小乔木或灌木；树干不分枝或有时分枝；叶聚生于茎顶端，具长柄，近盾形，各式锐裂至浅裂或掌状深裂，稀全缘。花单性或两性；雄花花萼细小，5 裂，花冠管细长，裂片长圆形或线形，镊合状或扭转状排列，雄蕊 10 枚，着生于花冠喉部，互生或与裂片对生；雌花花萼与雄花相同，花冠 5。浆果大，肉质，种子多数。

种类分布：约 45 种，原产于美洲热带地区。分布于拉丁美洲、大洋洲、夏威夷群岛、菲律宾群岛、马来半岛、中南半岛、印度及非洲。我国引种栽培 1 种。

生长习性：喜温暖环境。

繁殖栽培：播种繁殖。

观赏配置：可温室或室内盆栽观赏。

番木瓜 *Carica papaya* L.

番木瓜花和果实

番木瓜属

百合科
Liliaceae

百合科许多种类有重要的经济价值，既有名花又有良药，有些种类可以食用。

形态特征：通常为具根状茎、块茎或鳞茎的多年生草本，很少为亚灌木、灌木或乔木状。叶基生或茎生，后者多为互生，较少为对生或轮生，通常具弧形平行脉，极少具网状脉。花两性，很少为单性异株或杂性，通常辐射对称，极少稍两侧对称；花被片6，少有4或多数，离生或不同程度的合生成筒状，常为花冠状；雄蕊通常与花被片同数，花丝离生或贴生于花被筒上；花药基着或丁字状着生；药室2，纵裂，较少汇合成一室而为横缝开裂；心皮合生或不同程度的离生；子房上位，极少半下位，常3室，具中轴胎座，少有1室而具侧膜胎座；每室具1至多数倒生胚珠。果实为蒴果或浆果，较少为坚果。种子具丰富的胚乳，胚小。

种类分布：约230属3 500种，广布于全世界，特别是温带和亚热带地区。我国产60属约560种，分布遍及全国。

虎眼万年青属 *Ornithogalum* L.

形态特征：鳞茎大，具膜质鳞茎皮。叶数枚，基生，带状或条形，有时稍带肉质。花葶长或短；花多数，排成顶生的总状花序或伞房花序，具苞片；花被片6，离生，宿存，雄蕊6枚，花丝扁平，基部扩大；花药背着，内向开裂；子房2~3室，胚珠多数；花柱短圆柱状或丝状，柱头不裂或稍3裂。蒴果倒卵状球形，具三棱或3浅裂。种子几颗至多数，具黑色种皮。

种类分布：约100种，主要产于欧洲和非洲，我国有栽培。

生长习性：喜温暖环境。

繁殖栽培：播种繁殖。

观赏配置：可栽培观赏。

海葱 *Ornithogalum longebracteatum* Matuda

虎眼万年青花

虎眼万年青 *Ornithogalum bracteatum* Thunb.

虎眼万年青花序

虎眼万年青属

977

科中文名称索引

编写人员分工表

序号	作者	单位	字数（万字）		作者	单位	字数（万字）
1	闫双喜	河南农业大学	39.0	10	赵庆涛	河南省林业技术推广站	3.0
2	闫丽君	河南农业大学	40.0	11	陈俊通	北京林业大学	3.0
3	裴林英	北京林业大学	11.0	12	张　静	中铁郑州局郑州北建筑段	3.0
4	王　献	河南农业大学	11.0	13	霍玉娟	郑州市城区河道管理处	6.0
5	张志铭	河南农业大学	8.0	14	李　卓	河南农业大学林学院	6.0
6	张开明	河南农业大学	11.0	15	孙龙飞	河南农业职业学院	6.0
7	张丽英	郑州绿元市政园林公司	11.0	16	孟　芳	郑州绿元市政园林公司	6.0
8	谢　磊	北京林业大学	11.0	17	姜文倩	河南农业大学	2.0
9	王立新	周口市林业科学研究所	11.0	18	合计		188

联系方式：QQ：987243272；E-mail：ysx2003@163.com；Tel：13140032869。

属中文名称索引

参考文献

[01] Horvath. B. The Plant Lover's Guide to Sedums [M]. Portland · London：Timber Press，2014.

[02] Court. D. Succulent Flora of Southern Africa[M]. Cape Town：Struik Nature，2010.

[03] Dortort. F. The Timber Press Guide to Succulent Plants of the World – [M]. Portland：Timber Press，2013.

[04] Charles. G. Cacti and Succelents – An illustrated guide to the plants and their cultivation [M]. Ramsbury Marlborough，Wiltshire：The Crowood Press，2003.

[05] Grace O M, Klopper R R, Figueredo E, et al. The Aloe Names Book [M]. Pretoria: Strelitzia，2011.

[06] F G 武藏（著）. 多肉植物玩赏手册 [M]. Miss Z, 译 . 武汉：湖北科学技术出版社，2014.

[07] 艾里希·葛茨，格哈德·格律纳，威利·库尔曼（著）. 仙人掌大全（分类、栽培、繁殖及养护）[M]. 丛明才，付天海，覃红波，等译 . 沈阳：辽宁科学技术出版社，2007.

[08] 成雅京，赵世伟，揣福文 . 仙人掌及多肉植物赏析与配景 [M]. 北京：化学工业出版社，2008.

[09] 赵达 . 多肉植物之萝藦奇葩 [M]. 北京：中国林业出版社，2018.

[10] 二木 . 和二木一起玩多肉 [M]. 北京：中国水利出版社，2013.

[11] 胡松华 . 观赏凤梨 [M]. 北京：中国林业出版社，2005.

[12] 胡永红，黄卫昌，黄姝博，等 . 上海辰山植物园栽培植物名录 [M]. 北京：科学出版社，2014.

[13] 花草游戏编辑部 . 种多肉 玩多肉 [M]. 郑州：河南科学技术出版社，2012.

[14] 黄福贵，任志峰 . 多肉植物鉴赏与景观应用 [M]. 天津：天津科学技术出版社，2013.

[15] 黄献胜，黄以琳 . 彩图仙人掌花卉观赏与栽培 [M]. 北京：中国农业出版社，1999.

[16] 黄献胜，林颖，李东，等 . 仙人掌类植物 [M]. 北京：中国林业出版社，2003.

[17] 金波 . 花卉资源原色图谱 [M]. 北京：中国农业出版社，1999.

[18] 兑宝峰 . 玩转多肉植物 [M]. 福州：福建科学技术出版社，2015.

[19] 梁群健 . 多肉植物图鉴 [M]. 郑州：河南科学技术出版社，2017.

[20] 林侨生 . 观叶植物原色图谱 [M]. 北京：中国农业出版社，2002.

[21] 林中正，罗骏，陈洲，等 . 玩转多肉植物 [M]. 长沙：湖南科学技术出版社，2014.

[22] 曲同宝 . 多肉植物图鉴 [M]. 哈尔滨：黑龙江科学技术出版社，2017.

[23] 孙卫东 . 珍稀多肉全图鉴 [M]. 南京：江苏凤凰科学技术出版社，2016.

[24] 藤川史雄（著）. 懒人的新宠空气凤梨栽培图鉴——100 个品种的栽培法 [M]. 沙子芳，译 . 新北市：喷泉文化馆，2015.

[25] 田国行，赵天榜 . 仙人掌科植物资源与利用 [M]. 北京：科学出版社，2011.

[26] 王成聪 . 仙人掌与多肉植物大全 [M]. 武汉：华中科技大学出版社，2011.

[27] 王宏志 . 中国南方花卉 [M]. 北京：金盾出版社，1998.

[28] 王意成 . 花卉博物馆 [M]. 南京：江苏凤凰科学技术出版社，2018.

[29] 王意成，郭忠仁 . 景观植物百科 [M]. 南京：江苏科学技术出版社，2006.

[30] 王意成，王翔 . 1200 种多肉植物图鉴 [M]. 南京：江苏科学技术出版社，2016.

[31] 王意成，张华 . 多肉植物彩色图鉴 [M]. 北京：中国水利水电出版社，2017.

[32] 王意成 . 700 种多肉植物原色图鉴 [M]. 南京：江苏科学技术出版社，2013.

[33] 希莉安 . 希莉安的超详尽多肉植物私房笔记 [M]. 郑州：河南科学技术出版社，2014.

[34] 闫双喜，李永，王志勇，等 . 2000 种观花植物原色图鉴 [M]. 郑州：河南科学技术出版社，2016..

[35] 闫双喜，刘保国，李永华 . 景观园林植物图鉴 [M]. 郑州：河南科学技术出版社，2013.

[36] 闫双喜，谢磊 . 园林树木学 [M]. 北京：化学工业出版社，2016.

[37] 克里斯托弗·布里克尔 . 世界园林植物与花卉百科全书 [M]. 杨秋生，李振宇，主译 . 郑州：河南科学技术出版社，2004.

[38] 姚一麟，吴棣飞，王军峰 . 园林植物图鉴丛书——多肉植物 [M]. 北京：中国电力出版社，2015.

[39] 壹号图编辑部 . 常见多肉植物原色图鉴 [M]. 南京：江苏凤凰科学技术出版社，2017.

[40] 主妇之友社（著）. 羽兼直行（监修）. 小而美的多肉植物 [M]. 冯宇轩，译 . 长沙：湖南科学技术出版社，2015.